AIoT系统开发

基于机器学习和Python深度学习

[印度] 阿米塔·卡普尔（Amita Kapoor）著
林杰 齐飞 刘丹华 译
石光明 审校

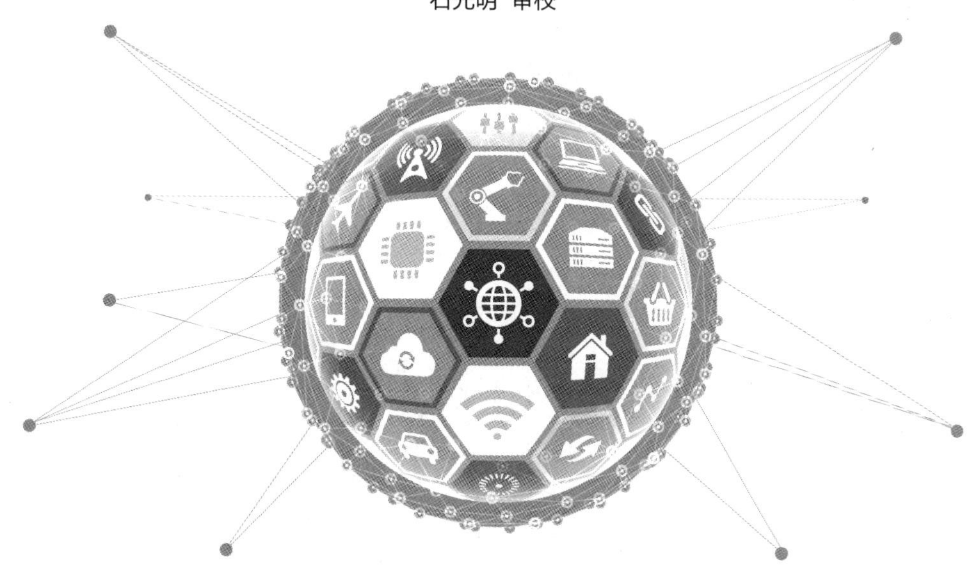

HANDS-ON ARTIFICIAL INTELLIGENCE FOR IOT
Expert Machine Learning and Deep Learning Techniques for Developing Smarter IoT Systems

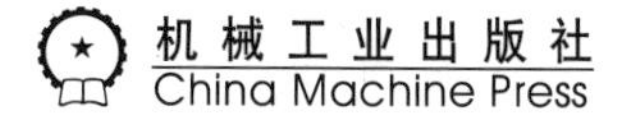
机械工业出版社
China Machine Press

图书在版编目（CIP）数据

AIoT 系统开发：基于机器学习和 Python 深度学习 /（印）阿米塔·卡普尔（Amita Kapoor）著；林杰，齐飞，刘丹华译．-- 北京：机械工业出版社，2021.7
（物联网核心技术丛书）
书名原文：Hands-On Artificial Intelligence for IoT: Expert Machine Learning and Deep Learning Techniques for Developing Smarter IoT Systems
ISBN 978-7-111-68808-2

I. ① A… II. ①阿… ②林… ③齐… ④刘… III. ①人工智能 - 算法 IV. ① TP18

中国版本图书馆 CIP 数据核字（2021）第 151971 号

本书版权登记号：图字 01-2019-0949

Amita Kapoor: Hands-On Artificial Intelligence for IoT: Expert Machine Learning and Deep Learning Techniques for Developing Smarter IoT Systems (ISBN: 9781788836067).

AIoT 系统开发：基于机器学习和 Python 深度学习

出版发行：机械工业出版社（北京市西城区百万庄大街 22 号 邮政编码：100037）

责任编辑：王 颖 张梦玲　　责任校对：殷 虹

印 刷：大厂回族自治县益利印刷有限公司　　版 次：2021 年 9 月第 1 版第 1 次印刷

开 本：186mm×240mm 1/16　　印 张：16.75

书 号：ISBN 978-7-111-68808-2　　定 价：89.00 元

客服电话：（010）88361066 88379833 68326294　　投稿热线：（010）88379604

华章网站：www.hzbook.com　　读者信箱：hzit@hzbook.com

The Translator's Words · 译者序

AIoT 是一个新兴词汇，代表 AI+IoT，指的是人工智能技术与物联网在实际应用中的落地融合。目前，已有越来越多的行业应用将 AI 与 IoT 结合起来，AIoT 已经成为各个传统行业智能化升级的最佳途径，也是未来物联网发展的重要方向。

IoT 的终极目标是实现“万物智联”。这意味着不仅要把所有的设备连接起来，并且要赋予其智能的“大脑”，真正实现万物智联，发挥出 IoT 的巨大潜力和价值。AI 技术是实现这一目标的必备工具，通过分析、处理历史数据和实时数据，AI 可以更准确地预测设备和用户的行为，使设备变得更加智能，进而提升产品效能，丰富用户体验。对于 IoT 产生的数量巨大且庞杂的数据，只有充分利用 AI 技术，才能对其进行有效处理，进而提升用户体验与产品智能。同时，也只有 IoT 能够源源不断为 AI 技术提供至关重要的大数据，利用这些海量数据，AI 可以快速、准确地获取知识。综上，一方面，IoT 提供的超大规模数据可以为 AI 施展其深度洞察能力奠定基础；另一方面，具备了深度学习能力的 AI 又可以基于其具备的精确算法促使物联网行业的应用尽快落地。

当与 AI 技术融合后，IoT 的潜力将进一步得到释放，进而改变现有产业生态和经济格局，甚至是人类的生活模式。AIoT 将真正实现智能物联，也将促进人工智能向应用智能发展。本书内容涉及并融合了人工智能和物联网两个热点问题，将人工智能中的优越方法应用到物联网的构建中，以形成更加智能的物联网系统。本书的最大特点是：一方面，比较全面和完整地介绍了人工智能算法，包括传统的机器学习、流行的深度学习、遗传算法、强化学习和生成式模型等；另一方面，为相关的算法和应用实例提供了完整的代码，可以帮助读者快速构建自己所需的智能物联网系统。书中介绍的模型构建技术适用于物联网设备生成和使用的各种数据，如时间序列、图像和音频；给出的典型实践案例涉及个人物联网、家庭物联网、工业物联网、智慧城市物联网等。因此，不同领域和行业的研究人员及开发人员都可以轻松利用本书实现自己的开发目的。

本书可供从事智能物联网系统研发的技术人员学习。同时，对于对智能物联网系统感兴趣的研究生和高年级本科生，本书也是非常实用的参考书。

前言 · Preface

本书旨在使读者能够构建支持人工智能的物联网应用程序。随着物联网设备的普及，许多应用程序使用数据科学工具来分析所产生的 TB 量级数据。但是，这些应用程序不足以应对物联网数据中不断涌现的新模式带来的挑战。本书涵盖人工智能理论和实践的各个方面，读者可以利用这些知识通过实施人工智能技术来使他们的物联网解决方案变得更加智能。

本书首先介绍人工智能和物联网设备的基础知识，以及如何从各种数据源和信息流中读取物联网数据。然后通过 TensorFlow、scikit-learn 和 Keras 三个实例讲解实现人工智能的各种方法。本书涵盖的主题包括机器学习、深度学习、遗传算法、强化学习和生成对抗网络，并且向读者展示了如何使用分布式技术和在云上实现人工智能。一旦读者熟悉了人工智能技术，书中就会针对物联网设备生成和处理的不同类型数据，如时间序列、图像、音频、视频、文本和语音，介绍各种相关的技术。

在解释了针对各种物联网数据的人工智能技术之后，本书最后与读者分享了一些与四大类物联网——个人物联网、家庭物联网、工业物联网和智慧城市物联网解决方案有关的案例研究。

本书受众

本书受众：他们对物联网应用程序开发和 Python 有基本了解，并希望通过应用人工智能技术使其物联网应用程序更智能。可能包括以下人员：

- 已经知道如何构建物联网系统的物联网从业者，但现在他们希望实施人工智能技术使其物联网解决方案变得智能。
- 一直在使用物联网平台进行分析的数据科学从业者，但现在他们希望从物联网分析过渡到物联网 AI，从而使物联网解决方案更智能。
- 希望为智能物联网设备开发基于人工智能的解决方案的软件工程师。
- 希望将智能带入产品中的嵌入式系统工程师。

本书内容

第 1 章介绍了物联网、人工智能和数据科学的基本概念。该章最后介绍本书将使用的工具和数据集。

第 2 章介绍从各种数据源（如文件、数据库、分布式数据存储和流数据）访问数据的多种方法。

第 3 章涵盖机器学习的各个方面，如用于物联网的有监督学习、无监督学习和强化学习。该章最后介绍提高模型性能的提示和技巧。

第 4 章探讨深度学习的各个方面，如用于物联网的 MLP、CNN、RNN 和自编码器，同时还介绍深度学习的各种框架。

第 5 章讨论优化和不同的进化技术在优化问题中的应用，重点介绍遗传算法。

第 6 章介绍强化学习的概念，如策略梯度和 Q–网络，还介绍如何使用 TensorFlow 实现深度 Q- 网络，以及一些可以应用强化学习的很酷的现实问题。

第 7 章介绍对抗学习和生成学习的概念，以及如何使用 TensorFlow 实现 GAN、DCGAN 和 CycleGAN，最后介绍它们的实际应用程序。

第 8 章介绍如何在物联网应用程序的分布式模式下利用机器学习。

第 9 章讨论一些令人兴奋的个人和家庭物联网应用。

第 10 章解释如何将本书介绍的概念应用到两个具有工业物联网数据的案例研究中。

第 11 章解释如何将本书介绍的概念应用于智慧城市生成的物联网数据。

第 12 章讨论如何在将文本、图像、视频和音频数据提供给模型之前对其进行预处理，并介绍时间序列数据。

下载示例代码文件

本书的示例代码文件托管在 GitHub 上，地址为 https://github.com/PacktPublishing/Hands-On-Artificial-Intelligence-for-IoT，感兴趣的读者可以下载，并使用 GitHub 提供的 Jupyter 笔记本进行练习。

本书约定

黑体表示新术语、重要词汇。例如“堆栈的下面是设备层，也称为**感知层**”。

警告或重要说明。

提示和技巧。

作者简介 · About the Author

Amita Kapoor 是德里大学 Shaheed Rajguru 妇女应用科学学院（SRCASW）电子系的副教授，在过去的 20 年里致力于教授神经网络和人工智能。她于 1996 年获得电子学硕士学位，并于 2011 年获得博士学位。攻读博士期间，曾获得享有盛誉的 DAAD 奖学金，后来在德国的卡尔斯鲁厄理工学院继续她的研究工作。她还在 2008 年国际光子学大会上被授予最佳演讲奖，也是 ACM、AAAI、IEEE 和 INNS 的活跃成员。曾合著图书两部，在国际期刊和会议上发表了 40 多篇论文。目前的研究领域包括机器学习、人工智能、深度强化学习和机器人学。

感谢牛津大学的 Ajit Jaokar 教授，他教授的物联网课程是本书的灵感来源。特别感谢 H2O.ai 的首席机器学习科学家 Erin LeDell 的建议。还要感谢 Armando Fandango、Narotam Singh、Ruben Olivas 和 Hector Velarde 的贡献，以及我的同事和学生的支持。最后但同样重要的是，感谢整个 Packt 团队，特别感谢 Tushar Gupta、Karan Thakkar 和 Adya Anand 对我的不断激励。

About the Reviewers · 审阅者简介

Hector Duran Lopez Velarde 于 2000 年获得 UPAEP 学士学位和墨西哥蒙特雷理工大学自动化和人工智能硕士学位。他曾在霍尼韦尔（Honeywell）和通用电气（General Electric）等公司担任控制和自动化工程师，作为技术负责人参与了多个研究项目。他在软件开发、流程模拟、人工智能和工业自动化方面拥有丰富的经验，能够为汽车、纺织和制药行业开发完整的物联网解决方案，目前在一家物联网相关的研究中心工作。

非常感谢我的妻子 Yaz，以及我的孩子 Ivana 和 Hector，感谢他们的支持和关爱。

Ruben Oliva Ramos 是莱昂学院技术系的计算机工程师，拥有 Salle Bajio 大学计算机和电子系统工程硕士学位。他在开发 Web 应用程序以控制和监控连接到 Arduino 和 Raspberry Pi 的设备以及使用 Web 框架和云服务来构建物联网应用程序方面拥有 5 年以上的经验。他曾在 Packt 出版了 *Raspberry Pi 3 Home Automation Projects*、*Internet of Things Programming with JavaScript*、*Advanced Analytics with R and Tableau* 和 *SciPy Recipes*。

感谢我最爱的妻子 Mayte、两个可爱的儿子 Ruben 和 Dario、我亲爱的父亲 Ruben、母亲 Rosalia、兄弟 Juan Tomas 和妹妹 Rosalia。非常感谢 Packt 让我以作者和审阅者的身份加入这个诚实而专业的团队。

目录 · Contents

CHAPTER 1 · **第 1 章**

物联网与人工智能的原理和基础

本书介绍了当前商业应用场景中的三大趋势：**物联网**（Internet of Things，IoT）、大数据和**人工智能**（Artificial Intelligence，AI）。随着连接到互联网的设备数量的指数级增长，以及由它们产生的指数级增长的数据量，使得基于人工智能和**深度学习**（Deep Learning，DL）的分析及预测技术应用到物联网成为必然。本书旨在介绍人工智能领域中的各种分析和预测方法或模型，并运用它们分析和预测物联网产生的大数据。

本章将简单介绍这三大趋势，并展开说明它们之间的相互依存关系。物联网设备产生的数据都会被上传至云端，因此还要介绍各种物联网云服务平台及其提供的数据服务。

本章将涉及以下几方面的内容：

- 什么是物联网？物联网由哪些“物”构成？物联网平台有什么不同？以及什么是垂直物联网？
- 了解什么是大数据，并理解物联网究竟要产生多少体量的数据才属于大数据范畴。
- 了解人工智能如何以及为何有助于理解物联网产生的大量数据。
- 借助图解，了解物联网、大数据和人工智能如何共同帮助我们塑造一个更美好的世界。
- 学习一些分析工具。

1.1 什么是物联网

物联网一词最早是由英国工程师凯文·阿什顿（Kevin Ashton）于 1999 年提出的。在当时，供给计算机的大部分数据都是人为产生的；他指出，最好的方式应该是由计算机直接获取数据，而无须人工干预。于是，他提出由诸如射频识别技术（Radio Frequency Identification，RFID）和其他各种类型的传感器来采集数据，然后通过网络直接传送至计算机。

今天的物联网，也称为**万物互联网**，有时称为雾联网，是指由可以连接到互联网的传感器、执行器、智能手机等广泛的物理对象构成的物物相连的网络。这些物可以是任何东西：既可以是佩戴可穿戴设备（甚至是手机）的人、带有 RFID 标签的动物，也可以是日常家电设备，如冰箱、洗衣机，甚至是咖啡机。这些物既可以是现实世界中存在的实体——存在于物理世界中的可以被感知、驱动和连接的东西，也可以是信息世界里虚拟的东西——以信息（数据）的形式存在并可以被存储、处理和访问的东西。物联网设备必须能够与互联网直接通信，也就是说，它们需要具备感知、驱动、数据捕获、数据存储和数据处理等能力。

国际电信联盟（International Telecommunication Unit，ITU）将物联网定义为：

信息社会的全球基础设施，基于现有的和不断发展的可互操作的信息与通信技术实现（物理的和虚拟的）物物之间的相互连接，从而实现高级服务。

广泛的信息通信技术（Information and Communication Technology，ICT）已经为人类提供了随时随地的通信服务，而物联网又在此基础上增加了一个新的维度，即在**任何物之间通信**，如下图所示。

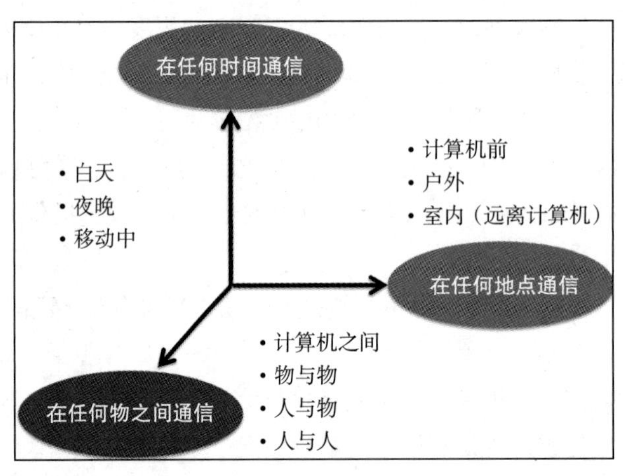

有人预言，物联网作为一项技术，将对人类社会产生深远的影响。为了让大家了解它的深远影响，请想象以下场景：

- 你和我一样，住在高楼大厦里，非常喜爱植物。你花了很多心思，用盆栽做了一个属于自己的室内小花园。老板派你到外地出差一周，你担心植物没有水不能存活一周。物联网的解决方案是，加装土壤湿度传感器，并将它们连接到互联网，再加装执行器，以供远程开启或关闭供水及日照。现在，你可以去世界的任何地方，而无须再担心植物枯死，因为你可以通过物联网检查每株植物的土壤水分状况，并根据需要适时浇水。

- 你在办公室度过了非常疲惫的一天，现在你只想回家，让人帮你冲咖啡、准备床铺、烧水洗澡，可悲的是，家里只有你一个人，没人帮你。如今不会了，物联网可以帮助你。你的家居助手会用咖啡机调制出合你口味的咖啡，命令智能热水器开启并将水温保持在期望值上，还能帮你开启智能空调为房间降温。

选择仅仅受限于你的想象力，这两个场景对应于消费物联网——专注于面向消费者应用的物联网。此外，还存在一个更大范畴的**工业物联网**（Industry IoT，IIoT），其中，制造商和工业界通过积极优化生产流程并实施远程监控来提高生产力和效率。本书将介绍这两种 IoT 应用的实践经验。

1.1.1　物联网参考模型

就像互联网的开放式系统互联（Open System Interconnection，OSI）参考模型一样，物联网架构可定义为六层：四个水平层和两个垂直层。其中两个垂直层是**管理层**和**安全层**，它们分布在四个水平层中，如下图所示。

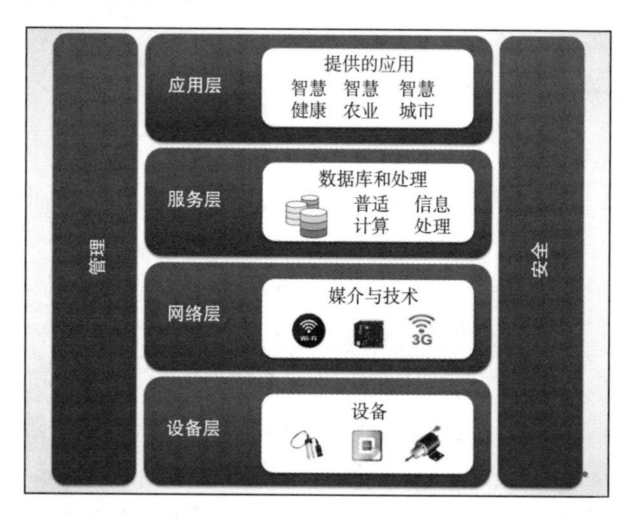

- **设备层**：它位于物联网架构的最底层，也称作**感知层**。该层包含许多感知或控制物理世界及采集数据所需要的物理硬件，如传感器、RFID 和执行器等。
- **网络层**：该层通过有线或无线网络提供网络支持和数据传输，即负责将从设备层采集的信息安全可靠地传输到信息处理系统。**传输介质**和**传输技术**都是网络层的一部分，如 3G、UMTS、ZigBee、蓝牙、Wi-Fi 等。
- **服务层**：负责管理服务。它接收来自网络层的信息，将信息存储到数据库中，并对这些信息进行处理，然后根据结果自动做出决策。
- **应用层**：根据服务层处理的信息来管理应用程序。物联网应用的范围很广，有智慧城市、智慧农业、智慧家庭等。

1.1.2 物联网平台

来自网络层的信息往往是在物联网平台的帮助下进行管理的。目前，许多公司都提供物联网平台服务，这些平台不仅提供数据处理服务，还可以实现与不同硬件的无缝集成。由于这些平台充当硬件和应用层之间的媒介，因此物联网平台也称为物联网中间件，是物联网参考模型中服务层的一部分。物联网平台提供了在世界上任何地方实现万物互联和通信的能力。本书将简要介绍一些流行的物联网平台，如 Google 云平台、Azure 物联网、亚马逊 AWS 物联网、Predix 和 H2O 等。

用户可以根据以下标准选择最适合自己的物联网平台：

- **可扩展性**：允许在现有物联网网络中添加和删除新设备。
- **易用性**：系统应能完美运行，并在最少干预情况下提供所有规格的产品。
- **第三方集成**：支持异构设备和协议之间的互联通信。
- **部署选项**：应当可以在各种硬件设备和软件平台上运行。
- **数据安全**：确保数据和设备的安全。

1.1.3 物联网垂直领域

垂直行业市场是指供应商针对某一行业、贸易、职业或有其他特殊需求的客户群体提供特定商品和相关服务的市场。物联网成就了许多这样的垂直市场。下面列举一些顶级的物联网垂直领域：

- **智能楼宇**：采用物联网技术的建筑不仅可以减少资源的消耗，还可以提高人们的居住体验或工作满意度。这类建筑配备的智能传感器不仅可以监控资源的消耗，还可以主动探测居民需求。通过这些智能设备和传感器采集的数据对建筑、能源、安防、园林绿化、暖通空调、照明等进行远程监控。然后，再利用这些数据预测分析来实现自动化操作管理，从而优化效率，节省时间、资源和成本。
- **智慧农业**：物联网可以使地方农业和商业性农业更环保、更经济、生产效率更高。通过在农场各处布置传感器实现农田灌溉过程的自动化。据预测，智慧农业的实践将使生产率成倍增加，从而使粮食资源得到极大提高。
- **智慧城市**：智慧城市是一个包含智慧停车系统、智慧公交系统等智能系统的城市。它可以为政府和市民解决公共交通、公共安全、能源管理等方面的问题。通过使用先进的物联网技术，可以优化城市基础设施的使用率，提高市民的生活质量。
- **智慧互联医疗**：基于物联网技术的远程医疗可以实现针对患者的远程实时监测和决策。个人可通过佩戴医疗传感器来监测身体健康参数，如心跳、体温、血糖水平等。可穿戴式传感器，如加速度计、陀螺仪等，可用于监测个人的日常活动。

本书将以案例的形式介绍其中的一些内容，主要集中在信息处理及其在物联网中的应用实现。因此，并不深入讨论物联网所涉及的设备、架构和协议的细节。

有兴趣的读者可以参阅下面的文献，以了解更多关于物联网架构和不同协议的细节信息：

- Da Xu, Li, Wu He, and Shancang Li. *Internet of things in industries: A survey*. IEEE Transactions on industrial informatics 10.4 (2014): 2233-2243.
- Khan, Rafiullah, et al. *Future internet: The internet of things architecture, Possible Applications and Key Challenges*. **Frontiers of Information Technology (FIT)**, 2012 10th International Conference on. IEEE, 2012.
- This website provides an overview of the protocols involved in IoT: https://www.postscapes.com/internet-of-things-protocols/.

1.2 大数据和物联网

物联网将以前从未联网过的设备（比如汽车发动机）连接到互联网上，从而产生了大量连续的数据流。下图展示了市场调研机构 IHS（全球商业资讯关键信息服务供应商）预测的未来几年联网设备数量的增长趋势。其中，到 2025 年，全球物联网设备数量将达到 754.4 亿。

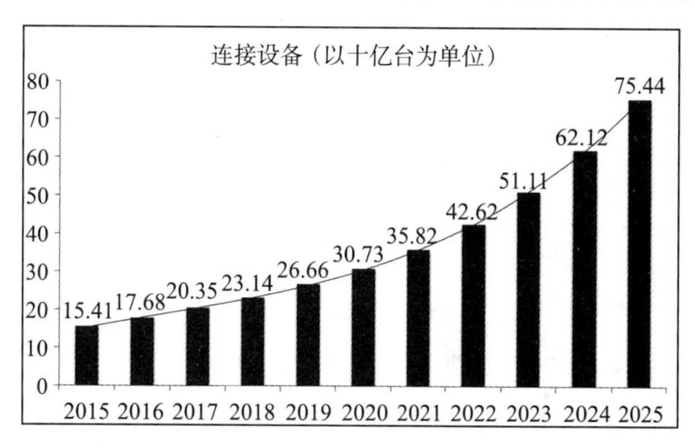

市场调研机构 IHS 给出的物联网白皮书完整版可以参阅 https://cdn.ihs.com/www/pdf/enabling-IOT.pdf。

不断降低的传感器成本、高效的功耗技术、广泛的网络覆盖（红外、NFC、蓝牙、Wi-Fi 等），以及支持物联网部署和发展的云平台的出现，是推动物联网在家庭、个人生活和工业领域普及的主要原因。这也进一步促使各个企业开始思考提供新的服务，开发新的商业模式。例如：

- **爱彼迎**（Airbnb）：它是一家将旅游人士和家有空房出租的房主联系起来的服务型网站，靠提供租赁服务赚取佣金。

- **优步**（Uber）：它把出租车司机和旅行者的位置信息关联起来，通过定位旅客的位置为他们分配距离最近的司机。

服务过程中产生的数据既庞大又复杂，对大数据处理技术提出了迫切需求。可以说，大数据与物联网相互促进，相辅相成。

物联网设备不断产生的大量数据流提供了诸如温度、污染程度、地理位置和距离等状态信息。它们按照时间序列产生并且自相关。由于数据本质上是动态变化的，因此任务变得非常具有挑战性。这就需要在边缘设备（传感器或网关）上或云端进行数据分析。在将数据发送至云端之前，需要进行某种形式的物联网数据格式转换。这可能涉及以下几个方面：

- 时间或空间分析
- 边缘节点处的数据汇聚
- 数据汇总
- 多个物联网数据流的关联分析
- 数据清理
- 丢失数据的填充
- 数据归一化
- 转化为云端可接受的数据格式

在边缘设备节点上，**复杂事件处理**（Complex Event Processing，CEP）系统能组合来自不同数据源的数据，从而推断事件或模式。

利用数据流分析法分析数据，例如将分析工具应用到数据流中，但以离线模式开发出可供外部使用的洞察力和规则，然后再将离线构建的模型应用于所生成的数据流，实现不同方式的数据处理：

- **原子型**：每次处理一条数据，是真正意义上的流处理。
- **微分批**：把一小段时间内的一组数据当作一个微批次，对这个微批次内的数据进行处理。
- **窗口化**：每批次处理一个时间帧内的数据。

数据流分析可以与 CEP 相结合，将一个时间帧内的事件与关联模式相结合，以检测特殊模式（例如，异常或故障）。

1.3 人工智能的注入：物联网中的数据科学

在数据科学家和机器学习工程师中，有一句话非常流行，那就是 Andrew Ng 教授在 2017 年的 NIPS 会议上提出的“AI 是新时代的电力”。这一概念可以延伸为：如果 AI 是新电力，那么数据就是新煤炭，物联网则是新煤矿。

物联网产生了海量的数据。目前，约有 90% 的物联网数据并未被捕获，而在捕获的 10%

的数据中，大部分又都是与时间相关的，在几毫秒内就会失去价值。持续长久地人工监控这些数据既烦琐又昂贵。这就需要一种智能数据分析方法，从而从数据中获得洞察力，而 AI 工具和模型则为用户提供了这样的方法，可以在最少的人工干预下完成任务。本书的重点将是了解可以应用于物联网数据的各种 AI 模型和技术，并将同时使用**机器学习**和**深度学习**算法。下图展示了**人工智能**、**机器学习**和**深度学习**之间的关系。

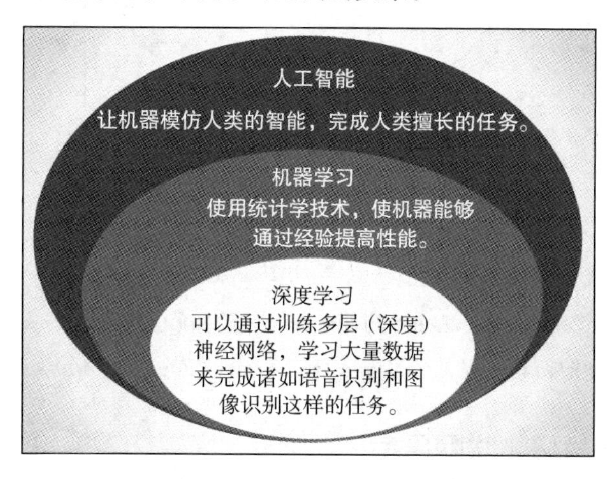

物联网可借助大数据技术和人工智能技术分析多个事物的行为数据，并据此发掘其中的洞察力，从而优化底层流程。这涉及多重挑战：

- 存储实时生成的事件信息。
- 对存储的事件进行分析查询。
- 利用人工智能、机器学习、深度学习技术对数据进行分析，以获得洞察力并做出预测。

1.3.1　数据挖掘跨行业标准流程

对于 IoT 问题，最常用的数据管理（Data Management，DM）方法是 Chapman 等人提出的数据挖掘跨行业标准流程（Cross-industry Standard Process for Data Mining，CRISP-DM）。它是一个过程模型，规定了成功完成数据挖掘需要执行的任务。它是一种与供应商无关的方法论，分为六个不同的阶段：

（1）商业理解

（2）数据理解

（3）数据准备

（4）数据建模

（5）模型评估

（6）模型部署

下图展示了不同的阶段。

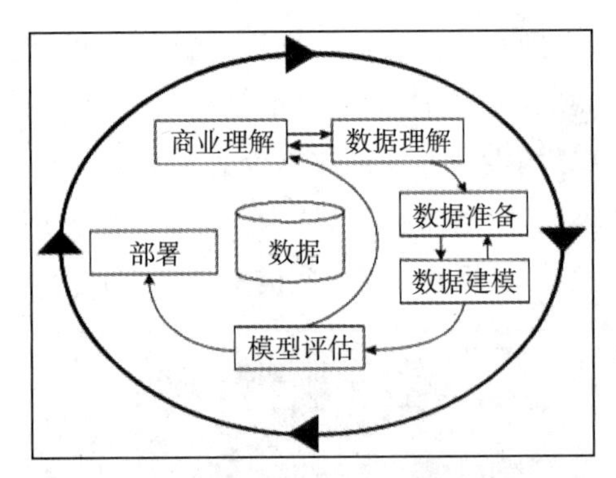

从图中可以看到，这是一个连续的过程模型，数据科学和人工智能在阶段 2 ～ 5 中扮演着重要角色。

有关 CRISP-DM 及其所有阶段的详细介绍可参阅以下文献：
Marbán, Óscar, Gonzalo Mariscal, and Javier Segovia. *A data mining & knowledge discovery process model. Data Mining and Knowledge Discovery in Real Life Applications.* InTech, 2009.

1.3.2　人工智能平台和物联网平台

目前，大量具有人工智能和物联网能力的云平台已经出现。这些平台提供了整合传感器和设备并在云端进行分析的能力。全球市场上有超过 30 个云平台，每个平台都针对不同的物联网垂直领域和服务。下图列出了人工智能 / 物联网平台所支持的各种服务。

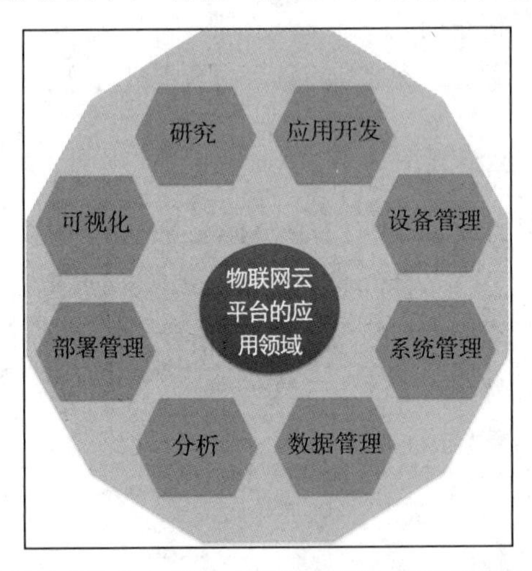

下面简要介绍一些流行的云平台。第 12 章将介绍如何使用最受欢迎的云平台。目前，主流的云平台有：

- **IBM Watson IoT 平台**。该平台由 IBM 托管，提供设备管理服务。它使用 MQTT（Message Queuing Telemetry Transport，消息队列遥测传输）协议与物联网设备和应用连接。该平台可提供实时可扩展的连接性，可以存储一段时间的数据，并提供实时访问服务。IBM Watson 还提供 Bluemix PaaS（Platform-as-a-Service，平台即服务）来进行可视化和分析。Bluemix 允许开发人员通过编程构建和管理与数据交互的应用程序，且支持 Python、C#、Java 和 Node.js 等开发语言。

- **微软 IoT-Azure IoT 套件**。它提供了一系列基于 Azure PaaS 构建的预配置物联网解决方案，能够在物联网设备和云端之间实现安全可靠的双向通信。预配置的解决方案提供包括数据可视化、远程监控、通过实时 IoT 设备遥测配置规则和报警通知等功能。它还提供了 Azure 流分析工具来实时处理数据。Azure 流分析工具允许使用 Visual Studio。根据 IoT 设备的不同，它支持 Python、Node.js、C 和 Arduino。
- **谷歌云 IoT**。它提供完全托管的服务，可安全批量地连接和管理物联网设备。它同时支持 MQTT 协议和 HTTP，并提供 IoT 设备和云端之间的双向通信。它还提供对 Go、PHP、Ruby、JS、.NET、Java、Objective-C 和 Python 的支持，同时提供云数据仓库解决方案 BigQuery，可为用户提供数据分析和可视化服务。
- **亚马逊 AWS IoT**。它允许 IoT 设备通过 MQTT 协议、HTTP 协议和 WebSockets 协议进行通信。它在物联网设备和云端之间提供安全可靠的双向通信。它还拥有一个规则引擎，可用来整合数据与其他 AWS 服务，并对数据进行格式转换。AWS Lambda 允许用户创建自定义规则来触发使用 Java、Python 或 Node.js 等语言编写的用户应用程序。它还允许用户使用自定义训练模型。

1.4 本书使用的工具

为了实现基于物联网的服务，一般需要遵循自下而上的方法。对于每一个 IoT 垂直领域，都需要找到数据和分析方法，并最终用代码实现它们。

由于 Python 适用于几乎所有的人工智能和物联网平台，因此本书将使用 Python 编写代码示例。除 Python 之外，还会用到一些库（如 NumPy、pandas、SciPy、Keras 和 TensorFlow 等）对数据进行 AI/ML 分析。在可视化方面，还将使用 Python 强大的绘图库——Matplotlib 和 Seaborn。

1.4.1 TensorFlow

TensorFlow 是一个由谷歌 Brain 团队开发的开源软件库，它提供了实现深度神经网络的函数和 API，且支持 Python、C++、Java、R 和 Go 等主流编程语言。TensorFlow 适用于多种平台：CPU、GPU、移动平台，甚至是分布式平台。它支持模型部署，易于在生产中使用。TensorFlow 中的优化器可自动计算梯度，以更新权重和偏置，使训练深度神经网络的任务变得更加容易。

TensorFlow 包含两个不同的组件：

- **计算图**是由节点和边构成的网络，其中定义了所有数据、变量、占位符和要执行的计算。TensorFlow 支持三种类型的数据对象——常量、变量和占位符。
- **执行图**实际上是使用一个 Session 对象来进行网络计算。从一层到另一层的具体计算和信息传递都是在 Session 对象中进行的。

接下来，让我们看看在 TensorFlow 中执行矩阵乘法的代码。完整代码可从 GitHub 库（https://github.com/PacktPublishing/Hands-On-Artificial-Intelligence-for-IoT）中下载，文件名称为 matrix_multiplication. ipynb：

```
import tensorflow as tf
import numpy as np
```

这两行代码实现了 TensorFlow 包的导入。接下来定义计算图，mat1 和 mat2 是要相乘的两个矩阵：

```
# A random matrix of size [3,5]
mat1 = np.random.rand(3,5)
# A random matrix of size [5,2]
mat2 = np.random.rand(5,2)
```

下面声明两个占位符 A 和 B，以便在运行时传递它们的值。在计算图中声明了所有的数据和计算对象：

```
# Declare placeholders for the two matrices
A = tf.placeholder(tf.float32, None, name='A')
B = tf.placeholder(tf.float32, None, name='B')
```

上面的代码声明了两个名称分别为 A 和 B 的占位符。tf.placeholder 方法的参数指定占位符为 float32 类型。由于指定的 shape（形状）为 None，因此可以向其输入一个任意形状的张量及该操作的可选名称。接下来，使用矩阵乘法 tf.matmul 定义要执行的操作：

```
C = tf.matmul(A,B)
```

执行图被声明为一个 Session 对象，它分别将占位符 A 和 B 赋值给两个矩阵 mat1 和 mat2：

```
with tf.Session() as sess:
    result = sess.run(C, feed_dict={A: mat1, B:mat2})
    print(result)
```

1.4.2 Keras

Keras 是一个在 TensorFlow 之上运行的高级 API。它允许快速轻松地进行原型构建，支持卷积神经网络和循环神经网络，甚至支持两者的组合，可以运行在 CPU 和 GPU 上。下面的代码使用 Keras 实现矩阵乘法：

```
# Import the libraries
import keras.backend as K
import numpy as np

# Declare the data
A = np.random.rand(20,500)
B = np.random.rand(500,3000)
#Create Variable
x = K.variable(value=A)
y = K.variable(value=B)
z = K.dot(x,y)
print(K.eval(z))
```

1.4.3 数据集

后面几章将介绍不同的 DL 模型和 ML 方法。这些模型都需要使用大量的数据集来验证它们的工作原理。本书将使用由无线传感器和其他物联网设备提供的数据集。下面列举出本书使用的一些数据集及其来源。

1. 联合循环发电厂数据集

该数据集包含 6 年时间内（2006 ～ 2011）从联合循环发电厂（Combined Cycle Power and Plant，CCPP）采集的 9568 个数据点。CCPP 使用燃气轮机和汽轮机来发电。CCPP 有三个主要部件：燃气轮机、热回收系统和蒸汽轮机。该数据集由 Namik Kemal 大学的 Pinar Tufekci 和 Bogazici 大学的 Heysem Kaya 收集，可在 UCI ML（http://archive.ics.uci.edu/ml/datasets/combined+cycle+power+plant）上查阅。该数据集由四个特征组成，可确定平均环境变量。平均值来自电厂周围的各种传感器，按秒记录环境变量，目的是预测每小时净电力输出。数据集中的数据有 xls 和 ds 两种格式。

该数据集的特征如下：

- **环境温度**（AT）为 1.81 ～ 37.11℃。
- **环境压力**（AP）为 992.89 ～ 1033.30mb。
- **相对湿度**（RH）为 25.56% ～ 100.16%。
- **排气真空**（V）为 25.36 ～ 81.56cmHg。
- **每小时净电力输出**（PE）为 420.26 ～ 495.76MW。

有关数据集的更多细节可以参阅以下文献：

- Pınar Tüfekci, *Prediction of full load electrical power output of a baseload operated combined cycle power plant using machine learning methods*, International Journal of Electrical Power & Energy Systems, Volume 60, September 2014, Pages 126-140, ISSN 0142-0615.
- Heysem Kaya, Pınar Tüfekci, Sadık Fikret Gürgen: *Local and GlobalLearning Methods*

for Predicting Power of a Combined Gas & Steam Turbine, Proceedings of the International Conference on Emerging Trends in Computer and Electronics Engineering ICETCEE 2012, pp. 13-18 (Mar. 2012, Dubai).

2. 葡萄酒质量数据集

为了保障人体健康，世界各地的葡萄酒厂都必须经过葡萄酒认证和质量评估。葡萄酒认证是通过理化指标分析和感官测试来进行的。随着科技的进步，可以通过体外设备进行常规的理化分析。

本书使用葡萄酒质量数据集作为分类实例。该数据集可以从 UCI-ML 存储库（https://archive.ics.uci.edu/ml/datasets/Wine+Quality）下载。葡萄酒质量数据集包含不同红葡萄酒和白葡萄酒样品的理化测试结果。每个样品都由一位品酒师以 0 ～ 10 分的评分标准进一步对其质量进行评价。

该数据集共包含 4898 个样本，每个样本含有 12 个属性：

- 固定酸度
- 挥发性酸度
- 柠檬酸
- 残糖
- 氯化物
- 游离的二氧化硫
- 二氧化硫总量
- 密度
- pH 值
- 硫酸盐
- 酒精
- 质量

该数据集用 CSV 格式存储。

关于该数据集的详细信息可以参阅以下文献：

Cortez, Paulo, et al. *Modeling wine preferences by data mining from physicochemical properties*. Decision Support Systems 47.4 (2009): 547-553 (https://repositorium.sdum.uminho.pt/bitstream/1822/10029/1/wine5.pdf).

3. 空气质量数据集

空气污染对人类健康构成了严重威胁。研究发现，空气质量的改善与不同的健康问题

（如呼吸道感染、心血管和肺癌等疾病）的改善之间存在关联。世界各国的气象组织在全球范围内广泛部署的传感器网络，为人们提供了实时的空气质量数据。这些数据可以通过这些组织各自的 Web APIs 访问。

本书将使用历史空气质量数据集来训练网络并预测死亡率。英格兰地区的空气质量历史数据可以在 Kaggle（https://www.kaggle.com/c/predict-impact-of-air-quality-on-death-rates）上免费获取，空气质量数据包括臭氧（O_3）、二氧化氮（NO_2）、PM10（直径小于或等于 10μm）颗粒物、PM2.5（直径小于或等于 2.5μm）颗粒物以及温度的日均值。英格兰地区的死亡率（每 10 万人的死亡人数）是根据英国国家统计局提供的数据得出的。

1.5　小结

本章主要介绍了物联网、大数据和人工智能的相关知识，以及物联网中用到的通用技术，还介绍了面向数据管理和数据分析的物联网架构，以及物联网设备产生的海量数据需要的特殊处理方式。

同时，本章还介绍了数据科学和人工智能能够利用众多物联网设备产生的数据来进行分析和预测，并简要介绍了各种 IoT 平台、一些流行的 IoT 垂直领域和具体的深度学习库——TensorFlow 和 Keras。最后，列举了本书会使用到的一些数据集。

下一章将介绍如何访问各种格式的可用数据集。

第 2 章 · CHAPTER 2

面向物联网的数据访问和分布式处理

数据无处不在，如图像、语音、文字、天气信息、你的车速、你的最后一次 EMI、不断变化的股票价格等。随着物联网系统的整合，所产生的数据增加了许多倍，例如传感器读数（室温、土壤碱度等）。这些数据被存储起来，并以各种格式提供给用户。本章将学习如何读取、保存和处理一些流行的数据格式。具体来说，将进行以下操作：

- 访问 TXT 格式数据。
- 通过 csv、pandas 和 NumPy 模块，读写 csv 格式的数据。
- 使用 JSON 和 pandas 读写 JSON 数据。
- 学习使用 PyTables、pandas 和 h5py 读写 HDF5 格式的数据。
- 使用 SQLite 和 MySQL 操作 SQL 数据库。
- 使用 MongoDB 访问 NoSQL 数据。
- Hadoop 的分布式文件系统的操作。

2.1 TXT 格式

TXT 格式是最简单、最常见的数据存储格式之一，许多 IoT 传感器以简单的 .txt 文件格式记录具有不同时间戳的传感器读数。Python 提供了创建、读写 TXT 文件的内置函数。

可以不借助任何模块使用 Python 读取 TXT 文件，在这种情况下，数据是字符串类型，需要将其转换为其他类型才能使用。另外，也可以使用 NumPy 或 pandas 读取 TXT 文件。

2.1.1 使用 Python 读写 TXT 文件

Python 具有读写 TXT 文件的内置函数。其中，四个函数提供了完整的功能：open( )、read( )、write( ) 和 close( )。正如函数名称所示，它们分别用于打开文件、读取文件、写入文件、关闭文件。如果要处理的是字符串数据（文本），这些函数是最佳选择。本节将使用 TXT 形式的莎士比亚戏剧剧本文件，该文件可以从麻省理工学院的网站下载：https://ocw.mit.edu/ans7870/6/6.006/s08/lecturenotes/files/t8.shakespeare.txt。

定义以下变量来访问数据：

```
data_folder = '../../data/Shakespeare'
data_file = 'alllines.txt'
```

第一步是打开文件：

```
f = open(data_file)
```

接下来，读取整个文件，可以使用 read 函数，并将整个文件作为一个字符串读取：

```
contents = f.read()
```

这行代码把整个文件（由 4 583 798 个字符组成）读取到 contents 变量中。接下来探讨一下 contents 变量的内容。下面的命令将打印出前 1000 个字符：

```
print(contents[:1000])
```

上面的代码将打印出如下内容：

```
"ACT I"
"SCENE I. London. The palace."
"Enter KING HENRY, LORD JOHN OF LANCASTER, the EARL of WESTMORELAND, SIR
WALTER BLUNT, and others"
"So shaken as we are, so wan with care,"
"Find we a time for frighted peace to pant,"
"And breathe short-winded accents of new broils"
"To be commenced in strands afar remote."
"No more the thirsty entrance of this soil"
"will daub her lips with her own children's blood,"
"Nor more will trenching war channel her fields,"
"Nor bruise her flowerets with the armed hoofs"
"Of hostile paces: those opposed eyes,"
"Which, like the meteors of a troubled heaven,"
"All of one nature, of one substance bred,"
"Did lately meet in the intestine shock"
"And furious close of civil butchery"
"will now, in mutual well-beseeming ranks,"
"March all one way and be no more opposed"
"Against acquaintance, kindred and allies:"
"The edge of war, like an ill-sheathed knife,"
"No more will cut his master. Therefore, friends,"
"As far as to the sepulchre of Christ,"
"Whose
```

如果 TXT 文件包含数字数据，最好使用 NumPy；如果数据是混合数据，pandas 是最好的选择。

2.2 CSV 格式

逗号分隔值（CSV）文件是用于存储物联网系统生成的表格数据的最常用文件格式。在 .csv 文件中，记录的值存储在纯文本行中，每行包含字段的值，并用分隔符分隔。CSV 格式文件默认使用逗号作为分隔符，也可以使用任何其他字符。本节将学习如何利用 Python 的 csv、pandas 和 NumPy 模块来读取 CSV 文件中的数据。下面将以 household_power_consumption 数据文件为例，该文件可以从 GitHub 库下载：https://github.com/ahanse/machlearning/blob/master/household_power_consumption.csv。

为了访问数据文件，可定义以下变量：

```
data_folder = '../../data/household_power_consumption'
data_file = 'household_power_consumption.csv'
```

一般情况下，想快速读取 CSV 文件中的数据，可以使用 Python 的 csv 模块。但是，如果需要将数据解释成日期和数字数据字段的组合，那么最好使用 pandas 包。如果数据只是数字数据，NumPy 则是最合适的包。

2.2.1 使用 csv 模块读写 CSV 文件

在 Python 中，csv 模块提供了用于读写 CSV 文件的类和方法。csv.reader 方法创建了一个 reader 对象，从中可以迭代读取行。每次从文件中读取一行，reader 对象都会返回一个字段列表。例如，下面的代码演示了读取数据文件并打印行的过程：

```
import csv
import os
with open(os.path.join(data_folder,data_file),newline='') as csvfile:
   csvreader = csv.reader(csvfile)
   for row in csvreader:
     print(row)
```

这些行被打印为字段值的列表：

```
['date', 'time', 'global_active_power', 'global_reactive_power', 'voltage',
'global_intensity', 'sub_metering_1', 'sub_metering_2', 'sub_metering_3']
['0007-01-01', '00:00:00', '2.58', '0.136', '241.97', '10.6', '0', '0',
'0'] ['0007-01-01', '00:01:00', '2.552', '0.1', '241.75', '10.4', '0', '0',
'0'] ['0007-01-01', '00:02:00', '2.55', '0.1', '241.64', '10.4', '0', '0',
'0']
```

csv.writer 方法返回一个可用于将行写入文件的对象。例如，下面的代码将文件的前 10

行写入临时文件并打印出来：

```
# read the file and write first ten rows
with open(os.path.join(data_folder, data_file), newline='') as csvfile, \
        open(os.path.join(data_folder, 'temp.csv'), 'w', newline='') as
tempfile:
    csvreader = csv.reader(csvfile)
    csvwriter = csv.writer(tempfile)
    for row, i in zip(csvreader, range(10)):
        csvwriter.writerow(row)
# read and print the newly written file
with open(os.path.join(data_folder, 'temp.csv'), newline='') as tempfile:
    csvreader = csv.reader(tempfile)
    for row in csvreader:
        print(row)
```

delimiter 字段和 quoting 字段是创建 reader 和 writer 对象时可以设置的重要属性。其中 delimiter 字段默认用逗号作为分隔符，如果想用其他分隔符，那么可通过 reader 或 writer 函数的 delimiter 参数来指定。例如，以下代码用“|”作为分隔符来保存文件。

```
    # read the file and write first ten rows with '|' delimiter
with open(os.path.join(data_folder, data_file), newline='') as csvfile, \
        open(os.path.join(data_folder, 'temp.csv'), 'w', newline='') as
tempfile:
    csvreader = csv.reader(csvfile)
    csvwriter = csv.writer(tempfile, delimiter='|')
    for row, i in zip(csvreader, range(10)):
        csvwriter.writerow(row)
# read and print the newly written file
with open(os.path.join(data_folder, 'temp.csv'), newline='') as tempfile:
    csvreader = csv.reader(tempfile, delimiter='|')
    for row in csvreader:
        print(row)
```

如果在读取文件时没有指定 delimiter 字段，那么行将作为一个字段被读取，并按如下形式打印出来：

```
['0007-01-01|00:00:00|2.58|0.136|241.97|10.6|0|0|0']
```

quotechar 是引用符，指定用于包围包含分隔符字符的字段的字符，默认值为双引号（"）。即可以使用 quotechar 参数指定用于引用的字符。是否使用引用，由 quoting 可选参数决定：

- csv.QUOTE_ALL：引用所有字段。
- csv.QUOTE_MINIMAL：仅引用包含特殊字符的字段。
- csv.QUOTE_NONNUMERIC：引用所有非数字字段，并将所有的数字字段转换为 float 数据类型。
- csv.QUOTE_NONE：没有一个字段被引用。

例如，首先打印临时文件：

```
0007-01-01|00:00:00|2.58|0.136|241.97|10.6|0|0|0
0007-01-01|00:01:00|2.552|0.1|241.75|10.4|0|0|0
0007-01-01|00:02:00|2.55|0.1|241.64|10.4|0|0|0
0007-01-01|00:03:00|2.55|0.1|241.71|10.4|0|0|0
0007-01-01|00:04:00|2.554|0.1|241.98|10.4|0|0|0
0007-01-01|00:05:00|2.55|0.1|241.83|10.4|0|0|0
0007-01-01|00:06:00|2.534|0.096|241.07|10.4|0|0|0
0007-01-01|00:07:00|2.484|0|241.29|10.2|0|0|0
0007-01-01|00:08:00|2.468|0|241.23|10.2|0|0|0
```

现在用引用所有字段的方式保存文件：

```
# read the file and write first ten rows with '|' delimiter, all quoting
and * as a quote charachetr.
with open(os.path.join(data_folder, data_file), newline='') as csvfile, \
        open('temp.csv', 'w', newline='') as tempfile:
    csvreader = csv.reader(csvfile)
    csvwriter = csv.writer(tempfile, delimiter='|',
quotechar='*',quoting=csv.QUOTE_ALL)
    for row, i in zip(csvreader, range(10)):
        csvwriter.writerow(row)
```

以指定的引用字符保存文件：

```
*0007-01-01*|*00:00:00*|*2.58*|*0.136*|*241.97*|*10.6*|*0*|*0*|*0*
*0007-01-01*|*00:01:00*|*2.552*|*0.1*|*241.75*|*10.4*|*0*|*0*|*0*
*0007-01-01*|*00:02:00*|*2.55*|*0.1*|*241.64*|*10.4*|*0*|*0*|*0*
*0007-01-01*|*00:03:00*|*2.55*|*0.1*|*241.71*|*10.4*|*0*|*0*|*0*
*0007-01-01*|*00:04:00*|*2.554*|*0.1*|*241.98*|*10.4*|*0*|*0*|*0*
*0007-01-01*|*00:05:00*|*2.55*|*0.1*|*241.83*|*10.4*|*0*|*0*|*0*
*0007-01-01*|*00:06:00*|*2.534*|*0.096*|*241.07*|*10.4*|*0*|*0*|*0*
*0007-01-01*|*00:07:00*|*2.484*|*0*|*241.29*|*10.2*|*0*|*0*|*0*
*0007-01-01*|*00:08:00*|*2.468*|*0*|*241.23*|*10.2*|*0*|*0*|*0*
```

记住用相同的参数读取文件。否则，这个引用字符“*”将被视为字段值的一部分，打印如下：

```
['*0007-01-01*', '*00:00:00*', '*2.58*', '*0.136*', '*241.97*', '*10.6*',
'*0*', '*0*', '*0*']
```

使用 reader 对象的正确参数，可打印出以下内容：

```
['0007-01-01', '00:00:00', '2.58', '0.136', '241.97', '10.6', '0', '0',
'0']
```

现在来看看如何使用另一种流行的 Python 库 pandas 读取 CSV 文件。

2.2.2 使用 pandas 模块读写 CSV 文件

在 pandas 中，read_csv() 函数在读取 CSV 文件后返回一个 DataFrame：

```
df = pd.read_csv('temp.csv')
print(df)
```

DataFrame 打印如下：

```
          date      time  global_active_power  global_reactive_power
voltage  \
0  0007-01-01  00:00:00                2.580                  0.136
241.97
1  0007-01-01  00:01:00                2.552                  0.100
241.75
2  0007-01-01  00:02:00                2.550                  0.100
241.64
3  0007-01-01  00:03:00                2.550                  0.100
241.71
4  0007-01-01  00:04:00                2.554                  0.100
241.98
5  0007-01-01  00:05:00                2.550                  0.100
241.83
6  0007-01-01  00:06:00                2.534                  0.096
241.07
7  0007-01-01  00:07:00                2.484                  0.000
241.29
8  0007-01-01  00:08:00                2.468                  0.000
241.23

   global_intensity  sub_metering_1  sub_metering_2  sub_metering_3
0              10.6               0               0               0
1              10.4               0               0               0
2              10.4               0               0               0
3              10.4               0               0               0
4              10.4               0               0               0
5              10.4               0               0               0
6              10.4               0               0               0
7              10.2               0               0               0
8              10.2               0               0               0
```

从上面的输出可以看到，pandas 会自动将日期和时间列解释为各自的数据类型。可以使用 to_csv( ) 函数将 pandas 的 DataFrame 保存到 CSV 文件中：

```
df.to_csv('temp1.cvs')
```

在读写 CSV 文件时，pandas 提供了许多参数。下面列举其中的部分参数，并给出它们的使用方法：

- header：定义要用作标题的行号，如果文件不包含任何标题，则定义为无标题。
- sep：定义在行中分隔字段的字符。默认情况下，sep 的值设为逗号“,”。
- names：为文件中的每个列定义列名。
- usecols：定义需要从 CSV 文件中提取的列，该参数中没有提到的列不被读取。
- dtype：定义 DataFrame 中列的数据类型。

许多其他可选参数可在以下链接中找到：

https://pandas.pydata.org/pandas-docs/stable/generated/pandas.read_csv.html 和 https://pandas.pydata.org/pandas-docs/stable/generated/pandas.DataFrame.to_csv.html。

下面来看看如何使用 NumPy 模块读取 CSV 文件。

2.2.3 使用 NumPy 模块读写 CSV 文件

NumPy 模块提供了两个读取 CSV 文件的函数：np.loadtxt( ) 和 np.genfromtxt( )。

关于 np.loadtxt 函数的使用，举例如下：

```
arr = np.loadtxt('temp.csv', skiprows=1, usecols=(2,3), delimiter=',')
arr
```

上面的代码从我们先前创建的文件中读取第 3 和第 4 列，并将其保存在一个 9 × 2 的数组中，如下所示：

```
array([[2.58 , 0.136],
       [2.552, 0.1  ],
       [2.55 , 0.1  ],
       [2.55 , 0.1  ],
       [2.554, 0.1  ],
       [2.55 , 0.1  ],
       [2.534, 0.096],
       [2.484, 0.   ],
       [2.468, 0..  ]])
```

np.loadtxt( ) 函数无法处理丢失数据的 CSV 文件。对于数据丢失的情况，可以使用 np.genfromtxt( ) 函数。这两个函数都提供了更多的参数，详细信息可以在 NumPy 文档中找到。上面的代码可以用 np.genfromtxt( ) 函数编写成如下形式：

```
arr = np.genfromtxt('temp.csv', skip_header=1, usecols=(2,3),
delimiter=',')
```

将 AI 应用到 IoT 数据中产生的 NumPy 数组可以用 np.savetxt( ) 函数保存。例如，我们前面加载的数组可以保存如下：

```
np.savetxt('temp.csv', arr, delimiter=',')
```

np.savetxt( ) 函数还接受各种其他有用的参数，例如保存字段和标题的格式。有关此函数的更多细节，请查看 NumPy 文档。

CSV 是 IoT 平台和设备上最流行的数据格式。本节介绍了如何使用 Python 中的三种不同模块读取 CSV 数据。接下来介绍另一种流行格式 XLSX。

2.3 XLSX 格式

Excel 是 Microsoft Office 包中的一个组件，是常用的数据存储和可视化格式之一。从 2010 年起，Office 开始支持 .xlsx 文件格式。可以使用 OpenPyXl 和 pandas 函数读取 XLSX 文件。

2.3.1 使用 OpenPyXl 模块读写 XLSX 文件

OpenPyXl 是一个用于读写 Excel 文件的 Python 库。它是一个开源项目。可使用下面的命令创建一个新的工作簿：

```
wb = Workbook()
```

然后，通过下面的命令访问当前活动的工作表：

```
ws = wb.active()
```

要更改工作表名称，可使用 title 命令：

```
ws.title = "Demo Name"
```

可以使用 append 方法将单行添加到工作表中：

```
ws.append()
```

create_sheet( ) 方法用于创建一个新工作表。通过行号和列号可以确定活动工作表中的指定单元格：

```
# Assigns the cell corresponding to
# column A and row 10 a value of 5
ws.['A10'] = 5
#or
ws.cell(column=1, row=10, value=5)
```

用 save 方法可以保存一个工作簿。要加载一个已有的工作簿，可以使用 load_workbook 方法。get_sheet_names( ) 用于访问 Excel 工作簿中不同工作表的名称。

下面这段代码创建了一个含有三张工作表的 Excel 工作簿，并保存下来。之后，它会加载工作表并访问一个单元格。这段代码可以从 GitHub 上的 OpenPyXl_example.ipynb 文件中下载：

```
# Creating and writing into xlsx file
from openpyxl import Workbook
from openpyxl.compat import range
from openpyxl.utils import get_column_letter
wb = Workbook()
dest_filename = 'empty_book.xlsx'
ws1 = wb.active
ws1.title = "range names"
for row in range(1, 40):
 ws1.append(range(0,100,5))
ws2 = wb.create_sheet(title="Pi")
ws2['F5'] = 2 * 3.14
ws2.cell(column=1, row=5, value= 3.14)
ws3 = wb.create_sheet(title="Data")
for row in range(1, 20):
 for col in range(1, 15):
```

```
    _ = ws3.cell(column=col, row=row, value="\
    {0}".format(get_column_letter(col)))
print(ws3['A10'].value)
wb.save(filename = dest_filename)

# Reading from xlsx file
from openpyxl import load_workbook
wb = load_workbook(filename = 'empty_book.xlsx')
sheet_ranges = wb['range names']
print(wb.get_sheet_names())
print(sheet_ranges['D18'].value)
```

可从以下网站上的 OpenPyXL 文档中了解更多关于 OpenPyXL 的信息：https://openpyxl.readthedocs.io/en/stable/。

2.3.2 使用 pandas 模块读写 XLSX 文件

我们可以在 panda 的帮助下加载已有的 .xlsx 文件。read_excel 方法读取 Excel 文件返回一个 DataFrame。此方法使用一个 sheet_name 参数指定要加载的工作表。工作表名称可以指定为字符串或从 0 开始的数字。to_excel 方法用于写入 Excel 文件。

下面的代码完成一个 Excel 文件的读取、操作和保存。这段代码可以从 GitHub 里的 Pandas_xlsx_example.ipynb 文件下载：

```
import pandas as pd
df = pd.read_excel("empty_book.xlsx", sheet_name=0)
df.describe()
result = df * 2
result.describe()
result.to_excel("empty_book_modified.xlsx")
```

2.4 JSON 格式

JSON（JavaScript Object Notation）是物联网系统中另一种流行的数据格式。本节将学习如何使用 Python 的 JSON 包、NumPy 包和 pandas 包读取 JSON 数据。

本节会使用 zips.json 文件，该文件包含美国的邮政编码、城市代码、地理位置详细信息和州代码。该文件用以下格式的 JSON 对象记录：

```
{ "_id" : "01001", "city" : "AGAWAM", "loc" : [ -72.622739, 42.070206 ],
"pop" : 15338, "state" : "MA" }
```

2.4.1 使用 JSON 模块读写 JSON 文件

要加载和解码 JSON 数据，可以使用 json.load( ) 或 json.loads( ) 函数。例如，下面的代码从 zips.json 文件中读取前 10 行，并将其打印出来：

```
import os
import json
from pprint import pprint

with open(os.path.join(data_folder,data_file)) as json_file:
    for line,i in zip(json_file,range(10)):
        json_data = json.loads(line)
        pprint(json_data)
```

打印结果如下：

```
{'_id': '01001',
 'city': 'AGAWAM',
 'loc': [-72.622739, 42.070206],
 'pop': 15338,
 'state': 'MA'}
```

json.loads( ) 函数将字符串对象作为输入，而 json.load() 函数将文件对象作为输入。两个函数都对 JSON 对象进行解码，并将其作为一个 Python 字典对象加载到 json_data 文件中。

json.dumps( ) 函数接收一个对象并产生一个 JSON 字符串，而 json.dump( ) 函数接收一个对象并将 JSON 字符串写到文件中。因此，这两个函数的作用与 json.loads( ) 和 json.load( ) 函数相反。

2.4.2 使用 pandas 模块读写 JSON 文件

JSON 字符串或文件可以通过 pandas.read_json( ) 函数读取，该函数返回一个 DataFrame 或 series 对象。例如，下面的代码读取 zips.json 文件：

```
df = pd.read_json(os.path.join(data_folder,data_file), lines=True)
print(df)
```

我们设置 lines=True 是因为每一行都包含一个单独的 JSON 格式的对象。如果不将这个参数设置为 True，pandas 会报错：ValueError。DataFrame 的打印结果如下：

```
          _id             city                            loc     pop
state
0        1001           AGAWAM          [-72.622739, 42.070206]  15338
MA
1        1002          CUSHMAN           [-72.51565, 42.377017]  36963
MA
...       ...              ...                              ...    ...
...
29351   99929         WRANGELL         [-132.352918, 56.433524]   2573
AK
29352   99950        KETCHIKAN          [-133.18479, 55.942471]    422
AK

[29353 rows x 5 columns]
```

DataFrame.to_json( ) 函数的功能是将 pandas DataFrame 或系列对象保存为 JSON 文件或

字符串。

 有关这两个函数的详细信息可以访问以下链接：

https://pandas.pydata.org/pandas-docs/stable/generated/pandas.read_json.html 和 https://pandas.pydata.org/pandas-docs/stable/generated/pandas.DataFrame.to_json.html。

尽管 CSV 和 JSON 仍然是最流行的物联网数据格式，但由于物联网庞大的数据规模，通常需要对数据进行分发。目前有两种流行的分布式数据存储和访问机制：HDF5 和 HDFS。下面首先了解 HDF5 格式。

2.5 HDF5 格式

层次数据格式（Hierarchical Data Format，HDF）是由 HDF 集团制定的规范，该集团是一个学术和工业组织联盟（https://support. hdfgroup. org/HDF5/）。在 HDF5 文件中，数据被组织成组和数据集。组是一个集合的**组**或**数据集**的集合。数据集是一个多维同质数组。

在 Python 中，PyTables 和 h5py 是操作 HDF5 文件的两个主要库。这两个库都需要安装 HDF5。对于并行版 HDF5，还需要安装 MPI。HDF5 和 MPI 的安装超出了本书的范围。并行版 HDF5 的安装说明可以在以下链接中找到：https://support.hdfgroup.org/ftp/HDF5/current/src/unpacked/release_docs/INSTALL_parallel。

2.5.1 使用 PyTables 模块读写 HDF5 文件

首先，让我们从 temp.csv 文件中的数字数据创建一个 HDF5 文件，步骤如下：

（1）获取数字数据：

```
import numpy as np
arr = np.loadtxt('temp.csv', skiprows=1, usecols=(2,3),
delimiter=',')
```

（2）打开 HDF5 文件：

```
import tables
h5filename = 'pytable_demo.hdf5'
with tables.open_file(h5filename,mode='w') as h5file:
```

（3）获取根节点：

```
root = h5file.root
```

（4）用 create_group( ) 创建一个组，或者用 create_array( ) 创建一个数据集，并重复此操作，直到所有的数据都被存储起来为止：

```
h5file.create_array(root,'global_power',arr)
```

（5）关闭文件：

```
h5file.close()
```

让我们读取文件并打印数据集，以确保其正确写入：

```
with tables.open_file(h5filename,mode='r') as h5file:
    root = h5file.root
    for node in h5file.root:
        ds = node.read()
        print(type(ds),ds.shape)
        print(ds)
```

返回一个 NumPy 数组。

2.5.2　使用 pandas 模块读写 HDF5 文件

我们也可以选择用 pandas 读写 HDF5 文件。要用 pandas 读取 HDF5 文件，必须先用它来创建 HDF5 文件。例如，用 pandas 来创建一个包含 global_power 值的 HDF5 文件：

```
import pandas as pd
import numpy as np
arr = np.loadtxt('temp.csv', skiprows=1, usecols=(2,3), delimiter=',')
import pandas as pd
store=pd.HDFStore('hdfstore_demo.hdf5')
print(store)
store['global_power']=pd.DataFrame(arr)
store.close()
```

接下来读取刚创建的 HDF5 文件并打印数组：

```
import pandas as pd
store=pd.HDFStore('hdfstore_demo.hdf5')
print(store)
print(store['global_power'])
store.close()
```

可以通过以下三种不同的方式读取 DataFrame 的值：

- store['global_power']
- store.get('global_power')
- store.global_power

pandas 还提供了高级的 read_hdf( ) 函数和 to_hdf( ) 的 DataFrame 方法，用于读写 HDF5 文件。

有关 pandas 读写 HDF5 的更多文档，请参见链接：http://pandas.pydata.org/pandas-docs/stable/io.html#io-hdf5。

2.5.3 使用 h5py 模块读写 HDF5 文件

h5py 模块是 Python 中最常用的读写 HDF5 文件的方式。可以使用 h5py.File( ) 函数打开一个新的或现有的 HDF5 文件。文件打开后，只需通过对象索引即可访问它的组。例如，下面的代码用 h5py 打开一个 HDF5 文件，然后打印出存储在 /global_power 组中的数组：

```
import h5py
hdf5file = h5py.File('pytable_demo.hdf5')
ds=hdf5file['/global_power']
print(ds)
for i in range(len(ds)):
    print(arr[i])
hdf5file.close()
```

arr 变量打印一个 HDF5 数据集类型：

```
<HDF5 dataset "global_power": shape (9, 2), type "<f8">
[2.58   0.136]
[2.552 0.1   ]
[2.55 0.1 ]
[2.55 0.1 ]
[2.554 0.1   ]
[2.55 0.1 ]
[2.534 0.096]
[2.484 0.    ]
[2.468 0.    ]
```

对于一个新的 HDF5 文件，可以使用 hdf5file.create_dataset( ) 函数来创建数据集和组，该函数返回数据集对象，hdf5file.create_group( ) 函数返回文件夹对象。整个 HDF5 文件作为一个 Root（根）文件夹存在，用“ / ”表示。数据集对象支持数组样式的切片和分割操作，可以设置切片大小或读取切片。例如，下面的代码创建了一个 HDF5 文件并存储了一个数据集：

```
import numpy as np
arr = np.loadtxt('temp.csv', skiprows=1, usecols=(2,3), delimiter=',')

import h5py
hdf5file = h5py.File('h5py_demo.hdf5')
dataset1 = hdf5file.create_dataset('global_power',data=arr)
hdf5file.close()
```

h5py 提供一个 attrs 代理对象，它有一个类似词典的接口，用于存储和检索有关文件、文件夹和数据集的元数据。例如，下面的代码设置了数据集和文件属性，然后打印出它们：

```
dataset1.attrs['owner']='City Corp.'
print(dataset1.attrs['owner'])

hdf5file.attrs['security_level']='public'
print(hdf5file.attrs['security_level'])
```

关于 h5py 库的更多信息，请参阅链接：http://docs.h5py.org/en/latest/index.html。

到目前为止，大家已经了解了几种不同的数据格式。通常，大数据都存储在商业数据库中，因此本章接下来将探讨如何访问 SQL 和 NoSQL 数据库。

2.6 SQL 数据

大多数数据库都是采用关系型数据库的组织方式。一个关系型数据库由一个或多个相关的信息表组成，不同表的信息之间的关系用键来描述。通常情况下，这些数据库是通过**数据库管理系统**（Database Management System，DBMS）来管理的。DBMS 是一个可以与最终用户、不同的应用程序和数据库本身进行交互的软件，用来捕获和分析数据。目前的商用 DBMS 使用**结构化查询语言**（Structured Query Language，SQL）来访问和操作数据库，我们也可以使用 Python 来访问关系型数据库。在本节中，我们将探讨 SQLite 和 MySQL，这两个非常流行的数据库引擎可以和 Python 一起使用。

2.6.1 SQLite 数据库引擎

SQLite（https://sqlite.org/index.html）是一个独立的、高可靠性的、嵌入式的、全功能的、公共领域的 SQL 数据库引擎。

SQLite 针对嵌入式应用进行了优化。它使用起来简单且速度非常快。可使用 Python sqlite3 模块将 SQLite 与 Python 集成。sqlite3 模块是和 Python 3 捆绑在一起的，所以无须安装。

下面将利用欧洲足球数据库（https://github.com/hugomathien/football-data-collection）中的数据进行演示，假定已经安装并启动了 SQL 服务器。

（1）导入 sqlite3 后的第一步是使用 connect 方法创建与数据库的连接：

```
import sqlite3
import pandas as pd
connection = sqlite3.connect('database.sqlite')
print("Database opened successfully")
```

（2）欧洲足球数据库由 8 张表组成。我们可以使用 read_sql 来读取数据库表或 SQL 查询到 DataFrame 中，这将打印出数据库中所有的表：

```
tables = pd.read_sql("SELECT * FROM sqlite_master WHERE
        type='table';", connection)
print(tables)
```

```
    type               name            tbl_name  rootpage  \
0  table    sqlite_sequence     sqlite_sequence         4
1  table  Player_Attributes  Player_Attributes        11
2  table             Player             Player        14
3  table              Match              Match        18
4  table             League             League        24
```

```
5  table          Country          Country        26
6  table             Team             Team        29
7  table  Team_Attributes  Team_Attributes         2

                                                 sql
0              CREATE TABLE sqlite_sequence(name,seq)
1  CREATE TABLE "Player_Attributes" (\n\t`id`\tIN...
2  CREATE TABLE `Player` (\n\t`id`\tINTEGER PRIMA...
3  CREATE TABLE `Match` (\n\t`id`\tINTEGER PRIMAR...
4  CREATE TABLE `League` (\n\t`id`\tINTEGER PRIMA...
5  CREATE TABLE `Country` (\n\t`id`\tINTEGER PRIM...
6  CREATE TABLE "Team" (\n\t`id`\tINTEGER PRIMARY...
7  CREATE TABLE `Team_Attributes` (\n\t`id`\tINTE...
```

（3）从 Country 表中读取数据：

```
countries = pd.read_sql("SELECT * FROM Country;", connection)
countries.head()
```

	id	name
0	1	Belgium
1	1729	England
2	4769	France
3	7809	Germany
4	10257	Italy

（4）可以在表上使用 SQL 查询。在下面的例子中，选择高度大于或等于 180 且体重大于或等于 170 的选手：

```
selected_players = pd.read_sql_query("SELECT * FROM Player WHERE
        height >= 180 AND weight >= 170 ", connection)
print(selected_players)
```

```
    id  player_api_id            player_name  player_fifa_api_id  \
0    1         505942     Aaron Appindangoye              218353
1    4          30572          Aaron Galindo              140161
2    9         528212           Aaron Lennox              206592
3   11          23889          Aaron Mokoena               47189
4   17         161644  Aaron Taylor-Sinclair              213569
5   20          46447              Abasse Ba              156626
6   24          42664      Abdelkader Ghezzal              178063
7   29         306735    Abdelouahed Chakhsi              210504
8   31          31684       Abdeslam Ouaddou               33022
9   32          32637  Abdessalam Benjelloun              177295
10  34          41093           Abdou Traore              187048
```

（5）最后，不要忘记使用 close 方法关闭连接：

```
connection.close()
```

如果在数据库中进行了任何更改，则需要使用 commit() 方法提交更新。

2.6.2　MySQL 数据库引擎

虽然用户可以用 SQLite 来操作大型数据库，但一般来说，MySQL 是首选。MySQL 除了对大型数据库具有可扩展性之外，在数据安全方面也很有用。在使用 MySQL 之前，需要安装 Python MySQL 连接器。目前有许多可选的 Python MySQL 连接器，如 MySQLdb、PyMySQL 和 MySQL。下面将使用 mysql-connector-python 来举例。

在使用 connect 方法建立好连接后，定义好 cursor，然后使用 execute 方法运行不同的 SQL 查询。安装 MySQL 时，可使用以下方法：

```
pip install mysql-connector-python
```

（1）现在已经安装了 Python MySQL 连接器，那么可以开始建立数据库与 SQL 服务器的连接了。下面使用 SQL 服务器配置替换主机、用户和密码配置：

```
import mysql.connector
connection = mysql.connector.connect(host="127.0.0.1", # your host
        user="root", # username
        password="**********" ) # password
```

（2）检查服务器中的现有数据库，并将其列出。为此，可使用 cursor 方法：

```
mycursor = connection.cursor()
mycursor.execute("SHOW DATABASES")
for x in mycursor:
    print(x)
```

```
('information_schema',)
('mysql',)
('performance_schema',)
('sys',)
```

（3）可以访问其中一个现有数据库，并列出其中一个数据库里的数据表：

```
connection = mysql.connector.connect(host="127.0.0.1", # your host
user="root", # username
password="**********" ,  #replace with your password
database = 'mysql')
mycursor = connection.cursor()
mycursor.execute("SHOW TABLES")
for x in mycursor:
    print(x)
```

2.7　NoSQL 数据

非结构化查询语言（Not Only Structured Query Language，NoSQL）数据库不是关系型数

据库。相反，其中的数据可以以键值、JSON、文档、柱状或图形格式存储，它们经常用在大数据和实时应用程序中。这里将学习如何使用 MongoDB 访问 NoSQL 数据，并且假设已正确配置了 MongoDB 服务器。

（1）需要使用 MongoClient 对象与 Mongo 守护进程建立连接。下面的代码建立了与默认主机（localhost）和端口（27017）的连接，使得可以访问 NoSQL 数据库：

```
from pymongo import MongoClient
client = MongoClient()
db = client.test
```

（2）在本例中，尝试将 scikit-learn 中的 cancer（癌症）数据集加载到 Mongo 数据库中。因此，首先要获取乳腺癌数据集，并将其转换为 pandas DataFrame：

```
from sklearn.datasets import load_breast_cancer
import pandas as pd

cancer = load_breast_cancer()
data = pd.DataFrame(cancer.data, columns=[cancer.feature_names])

data.head()
```

（3）接下来，将其转换为 JSON 格式，使用 json.loads( ) 函数对其进行解码，并将解码后的数据插入开放数据库中：

```
import json
data_in_json = data.to_json(orient='split')
rows = json.loads(data_in_json)
db.cancer_data.insert(rows)
```

（4）这将创建一个名为 cancer_data 的集合，其中包含数据。可以使用 cursor 对象查询刚才创建的文档：

```
cursor = db['cancer_data'].find({})
df = pd.DataFrame(list(cursor))
print(df)
```

```
                         _id  \
0  5ba272f0d82f8a68a1fa33ab

                                             columns  \
0  [[mean radius], [mean texture], [mean perimete...

                                                data  \
0  [[17.99, 10.38, 122.8, 1001.0, 0.1184, 0.2776,...

                                               index
0  [0, 1, 2, 3, 4, 5, 6, 7, 8, 9, 10, 11, 12, 13,...
```

说到物联网上的分布式数据时，Hadoop 分布式文件系统是另一种在物联网系统中提供分布式数据存储和访问的流行方法。接下来，将研究如何在 HDFS 中访问和存储数据。

2.8　HDFS 分布式文件系统

Hadoop 分布式文件系统（Hadoop Distributed File System，HDFS）是一种流行的数据存储和访问方法，用于存储和检索物联网解决方案的数据文件。HDFS 格式以可靠和可扩展的方式存储大量数据，其设计以**谷歌文件系统**（https://ai.google/research/pubs/pub51）为基础。HDFS 将单个文件分割成固定大小的块，这些块存储在整个集群的各台机器上。为了确保可靠性，它还备份文件块，并将其分布在整个集群中，默认情况下，备份系数为 3。HDFS 有两个主要的架构组件：

- 第一个是 NodeName，存储整个文件系统的元数据，如文件名、文件的权限，以及每个文件的每个块的位置。
- 第二个是 DataNode（一个或多个），是存储文件块的地方。它使用 protobufs 执行远程过程调用（RPC）。

RPC 是一种协议，程序可以使用这种协议向网络中的另一台计算机上的程序请求服务，而不必了解网络的详细信息。过程调用有时也称为**函数调用**或**子程序调用**。

在 Python 中，访问 HDFS 的方式有很多，如 snakebite、pyarrow、hdfs3、pywebhdfs、hdfscli 等。本节将主要关注那些提供原生 RPC 客户端接口并能与 Python 3 一起工作的模块。

Snakebite 是一个纯 Python 模块和 CLI，它允许从 Python 程序中访问 HDFS。目前，它只适用于 Python 2，不支持 Python 3。此外，它还不支持写入操作，因此不在书中多做介绍。但是，如果你想了解更多相关信息，可以参考 Spotify 的 GitHub：https://github.com/spotify/snakebite。

2.8.1　使用 hdfs3 模块操作 HDFS

hdfs3 是一个有关 C/C++ libhdfs3 库的轻量级 Python 封装程序。它允许从 Python 本地使用 HDFS。首先，需要连接 HDFS NameNode，这要求使用 HDFileSystem 类来完成：

```
from hdfs3 import HDFileSystem
hdfs = HDFileSystem(host = 'localhost', port=8020)
```

这将自动与 NameNode 建立一个连接。现在，可以使用下面的方法访问一个目录列表：

```
print(hdfs.ls('/tmp'))
```

该命令将列出 tmp 文件夹中的所有文件和目录。可以使用 mkdir 等函数创建目录，用 cp 命令将文件从一个位置复制到另一个位置。要写入文件，则需要先用 open 方法打开它，然后进行 write：

```
with hdfs.open('/tmp/file1.txt','wb') as f:
    f.write(b'You are Awesome!')
```

可以从文件中读取数据：

```
with hdfs.open('/tmp/file1.txt') as f:
    print(f.read())
```

想了解更多关于 hdfs3 的信息，可以参阅：https://media.readthedocs.org/pdf/hdfs3/latest/hdfs3.pdf。

2.8.2 使用 PyArrow 的文件系统接口操作 HDFS

PyArrow 为 HDFS 提供了一个基于 C++ 的接口。默认情况下，它使用 libhdfs，一个基于 JNI 的接口，用于 Java Hadoop 客户端。另外，也可以使用 libhdfs3，一个用于 HDFS 的 C++ 库。我们使用 hdfs.connect 连接到 NameNode：

```
import pyarrow as pa
hdfs = pa.hdfs.connect(host='hostname', port=8020, driver='libhdfs')
```

如果将驱动器改成 libhdfs3，那么要使用 Pivotal Labs 用于操作 HDFS 的 C++ 库。一旦连接到 NameNode，就可以使用与 hdfs3 相同的方法访问文件系统。

当数据量非常大时，HDFS 是首选。它允许以大块的方式读写数据，这对于访问和处理流数据很有帮助。下面的博文比较了三种原生 RPC 客户端接口：http://wesmckinney.com/blog/python-hdfs-interfaces/。

2.9 小结

本章讨论了几种不同的数据格式，而且在此过程中，也介绍了几种不同的数据集。我们从最简单的 TXT 数据开始，介绍了莎士比亚戏剧数据的读写。学习了如何使用 csv、NumPy 和 pandas 模块从 CSV 文件读取数据，接着又学习了 JSON 格式，并使用 Python 的 JSON 和 pandas 模块来访问 JSON 数据。从数据格式扩展到读写数据库，涵盖了 SQL 和 NoSQL 数据库。最后，本章还学习了如何在 Python 中使用 Hadoop 文件系统。

读写数据是第一步。在下一章中，我们将学习机器学习工具，这些工具将帮助我们对数据进行分析、建模，进而做出明智的预测。

CHAPTER 3 · 第 3 章

用于物联网的机器学习

机器学习（Machine Learning，ML）是指可以从数据中自动检测到有意义的模式并随着经验的增加而提升性能的计算机程序。尽管它不是一个新的研究领域，但现在还处于技术成熟度曲线（hype cycle）上（被过高期望）的峰值时期。本章将向读者介绍机器学习的标准算法以及它们在物联网领域的应用。

通过阅读本章，你将了解以下内容：

- 什么是机器学习，以及它在物联网应用流程中的作用。
- 监督与无监督的学习范式。
- 回归以及如何用 TensorFlow 和 Keras 完成线性回归。
- 流行的机器学习分类器以及如何在 TensorFlow 与 Keras 中实现它们。
- 决策树、随机森林和进行提升的技术以及如何编写它们的代码。
- 提升系统性能与模型极限的窍门与技巧。

3.1 机器学习与物联网

机器学习是人工智能的一个子集，其目标是构建无须显式编程就具有自动学习并随经验提升性能之能力的计算机程序。在当前的大数据时代，数据以惊人的速度产生，人们不可能浏览所有数据并手动研究。据在信息技术与网络技术领域领先的思科公司（Cisco）估计，2018 年的物联网产生了 400ZB 的数据。这表明我们需要研究出理解这样庞大的数据的自动化手段，这是机器学习时代到来的原因。

思科公司发布于 2018 年 2 月 1 日的完整报告可以通过网址 https://www.cisco.com/c/en/us/solutions/collateral/service-provider/global-cloud-index-gci/white-paper-c11-738085.html 访问。该报告预测了按照物联网、机器人、人工智能与通信领域合并计算的数据流量与云服务趋势。

高德纳（Gartner）是一家研究与顾问咨询公司，每年发布一份图表，通过可视化与概念化的方式展示新兴技术成熟度的五个阶段。你可以在 https://www.gartner.com/smarterwithgartner/5-trends-emerge-in-gartner-hype-cycle-for-emerging-technologies-2018/ 找到 2018 年高德纳发布的新兴技术成熟度曲线图。

你可以看到，物联网平台与机器学习都处于被过高期望的峰值。这意味着什么？被过高期望的峰值是技术生命周期中对技术过度热情的阶段。大量的供应商和创业公司往往会投资那些处于峰顶的技术。越来越多的商业机构在探索新技术适应其业务的策略。简言之，是时候深入研究这项技术了。你可能听到过投资者关于风险投资的玩笑，只要在推销中提及机器学习，在你（公司）估值的末尾就可以加个零。

综上，让我们开始机器学习技术研究之旅吧。

3.2 学习范式

机器学习算法可以按照它们所基于的方法分类如下：

- 概率的与非概率的
- 建模与优化
- 监督与无监督

在本书中，我们采用监督与无监督方式对机器学习算法进行分类。两者之间的区别在于模型如何学习以及提供给模型去学习的数据类型。

- **监督学习**：假如给你一个数列并请你预测下一个元素

$$(1,4,9,16,25,\ldots)$$

你猜对了：下一个数字将是 36，之后是 49，以此类推。这是监督学习或称为**通过样本学习**。你不会被告知这个数列是正整数的平方，但你可以根据所提供的 5 个样本猜出来。

按照类似的方式，在监督学习中，机器通过样本学习。提供给学习算法的训练数据由一组数据对 (X, Y) 组成，其中 X 是输入（它可以是单个数字或者包括大量特征的输入值），而 Y 是给定输入下期望的输出。一旦在给定的样本数据上进行了训练，模型应该能够在接收到新数据的时候给出准确的结论。

监督学习在给定输入集下用来预测，无论输出的是实数（回归）还是离散标签（分类）。我们将在后面的章节中探索回归与分类算法。

- **无监督学习**：假设给你 8 个有不同半径与颜色的圆形块，要求你按照一定顺序对它们进行排列或分组。你会怎么做？

  有人会按照半径升序或降序排列它们，也有人会根据颜色对它们进行分组。对于我们每个人而言，完成这一工作的方式有很多，具体取决于在分组时我们所拥有的数据的内部表征。这就是无监督学习，大多数人类学习属于这一类。

  在无监督学习中，仅向模型提供数据（X）而不告知有关数据的任何信息，模型自己学习数据中潜在的模式与关系。无监督学习常被用于聚类或降维。

尽管对本书中的大多数算法都使用 TensorFlow，在本章中，考虑到为机器学习算法高效构建的 scikit 库，当该库能够提供更多灵活性与特性的时候，我们将使用 scikit 中的函数与方法，目的是为读者提供应用于物联网产生的数据的 AI/ML 技术，避免重复工作。

3.3　用线性回归进行预测

亚伦（Aaron），我的一位朋友，对钱有些小马虎，从来不能估计出每个月信用卡账单的金额有多少，那么我们能够做些什么来帮助他呢？嗯，是的，如果我们有足够的数据，线性回归可以帮助我们预测月度信用卡账单。感谢数字经济，他过去五年的交易数据都能够在线获得。我们提取出他在杂货、文具和旅行上的月度支出以及他的月收入。线性回归不仅能够帮助预测他的月度信用卡账单，也能够找到他的主要支出。

这只是一个例子。线性回归可以用来处理许多类似的任务。在本节中，我们将学习如何在我们的数据上实现线性回归。

线性回归是一个监督学习任务。它是用于预测的最基础、简单和被广泛使用的机器学习技术之一。回归的目标是为给定输入 – 输出数据对 (x, y) 找到一个函数 $F(x, W)$，使得 $y=F(x, W)$。在数据对 (x, y) 中，x 是自变量而 y 是因变量，它们都是连续变量。线性回归可以帮助我们找到因变量 y 与自变量 x 之间的关系。

输入 x 可以是一个单独的或多个输入变量。当 $F(x, W)$ 是单变量 x 的映射时，称为**简单线性回归**；对于多输入变量的情形，称为**多元线性回归**。

函数 $F(x, W)$ 可以使用下述表达式近似表示：

$$y_i \approx F\left(x_i, W\right) = W_0 + \sum_{j=1}^{d} x_{ij} W_j$$

在该表达式中，d 是 x 的维度（即自变量的个数），而 W 是与 x 的每一个分量关联的权重。

要想找到函数 $F(x, W)$，就需要确定这些权重。找到权重的自然选择是减小平方误差，因此我们的目标函数如下：

$$\mathcal{L}=\sum_{i=1}^{N}(y_i-F(x_i,W))^2$$

在上述函数中，N 是所提供的输入 – 输出数据对的总数。为了找到权重，我们对目标函数关于权重进行微分并令其等于 0。使用矩阵记号，那么可以写出列向量 $W=(W_0, W_1, W_2, ..., W_d)^{\mathrm{T}}$ 的解如下：

$$\nabla_W \mathcal{L}=0$$

经过微分与化简，可得到下式：

$$W=(X^{\mathrm{T}}X)^{-1}X^{\mathrm{T}}Y$$

X 是维度为 $[N,d]$ 的输入向量，Y 是维度为 $[N,1]$ 的输出向量。如果 $(X^{\mathrm{T}}X)^{-1}$ 存在，即 X 的所有行和列都线性无关，则可以找到权重。为了保证这一点，输入 – 输出样本的数量（N）应当远大于输入特征的数量（d）。

TIP 一个需要记住的重要事项是，因变量 Y 不是关于自变量 X 呈线性；相反，它关于模型参数 W（即权重）呈线性。因此，我们可以使用线性回归建模（Y 和 X 之间的）指数或正弦关系。在这种情况下，我们把问题推广为：寻找权重 W，使得 $y=F(g(x),W)$，其中 $g(x)$ 是 X 的一个非线性函数。

3.3.1 用回归预测电力输出

现在你已经理解了线性回归的基础知识，让我们用它来预测联合循环发电厂的电力输出。我们在第 1 章中介绍过这个数据集，这里将使用 TensorFlow 和它的自动梯度来找到解。该数据集可以从 UCI ML 存档（http://archive.ics.uci.edu/ml/datasets/combined+cycle+power+plant）中下载。本节涉及的完整代码存放在 GitHub（https://github.com/PacktPublishing/Hands-On-Artificial-Intelligence-for-IoT）的 ElectricalPowerOutputPredictionUsingRegression.ipynb 文件里。

现在按照以下步骤来理解代码的执行过程。

（1）导入 TensorFlow、NumPy、pandas、Matplotlib 等库以及 scikit-learn 库中的一些有用函数：

```
# Import the modules
import tensorflow as tf
import numpy as np
import pandas as pd
import matplotlib.pyplot as plt
```

```
from sklearn.preprocessing import MinMaxScaler
from sklearn.metrics import mean_squared_error, r2_score
from sklearn.model_selection import train_test_split
%matplotlib inline # The data file is loaded and analyzed
```

（2）导入和分析数据文件：

```
filename = 'Folds5x2_pp.xlsx' # download the data file from UCI ML
repository
df = pd.read_excel(filename, sheet_name='Sheet1')
df.describe()
```

（3）因为数据没有归一化，在使用它之前，我们需要使用 sklearn 中的 MinMaxScaler 归一化它们：

```
X, Y = df[['AT', 'V','AP','RH']], df['PE']
scaler = MinMaxScaler()
X_new = scaler.fit_transform(X)
target_scaler = MinMaxScaler()
Y_new = target_scaler.fit_transform(Y.values.reshape(-1,1))
X_train, X_test, Y_train, y_test = \
 train_test_split(X_new, Y_new, test_size=0.4, random_state=333)
```

（4）现在定义一个类 LinearRegressor，它是完成所有实际工作的类。类的初始化中定义了计算图并初始化所有的变量（权重与偏置）。该类有 function 方法，建模函数 $y=F(X,W)$。方法 fit 执行自动梯度计算并更新权重与偏置，方法 predict 用于获得给定输入 X 的输出 y，方法 get_weights 返回学习得到的权重与偏置：

```
class LinearRegressor:
 def __init__(self,d, lr=0.001 ):
 # Placeholders for input-output training data
 self.X = tf.placeholder(tf.float32,\
 shape=[None,d], name='input')
 self.Y = tf.placeholder(tf.float32,\
 name='output')
 # Variables for weight and bias
 self.b = tf.Variable(0.0, dtype=tf.float32)
 self.W = tf.Variable(tf.random_normal([d,1]),\
 dtype=tf.float32)

 # The Linear Regression Model
 self.F = self.function(self.X)

 # Loss function
 self.loss = tf.reduce_mean(tf.square(self.Y \
 - self.F, name='LSE'))
 # Gradient Descent with learning
 # rate of 0.05 to minimize loss
 optimizer = tf.train.GradientDescentOptimizer(lr)
 self.optimize = optimizer.minimize(self.loss)

 # Initializing Variables
```

```
init_op = tf.global_variables_initializer()
self.sess = tf.Session()
self.sess.run(init_op)

def function(self, X):
return tf.matmul(X, self.W) + self.b

def fit(self, X, Y,epochs=500):
total = []
for i in range(epochs):
_, l = self.sess.run([self.optimize,self.loss],\
feed_dict={self.X: X, self.Y: Y})
total.append(l)
if i%100==0:
print('Epoch {0}/{1}: Loss {2}'.format(i,epochs,l))
return total

def predict(self, X):
return self.sess.run(self.function(X), feed_dict={self.X:X})

def get_weights(self):
return self.sess.run([self.W, self.b])
```

（5）使用前面的类来建立线性回归模型并训练它：

```
N, d = X_train.shape
model = LinearRegressor(d)
loss = model.fit(X_train, Y_train, 20000) #Epochs = 20000
```

下面来看一下所训练的线性回归器的性能，其中，均方误差随迭代轮次（epoch）的变化曲线展示了网络尝试达到均方误差的最小值。

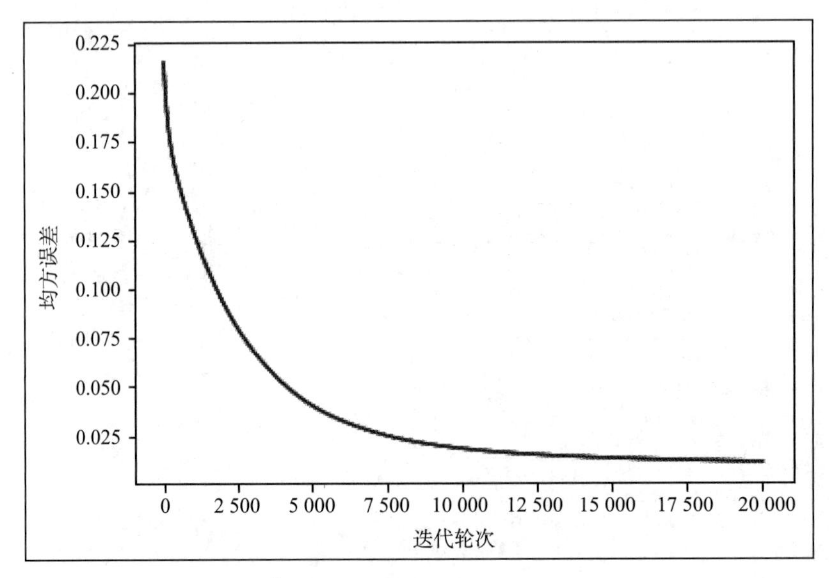

在测试数据集上，我们得到 R^2 的值为 0.768，均方误差为 0.011。

3.4 分类的逻辑回归[⊖]

在前一节中，我们学习了如何进行预测。在机器学习中还有另一种常见的任务：分类任务。将猫和狗分开，将垃圾邮件与非垃圾邮件分开，甚至是区分房间或场景中的不同物体，所有这些都是分类任务。

逻辑回归是一种古老的分类技术。在给定输入值下，它可以给出一个事件发生的概率。事件被表示为分类的因变量，某个因变量是 1 的概率由 logit 函数给出：

$$Y_{\text{pred}} = P(y=1 \mid X=x) = \frac{1}{1+\exp(-(b+W^{\mathrm{T}}X))}$$

在深入学习如何使用逻辑回归进行分类的细节之前，让我们审查一下 logit 函数（因其 S 形曲线也被称为 **Sigmoid** 函数）。下图展示了 logit 函数及其导数随着输入 X 的变化情况，Sigmoid 函数为黑色曲线，其导数为灰色曲线。

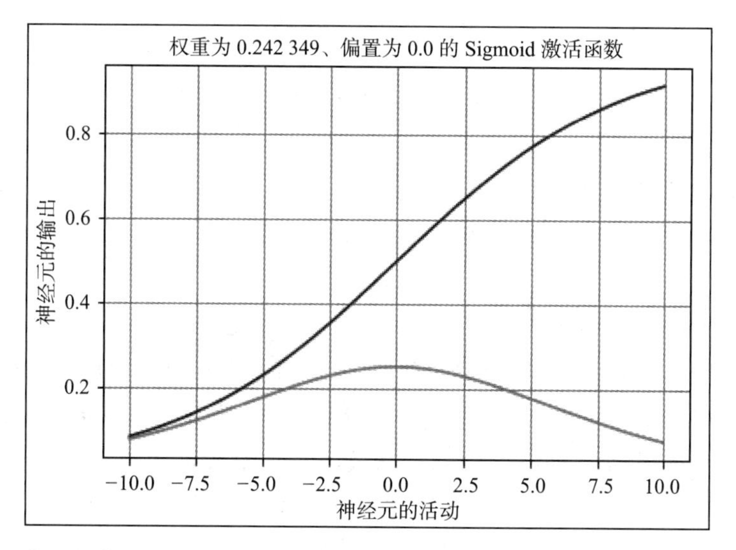

其中，我们需要注意的重要事项如下：

- ❑ Sigmoid 的值（即 Y_{pred}）在区间（0, 1）内。
- ❑ 当 $W^{\mathrm{T}}X+b$=0.0 时，Sigmoid 的导数取得最大值，导数的最大值仅为 0.25（在同一位置，Sigmoid 函数的值为 0.5）。
- ❑ Sigmoid 变化的斜率依赖于权重，而其导数峰值的位置则依赖于偏置。

建议你执行本书 GitHub 代码库里 Sigmoid_function.ipynb 文件中的程序，感受 Sigmoid 函数如何随着权重与偏置的变化而变化。

⊖ 这里将“Logistic Regression”直译为“逻辑回归”，南京大学周志华教授在其《机器学习》一书中使用了这个词的意译“对数几率回归”。——译者注

3.4.1 交叉熵损失函数

逻辑回归的目的是找到权重 W 与偏置 b，使得输入特征空间中的每个输入向量 X_i 能够被正确地分类为其类别 y_i。换句话说，y_i 与 Y_{pred_i} 在给定 x_i 条件下应当有相似的分布。我们首先考虑一个二分类问题。在这种情况下，数据点 y_i 的值为 1 或 0。因为逻辑回归是一种监督学习算法，我们将训练数据对 (X_i,Y_i) 作为输入，令 Y_{pred_i} 为概率 $P(y=1|X=X_i)$，所以对于 p 组训练数据点，总平均损失定义如下：

$$\text{总平均损失}=\frac{1}{p}\sum_{i=1}^{p}Y_i\log(Y_{\text{pred}_i})+(1-Y_i)\log(1-Y_{\text{pred}_i})$$

因此，对于每个数据对，当 $Y_i=1$ 时，第一项将贡献给损失项，当 Y_{pred_i} 从 0 变为 1 时，其贡献相应地从无穷大变为 0。类似地，当 $Y_i=0$ 时，第二项将贡献给损失项，当 Y_{pred_i} 从 1 变为 0 时，其贡献相应地从无穷大变为 0。

对于多类分类，损失项可以推广为：

$$\text{损失}=\sum_{i=1}^{p}\sum_{j=1}^{K}Y_{ij}\log(Y_{\text{pred}_{ij}})$$

式中，K 是类别的数量。需要注意的一个重要事项是，在二分类中，输出 Y_i 和 Y_{pred} 是单值，而对于多类问题来说，Y_i 与 Y_{pred} 现在都是 K 维向量，一个分量对应一个类别。

3.4.2 用逻辑回归分类葡萄酒

现在将用我们所学到的知识去分类葡萄酒的质量。我知道你在想：怎么分类葡萄酒质量？不可能吧！现在让我们来看一下我们的逻辑回归器与专业葡萄酒品酒师相比如何。我们将使用葡萄酒质量数据集（https://archive.ics.uci.edu/ml/datasets/wine+quality），其相关细节在第 1 章中介绍过。本节涉及的完整代码在本书 GitHub 代码库里名为 Wine_quality_using_logistic_regressor.ipynb 的文件中。下面让我们逐步分析代码。

（1）第一步是加载所有的模块：

```
# Import the modules
import tensorflow as tf
import numpy as np
import pandas as pd
import matplotlib.pyplot as plt
from sklearn.preprocessing import MinMaxScaler
from sklearn.metrics import mean_squared_error, r2_score
from sklearn.model_selection import train_test_split
%matplotlib inline
```

（2）读取数据。在当前代码中，我们仅分析红葡萄酒，所以可从文件 winequality-red.

csv 中读取数据。该文件包含的数据值不是由逗号而是分号分割的，所以需要指定分割符参数：

```
filename = 'winequality-red.csv' # Download the file from UCI ML
Repo
df = pd.read_csv(filename, sep=';')
```

（3）从数据文件输入中，我们将输入特征与目标质量分开。在文件中，目标葡萄酒质量的范围为 0 ～ 10。简单起见，我们把它分为 3 类，当初始质量小于 5 时，可把它当作第三类（意味着不好），质量为 5 ～ 8 时，认为它好（第二类），质量大于 8 时，认为很好（第一类）。归一化输入特征并将数据划分为训练与测试数据集：

```
X, Y = df[columns[0:-1]], df[columns[-1]]
scaler = MinMaxScaler()
X_new = scaler.fit_transform(X)
Y.loc[(Y<3)]=3
Y.loc[(Y<6.5) & (Y>=3 )] = 2
Y.loc[(Y>=6.5)] = 1
Y_new = pd.get_dummies(Y) # One hot encode
X_train, X_test, Y_train, y_test = \
train_test_split(X_new, Y_new, test_size=0.4, random_state=333)
```

（4）代码的主要部分是 LogisticRegressor 类。乍一看，你可能觉得它与之前设计的 LinearRegressor 类相似。该类被定义在 Python 文件 LogisticRegressor.py 中。确实有些像，但是两者有一些重要区别：输出 Y 被替换为 Y_{pred}，现在是一个三维类别向量，每一维代表三类的概率，而不是单个值了。这里的权重维度为 $d \times n$，其中 d 是输入特征的数量，n 是输出类别的数量。偏置现在也是三维的。另一个重要变化是损失函数的变化：

```
class LogisticRegressor:
    def __init__(self, d, n, lr=0.001 ):
        # Place holders for input-output training data
        self.X = tf.placeholder(tf.float32,\
              shape=[None,d], name='input')
        self.Y = tf.placeholder(tf.float32,\
              name='output')
        # Variables for weight and bias
        self.b = tf.Variable(tf.zeros(n), dtype=tf.float32)
        self.W = tf.Variable(tf.random_normal([d,n]),\
              dtype=tf.float32)
        # The Logistic Regression Model
        h = tf.matmul(self.X, self.W) + self.b
        self.Ypred = tf.nn.sigmoid(h)
        # Loss function
        self.loss = cost = tf.reduce_mean(-
tf.reduce_sum(self.Y*tf.log(self.Ypred),\
                reduction_indices=1), name = 'cross-entropy-loss')
        # Gradient Descent with learning
        # rate of 0.05 to minimize loss
        optimizer = tf.train.GradientDescentOptimizer(lr)
```

```
        self.optimize = optimizer.minimize(self.loss)
        # Initializing Variables
        init_op = tf.global_variables_initializer()
        self.sess = tf.Session()
        self.sess.run(init_op)

    def fit(self, X, Y,epochs=500):
        total = []
        for i in range(epochs):
            _, l = self.sess.run([self.optimize,self.loss],\
                  feed_dict={self.X: X, self.Y: Y})
            total.append(l)
             if i%1000==0:
                 print('Epoch {0}/{1}: Loss {2}'.format(i,epochs,l))
         return total

    def predict(self, X):
         return self.sess.run(self.Ypred, feed_dict={self.X:X})

     def get_weights(self):
         return self.sess.run([self.W, self.b])
```

（5）现在简单地训练我们的模型并预测输出。学习得到的模型在测试数据集上的准确率约为 85%。这令人印象深刻！

通过机器学习，我们也可以确定哪些成分会令葡萄酒变得品质优良。IntelligentX 公司最近开始根据用户的反馈酿造啤酒，它使用人工智能来获取最美味的啤酒配方。对此，你可以阅读 *Forbes* 上的相关文章：https://www.forbes.com/sites/emmasandler/2016/07/07/you-can-now-drink-beer-brewed-by-artificial-intelligence/#21fd11cc74c3。

3.5 用支持向量机分类

支持向量机（Support Vector Machine，SVM）可以说是分类中应用最广泛的机器学习技术。SVM 背后的主要思想是，我们要找到区分两类的间隔最大化的最优分类超平面。如果数据线性可分，寻找超平面的过程是直截了当的，但是当数据不是线性可分的时候，那么需要使用核技巧（kernel trick）使得数据在变换后的高维特征空间里线性可分。

SVM 是一种非参数化的监督学习算法，其主要思想是找最大间隔分类器，即离训练样本最远的分离超平面。

考虑下面的二分类图，灰点表示输出应当为 1 的类别 1，而黑点表示输出应当为 −1 的类别 2。可以用多条直线将灰点与黑点分开，图中展示了三条这样的直线 A、B 和 C，你认为这三条直线中哪条是最佳选择呢？直观来说，最佳选择是直线 B，因为它离两类样本最远，从而能够确保出现最少的错误。

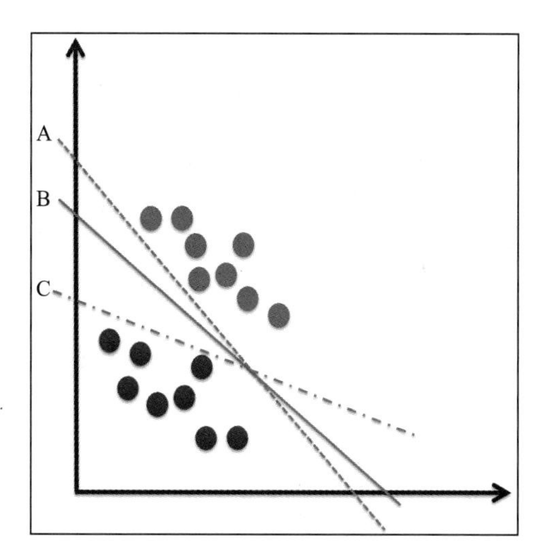

在后面的小节中，我们将学习寻找最大间隔分类超平面的基础数学。虽然这里的数学是最基础的，但如果你不喜欢数学，也可以跳到实现部分，在那里我们会用 SVM 再次对葡萄酒质量进行分类!

3.5.1 最大间隔分类超平面

从线性代数知识出发，我们知道一个平面的方程如下：

$$W_0 + W^{\mathrm{T}}X = 0$$

在 SVM 中，该平面应当分开正类（$y=1$）与负类（$y=-1$），且有一个额外约束：从最近的正负训练样本向量（分别记为 X_{pos} 和 X_{neg}）到这个超平面的距离（间隔）应当最大。从而，该平面被称为最大间隔分类超平面。

向量 X_{pos} 与 X_{neg} 被称为支持向量，它们在定义 SVM 模型中有重要作用。

数学上，这意味着下式为真：

$$W_0 + W^{\mathrm{T}}X_{\mathrm{pos}} = 1$$

并且，下式也为真：

$$W_0 + W^{\mathrm{T}}X_{\mathrm{neg}} = -1$$

由这两个公式，可得到[⊖]：

$$W^{\mathrm{T}}(X_{\mathrm{pos}} - X_{\mathrm{neg}}) = 2$$

⊖ 前两式相减得到下式，原书公式有误。——译者注公式两边同除以权重向量的长度，可得到下式：

$$\frac{W^{\mathrm{T}}(X_{\mathrm{pos}}-X_{\mathrm{neg}})}{\|W\|}=\frac{2}{\|W\|}$$

所以我们需要寻找一个分类面使得正负支持向量之间的间隔最大化，即 $\frac{2}{\|W\|}$ 最大，同时所有点被正确分类，如下：

$$y_i(W^{\mathrm{T}}X_i+W_0)>1$$

下面用一些本书没有讲的数学知识，前面的条件可以表示为寻找下述公式的最优解：

$$\arg\max_b \sum_j \alpha_j-\frac{1}{2}\sum_{j,k}\alpha_j\alpha_k y_j y_k (X_j X_k)$$

其满足约束条件：

$$a_j \geqslant 0$$
$$\sum_j \alpha_j y_j=0$$

根据向量系数 α 的值，我们可以使用下式得到权重 W：

$$W=\sum_j \alpha_j X_j$$

这是一个标准的二次规划优化问题，大量的机器学习库都有求解这一问题的内置函数，所以无须担心如何求解。

对于有兴趣了解更多关于 SVM 及其背后数学知识的读者，可参考 Vladimir Vapnik 的 *The Nature of Statistical Learning Theory* 一书，由 Springer Science+Business Media 在 2013 年出版。

3.5.2 核技巧

当输入特征空间线性可分时，前述方法工作良好。当情况不是这样时，我们应该怎么做呢？一个简单的方式是，把数据（X）变换到更高维度的空间，在那里数据线性可分，进而在那个高维空间中寻找最大间隔分类超平面。让我们看一下应该如何做。我们的超平面关于 α 如下：

$$W_0+\sum_i \alpha_i X^{\mathrm{T}} X^{(i)}$$

令 φ 代表该变换，那么可以用 $\varphi(X)$ 替换 X，同时将其内积 $X^{\mathrm{T}}X^{(i)}$ 替换为称为**核**的函数 $K(X^{\mathrm{T}},X^{(i)})=\varphi(X)^{\mathrm{T}}\varphi(X^{(i)})$。因此，现在只需要应用变换 φ 预处理数据，之后在变换后的空间

里像以前一样寻找线性分类超平面。

最常用的核函数是**高斯核**，也被称为**径向基函数**，定义如下：

$$K(X^i, X^j) = \exp(-\gamma \| X^i - X^j \|^2)$$

3.5.3 用 SVM 分类葡萄酒

对于这个任务，可使用 scikit 库提供的 svm.SVC 函数。这样做的原因是，在创作本书的时候，TensorFlow 库仅提供 SVM 的线性实现，并且只能将其用在二分类问题上。应用前面学到的数学知识，我们在 TensorFlow 中制作了自己的 SVM，本书 GitHub 库中的 SVM_TensorFlow.ipynb 文件里有 TensorFlow 中的这一实现。下面的代码可以在本书 GitHub 里的 Wine_quality_using_SVM.ipynb 文件中找到。

scikit 中的 SVC 分类器是一个支持向量分类器。它也能够使用一对一分类方案支持处理多分类。其中的一些可选参数如下：

- C：它是一个定义惩罚项的参数（默认值为 1.0）。
- kernel：它刻画使用的核函数（默认为 rbf）。可能的选项是 linear、poly、rbf、Sigmoid、precomputed 和 callable。
- gamma：它刻画 rbf、poly 以及 Sigmoid 等核函数的核系数，默认值为 auto。
- random_state：它设置用于洗牌数据的伪随机数生成器的种子。

下面给出了建立 SVM 模型的步骤。

（1）加载代码中将用到的模块。注意这里不再导入 TensorFlow 而是导入 scikit 库中的某些模块：

```
# Import the modules
import numpy as np
import pandas as pd
import matplotlib.pyplot as plt
from sklearn.preprocessing import MinMaxScaler, LabelEncoder
from sklearn.model_selection import train_test_split
from sklearn.metrics import confusion_matrix, accuracy_score
from sklearn.svm import SVC # The SVM Classifier from scikit
import seaborn as sns
%matplotlib inline
```

（2）读数据文件并对其进行预处理，将它分为测试和训练数据集。为了简单起见，这一次把数据分为两类——good 和 bad：

```
filename = 'winequality-red.csv' #Download the file from UCI ML
Repo
df = pd.read_csv(filename, sep=';')

#categorize wine quality in two levels
```

```
bins = (0,5.5,10)
categories = pd.cut(df['quality'], bins, labels = ['bad','good'])
df['quality'] = categories

#PreProcessing and splitting data to X and y
X = df.drop(['quality'], axis = 1)
scaler = MinMaxScaler()
X_new = scaler.fit_transform(X)
y = df['quality']
labelencoder_y = LabelEncoder()
y = labelencoder_y.fit_transform(y)
X_train, X_test, y_train, y_test = train_test_split(X, y, \
        test_size = 0.2, random_state = 323)
```

（3）现在使用 SVC 分类器并使用 fit 方法在训练数据集上训练这一分类器：

```
classifier = SVC(kernel = 'rbf', random_state = 45)
classifier.fit(X_train, y_train)
```

（4）现在让我们预测该分类器在测试数据集上的输出：

```
y_pred = classifier.predict(X_test)
```

（5）SVM 模型给出的准确率为 67.5% 且混淆矩阵如下：

```
print("Accuracy is {}".format(accuracy_score(y_test, y_pred)))
## Gives a value ~ 67.5%
cm = confusion_matrix(y_test, y_pred)
sns.heatmap(cm,annot=True,fmt='2.0f')
```

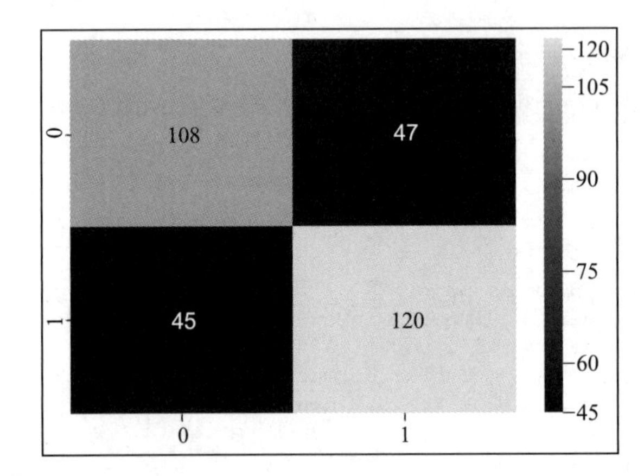

前述代码用于进行二分类，我们可以改变代码，以便在多于两类时也能够工作。例如，在第二步中，我们可以把代码替换为如下内容：

```
bins = (0,3.5,5.5,10)
categories = pd.cut(df['quality'], bins, labels =
['bad','ok','good'])
df['quality'] = categories
```

（6）那么像前面的逻辑回归分类器一样可以区分三类，准确率是 65.9%。

在三类情况下，训练数据的分布如下：

- good 855
- ok 734
- bad 10

因为 bad 类（对应于混淆矩阵中的 0）的样本数量只有 10 个，模型无法学到哪些参数对差的葡萄酒质量有贡献。因此，在本章探索的分类器上，数据应该在所有类别上均匀分布。

3.6 朴素贝叶斯分类器

朴素贝叶斯是最简单和最快速的机器学习算法之一，它也是一种监督学习算法，是基于贝叶斯概率定理的。在使用朴素贝叶斯分类器时，我们所做的一个重要假设是，输入向量的所有特征是**独立同分布**（independent and identically distributed，iid）的，目标是学习训练数据集上每个类 C_k 的条件概率模型：

$$p(C_k \mid x_1, x_2, \ldots, x_n) = p(C_k \mid X)$$

在独立同分布的假设下，贝叶斯定理可以表示为联合概率分布 $p(C_k, X)$ 的形式：

$$p(C_k \mid X) \sim p(C_k, X) \sim p(C_k)\prod_{i=1}^{n} p(x_i \mid C_k)$$

我们选择最大化该**最大后验概率**（Maximum A Posteriori，MAP）的类：

$$\arg\max_{k\in\{1,\ldots,K\}} p(C_k)\prod_{i=1}^{n} p(x_i \mid C_k)$$

根据 $p(x_i \mid C_k)$ 分布的不同，可能有不同的朴素贝叶斯算法。对于实值数据，通常选择高斯分布，对于二值数据，则选择伯努利分布，而当数据包括某些事件的频率（如文档分类）时，则选择多项式分布。

现在看一下如何用朴素贝叶斯模型分类葡萄酒。为了简单和高效，我们使用 scikit 内置的朴素贝叶斯分布。因为数据中的特征量是连续量，所以我们假设它们具有高斯分布，并且对其使用 scikit-learn 中的 GaussianNB。

3.6.1 用高斯朴素贝叶斯分类器评估葡萄酒质量

scikit-learn 的朴素贝叶斯模块支持三种分布。可以根据输入数据的类型选择其中的一种。scikit-learn 中的三种朴素贝叶斯模块如下：

- GaussianNB
- MultinomialNB
- BernoulliNB

如我们所见，葡萄酒数据是连续数据类型，因此用高斯分布（即 GaussianNB 模块）描述 $p(x_i | C_k)$ 会比较好，于是在代码的导入单元中加上了 from sklearn.naive_bayes import GaussianNB。在 scikit-learn 网址 http://scikit-learn.org/stable/modules/generated/sklearn.naive_bayes.GaussianNB.html#sklearn.naive_bayes.GaussianNB 上，你可以阅读有关 GaussianNB 模块的更多细节。

以下流程的前两步将与 SVM 示例保持一致。但是现在不是声明一个 SVM 分类器，而是声明一个 GaussianNB 分类器，并使用它的 fit 方法来学习训练样本。学习所得模型的结果将使用 predict 方法获得。以下是详细步骤。

（1）导入必要的模块。注意这里从 scikit 库中导入 GaussianNB：

```
# Import the modules
import numpy as np
import pandas as pd
import matplotlib.pyplot as plt
from sklearn.preprocessing import MinMaxScaler, LabelEncoder
from sklearn.model_selection import train_test_split
from sklearn.metrics import confusion_matrix, accuracy_score
from sklearn.naive_bayes import GaussianNB # The SVM Classifier
from scikit
import seaborn as sns
%matplotlib inline
```

（2）读数据文件并对其进行预处理：

```
filename = 'winequality-red.csv' #Download the file from UCI ML
Repo
df = pd.read_csv(filename, sep=';')

#categorize wine quality in two levels
bins = (0,5.5,10)
categories = pd.cut(df['quality'], bins, labels = ['bad','good'])
df['quality'] = categories
#PreProcessing and splitting data to X and y
X = df.drop(['quality'], axis = 1)
scaler = MinMaxScaler()
X_new = scaler.fit_transform(X)
y = df['quality']
labelencoder_y = LabelEncoder()
y = labelencoder_y.fit_transform(y)
X_train, X_test, y_train, y_test = train_test_split(X, y, \
        test_size = 0.2, random_state = 323)
```

（3）现在声明一个高斯朴素贝叶斯分类器，并在训练数据集上训练它，之后，使用训练好的模型来预测测试数据集中的葡萄酒质量：

```
classifier = GaussianNB()
classifier.fit(X_train, y_train)
#Predicting the Test Set
y_pred = classifier.predict(X_test)
```

伙计们，这就是全部，我们的模型已经准备就绪且可以工作。该模型处理二分类任务的准确率是 71.25%。在下面的截图中，你能看到混淆矩阵的热力图。

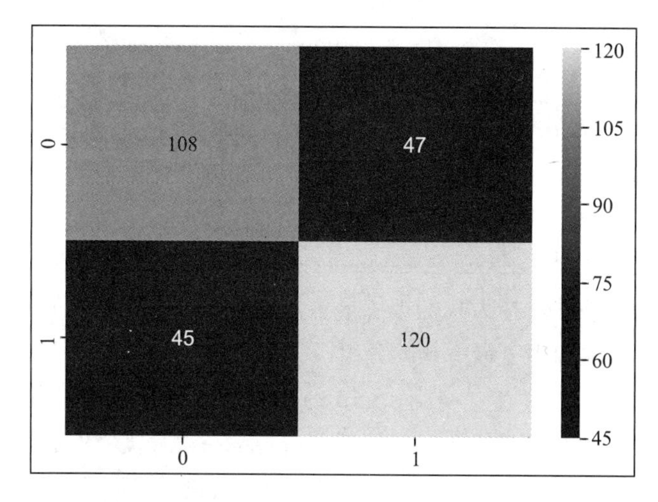

在给出“朴素贝叶斯最好”的结论之前，请注意一些陷阱：

- 朴素贝叶斯以基于频率的概率为基础进行预测，因此，它强烈依赖于用于训练的数据。
- 假设输入特征空间是独立同分布的，但这并不总是成立的。

3.7 决策树

在本节中，你将学习另一个非常常见且高效的机器学习算法——决策树。在决策树中，我们构造一个树状结构进行决策：从树根开始，我们选择一个特征并分裂进入分支，继续直到到达叶子，叶子表示预测的类别或数值。决策树算法包括两个主要步骤：

- 确定选择哪个特征和用什么条件进行分裂。
- 知道什么时候停止。

下面通过一个例子来讲解它。考虑有 40 个学生的样本，其中有三个变量：性别（男孩或女孩，离散值）、班级（XI 或 XII，离散值）和身高（5 ～ 6ft[⊖]，连续值）。其中 18 个学生喜欢在课余时间去图书馆，而其他学生喜欢玩儿。我们可以构造一个决策树来预测在课余时间谁将去图书馆而谁将去运动场。为了构造该决策树，我们需要根据三个输入变量中相对重要的变量来区分去图书馆或运动场的学生们。下面的图给出了基于每个输入变量的分类。

⊖ 1ft = 0.3048m。——编辑注

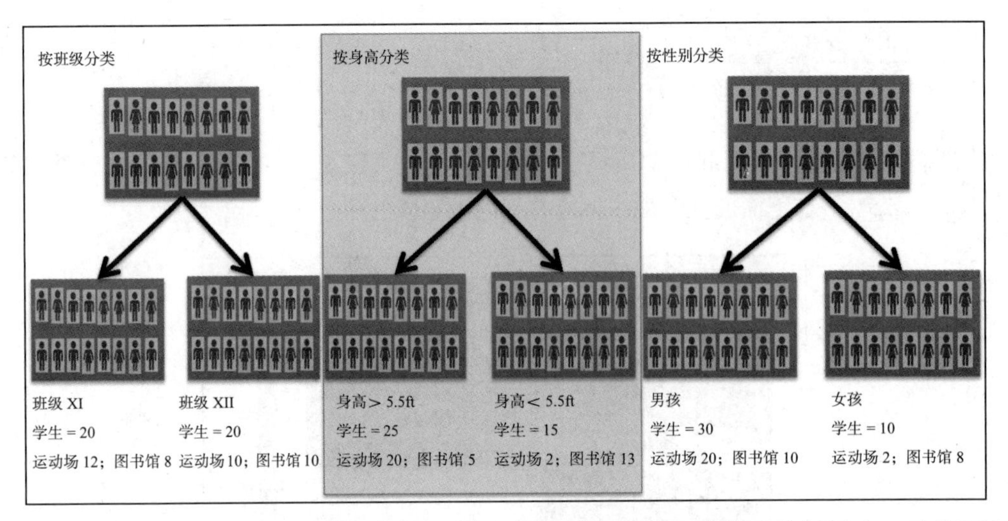

我们考虑所有的特征并选择为我们提供最多信息的那个。在前面的例子中，我们可以看出，在身高特征上的分类产生了最一致的分组，身高 >5.5ft 的那组包括 80% 去玩儿的学生和 20% 在课余时间去图书馆的学生，身高 <5.5ft 的那组包括 13% 去玩儿的学生和 86% 在课余时间去图书馆的学生。因此，我们在身高特征上进行第一次分支。然后继续这样的分支并最终判断出某个学生在课余时间会去玩儿还是去图书馆的决策。下面的图展示了决策树的结构，黑色圆圈是**根节点**，灰色圆圈是**决策节点**，空心圆圈是**叶子节点**：

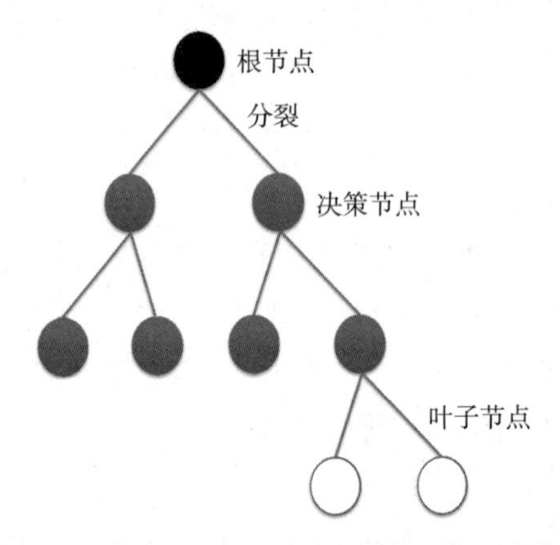

决策树属于贪婪算法系列。为了找到最为同质的分支，定义损失函数，使它尝试最大化一个特定分组中的同类输入量。对于回归问题，通常使用均方误差损失函数：

$$损失_{回归} = \sum (y - y_{pred})^2$$

这里，y 和 y_{pred} 表示针对输入量（i）的给定和预测的输出值，让我们找到最小化该损失的分支（方案）。

对于分类问题，使用**基尼**（gini）杂质度或交叉熵作为损失函数：

$$损失_{基尼} = \sum c_k * (1 - c_k)$$

$$损失_{交叉熵} = -\sum c_k \log(c_k)$$

式中，c_k 定义为出现在一个特定组中同类输入值的占比。

有关决策树的一些好的学习资源如下：

- L. Breiman, J. Friedman, R. Olshen, and C. Stone: *Classification and Regression Trees*, Wadsworth, Belmont, CA, 1984
- J.R. Quinlan: C4. 5: *programs for ML*, Morgan Kaufmann, 1993
- T. Hastie, R. Tibshirani and J. Friedman: *Elements of Statistical Learning*, Springer, 2009

3.7.1　scikit 中的决策树

scikit 库提供了 DecisionTreeRegressor 和 DecisionTreeClassifier，用来实现回归与分类。两者都可以从 sklearn.tree 中导入。DecisionTreeRegressor 的定义如下：

```
class sklearn.tree.DecisionTreeRegressor (criterion='mse', splitter='best',
max_depth=None, min_samples_split=2, min_samples_leaf=1,
min_weight_fraction_leaf=0.0, max_features=None, random_state=None,
max_leaf_nodes=None, min_impurity_decrease=0.0, min_impurity_split=None,
presort=False)
```

不同参数的含义如下：

- criterion：定义使用哪个损失函数来确定分支。默认值是均方误差（mse）。该库支持使用 friedman_mse 与平均绝对误差（mae）作为损失函数。
- splitter：用来决定使用贪婪策略找到最佳分支（默认）还是使用随机的 splitter 来选择最佳随机分支。
- max_depth：定义树的最大深度。
- min_samples_split：定义分支内部节点所需的最少样本数量。它可以是整数或浮点数（在这种情况下，它定义了分支操作所需的最小样本数的占比）。

DecisionTreeClassifier 定义如下：

```
class sklearn.tree.DecisionTreeClassifier(criterion='gini', splitter='best',
max_depth=None, min_samples_split=2, min_samples_leaf=1,
min_weight_fraction_leaf=0.0, max_features=None, random_state=None,
max_leaf_nodes=None, min_impurity_decrease=0.0, min_impurity_split=None,
class_weight=None, presort=False)
```

不同参数的含义如下：

- criterion：用来告知使用哪个损失函数来确定分支。分类器的默认值是基尼。该库支持使用 entropy 作为损失函数。
- splitter：用来决定如何选择分支（默认值是最佳分支），也可以使用随机的 splitter 来选择最佳随机分支。
- max_depth：定义树的最大深度。当输入特征空间比较大时，用这个参数来限制最大深度并处理过拟合。
- min_samples_split：定义分支内部节点所需的最少样本数量。它可以是整数或浮点数（在这种情况下，它定义了分支操作所需的最小样本数的占比）。

我们只列出了常用的参数，这两个类的其他参数的有关细节可以在以下 scikit-learn 网站上查阅：http://scikit-learn.org/stable/modules/generated/sklearn.tree.DecisionTreeRegressor.html 和 http://scikit-learn.org/stable/modules/generated/sklearn.tree.DecisionTreeClassifier.html。

3.7.2 决策树实践

首先使用决策树回归器来预测电力输出。相关数据集及其描述已经在第 1 章中介绍过了。本节代码在本书的 GitHub 库里 ElectricalPowerOutputPredictionUsingDecisionTrees.ipynb 文件中：

```
# Import the modules
import tensorflow as tf
import numpy as np
import pandas as pd
import matplotlib.pyplot as plt
from sklearn.preprocessing import MinMaxScaler
from sklearn.metrics import mean_squared_error, r2_score
from sklearn.model_selection import train_test_split
from sklearn.tree import DecisionTreeRegressor
%matplotlib inline

# Read the data
filename = 'Folds5x2_pp.xlsx' # The file can be downloaded from UCI ML repo
df = pd.read_excel(filename, sheet_name='Sheet1')
df.describe()

# Preprocess the data and split in test/train
X, Y = df[['AT', 'V','AP','RH']], df['PE']
scaler = MinMaxScaler()
X_new = scaler.fit_transform(X)
target_scaler = MinMaxScaler()
Y_new = target_scaler.fit_transform(Y.values.reshape(-1,1))
X_train, X_test, Y_train, y_test = \
 train_test_split(X_new, Y_new, test_size=0.4, random_state=333)
```

```
# Define the decision tree regressor
model = DecisionTreeRegressor(max_depth=3)
model.fit(X_train, Y_train)

# Make the prediction over the test data
Y_pred = model.predict(np.float32(X_test))
print("R2 Score is {} and MSE {}".format(\
 r2_score(y_test, Y_pred),\
 mean_squared_error(y_test, Y_pred)))
```

在测试数据集上得到的 R^2 为 0.90，均方误差为 0.0047，相对于线性回归器获得的结果（R^2 为 0.768，MSE 为 0.012），这是一个显著的进步。

来看一下决策树处理分类任务的性能。像前面介绍的例子一样，这里用决策树分类葡萄酒质量。代码在本书的 GitHub 库的 Wine_quality_using_DecisionTrees.ipynb 文件中：

```
# Import the modules
import numpy as np
import pandas as pd
import matplotlib.pyplot as plt
from sklearn.preprocessing import MinMaxScaler, LabelEncoder
from sklearn.metrics import mean_squared_error, r2_score
from sklearn.model_selection import train_test_split
from sklearn.tree import DecisionTreeClassifier
%matplotlib inline

# Read the data
filename = 'winequality-red.csv' #Download the file from
https://archive.ics.uci.edu/ml/datasets/wine+quality df =
pd.read_csv(filename, sep=';')



# categorize the data into three classes
bins = (0,3.5,5.5,10)
categories = pd.cut(df['quality'], bins, labels = ['bad','ok','good'])
df['quality'] = categories

# Preprocessing and splitting data to X and y X = df.drop(['quality'], axis
= 1) scaler = MinMaxScaler() X_new = scaler.fit_transform(X) y =
df['quality'] from sklearn.preprocessing import LabelEncoder labelencoder_y
= LabelEncoder() y = labelencoder_y.fit_transform(y) X_train, X_test,
y_train, y_test = train_test_split(X, y, test_size = 0.2, random_state =
323)


# Define the decision tree classifier
classifier = DecisionTreeClassifier(max_depth=3)
classifier.fit(X_train, y_train)

# Make the prediction over the test data
Y_pred = classifier.predict(np.float32(X_test))
print("Accuracy is {}".format(accuracy_score(y_test, y_pred)))
```

决策树产生的分类准确率大约为 70%。我们可以看到，对于数据量较少的情况，决策树与朴素贝叶斯都获得基本相同的结果。决策树受困于过拟合，这可以通过限制最大深度或设置训练输入样本最小数目来缓解。同朴素贝叶斯一样，决策树是不稳定的——数据的一点点变化就能导致完全不同的树。这个问题可以通过使用 bagging 或 boosting 技术来解决。最后但很重要的是，由于决策树是一种贪心算法，因此无法保证它能返回全局最优解。

3.8　集成学习

在我们的日常生活中，当必须做决定时，我们不是从一个人那里，而是从许多我们相信他们智慧的人那里获得指导。这同样可应用于机器学习，不是依赖于单个模型，而是用一组模型（集成）来进行预测或做出分类决策。这种学习形式被称为**集成学习**。

传统上，集成学习在许多机器学习项目中被用作最后一步。当模型尽可能彼此独立时，集成学习最有效。下图给出了集成学习的图形表示。

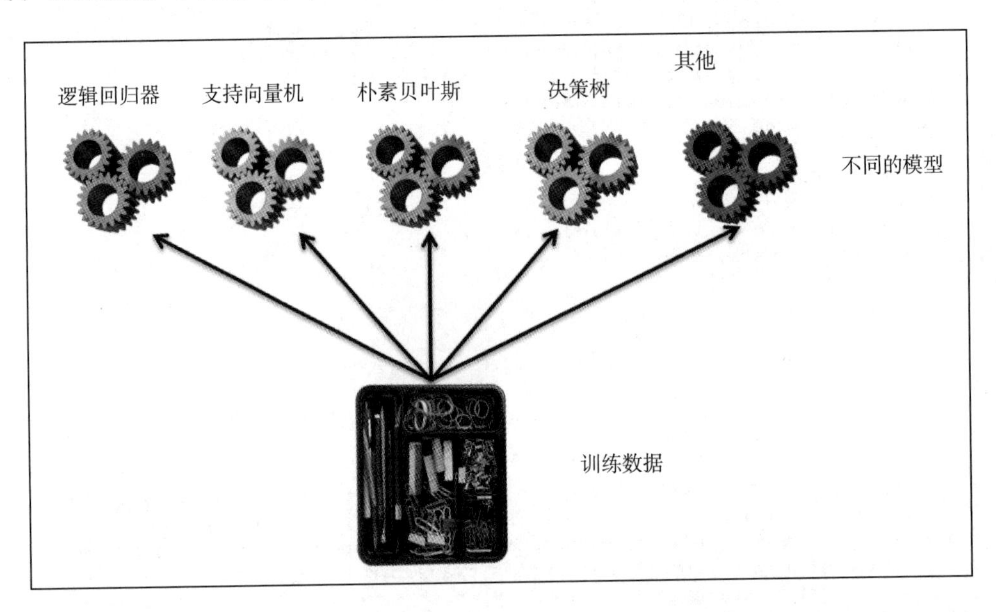

不同模型的训练可以顺序或并行进行。实现集成学习的方法有很多：投票、bagging 和 pasting，以及随机森林。下面来看看每种技术以及了解如何实现它们。

3.8.1　投票分类器

投票分类器遵循多数原则，它聚合了所有分类器的预测，并选择具有最大投票数的类。例如，在以下截图中，投票分类器将预测输入实例属于类 1：

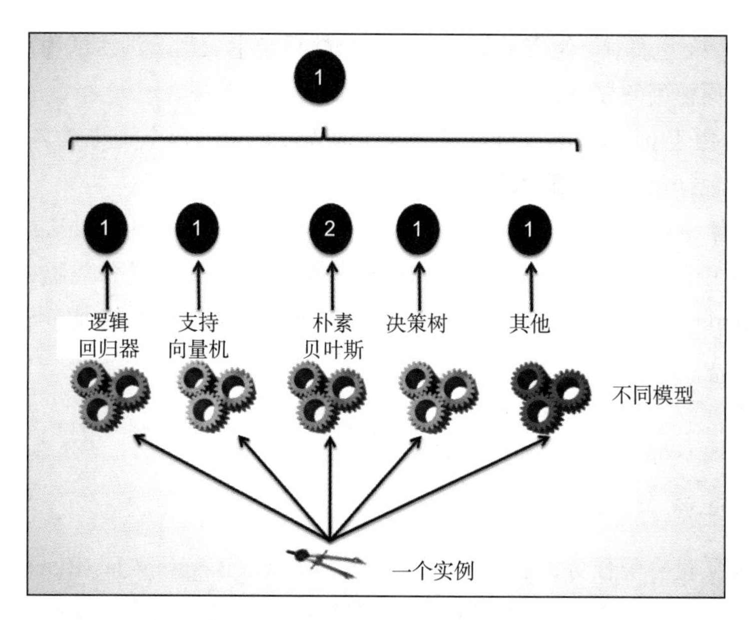

scikit 中的 VotingClassifier 类可用来实现它。在葡萄酒质量分类上使用集成学习，可实现 74% 的准确率，高于任何单个模型。相关的完整代码在本书的 GitHub 库里的 Wine_quality_using_Ensemble_learning.ipynb 文件中。下面是使用投票进行集成学习的主要代码：

```
# import the different classifiers
from sklearn.svm import SVC
from sklearn.naive_bayes import GaussianNB
from sklearn.tree import DecisionTreeClassifier
from sklearn.ensemble import VotingClassifier

# Declare each classifier
clf1 = SVC(random_state=22)
clf2 = DecisionTreeClassifier(random_state=23)
clf3 = GaussianNB()
X = np.array(X_train)
y = np.array(y_train)

#Employ Ensemble learning
eclf = VotingClassifier(estimators=[
('lr', clf1), ('rf', clf2), ('gnb', clf3)], voting='hard')
eclf = eclf.fit(X, y)

# Make prediction on test data
y_pred = eclf.predict(X_test)
```

3.8.2　bagging 与 pasting

在投票中，我们用不同的算法在同一数据集上做训练。当然，也可以使用同一学习算法在不同训练数据集子集上训练得到不同的模型，从而实现集成学习。训练数据集子集是随机采样的，采样以有替换（bagging）或无替换（pasting）的方式完成：

- bagging：该方式中，使用重复组合从原始数据集生成用于训练的附加数据。这有助于减少不同模型的方差。
- pasting：由于 pasting 不进行替换，因此训练数据集的每个子集最多可以使用一次。如果原始数据集很大，则此方式更合适。

scikit 库中有一个可用来执行 bagging 和 pasting 的方法（即 BaggingClassifier）可从 sklearn.ensemble 中导入并使用它。下面的代码评估 500 个决策树分类器，每个分类器有 1000 个采用 bagging 方式处理（对于 pasting，保持 bootstrap=False）的训练样本：

```
from sklearn.ensemble import BaggingClassifier
bag_classifier = BaggingClassifier(
        DecisionTreeClassifier(), n_estimators=500, max_samples=1000,\
        bootstrap=True, n_jobs=-1)
bag_classifier.fit(X_train, y_train)
y_pred = bag_classifier.predict(X_test)
```

对于葡萄酒质量分类任务，它获得的准确率为 77%。BaggingClassifier 的最后一个参数 n_jobs 定义可用的 CPU 核数量（即并行运行的作业数量），当它的值被设置为 −1 时，它使用所有可用的 CPU 核。

TIP 仅有决策树的集成学习称为**随机森林**，因此这里前面实现的是随机森林。我们也可以直接用 scikit 中的 RandomForestClassifier 类实现随机森林。使用该类的优点是，它在构建决策树时引入了额外的随机性。在进行分支时，它搜索在特征的一个随机子集中用来分支的最佳特征。

3.9 改进模型的窍门与技巧

本章已经介绍了大量的机器学习算法，每一个都有自己的优点与缺点。在本节中，我们将研究一些常见问题和解决方法。

3.9.1 特征缩放以解决不均匀的数据尺度

通常，所收集的数据具有不同的尺度。例如，一个特征的变化范围为 10 ～ 100 而另一个的范围为 2 ～ 5。此类不均匀的数据尺度会对学习产生不利影响。为了解决该问题，我们采用特征缩放（归一化）方法。已经发现归一化方法的选择会极大地影响某些算法的性能。两种常见的归一化方法（在某些书籍中也称为标准化）如下：

- **标准差归一化**：在标准差归一化方法中，每个单独的特征都被缩放，使得它具有标准正态分布的属性，即均值为 0、方差为 1。如果 μ 是均值，σ 是方差，那么可以通过对每个特征进行如下线性变换来计算标准差归一化：

$$x_{new} = \frac{x_{old} - \mu}{\sigma}$$

- **最小－最大归一化**：最小－最大归一化方法重新调整输入特征尺度，使它们位于 0 到 1 的范围内。它能够减小数据的标准差，从而抑制异常值的影响。为了实现最小－最大归一化，我们要找到特征的最大值和最小值（分别为 x_{max} 和 x_{min}），并执行以下线性变换：

$$x_{new} = \frac{x_{old} - x_{min}}{x_{max} - x_{min}}$$

可以使用 scikit 库中的 StandardScaler 或 MinMaxScaler 方法来归一化数据。对于本章的所有例子，我们已经使用了 MinMaxScaler，你可以尝试改用 StandardScaler 并观察性能是否改变。

3.9.2 过拟合

有时模型会过拟合训练数据集，这样会失去泛化能力，从而在验证数据集上表现不佳，这反过来会影响其在看不见的数据值上的表现。处理过拟合的标准方式有两种：正则化和交叉验证。

1. 正则化

正则化在损失函数中添加一项以确保随着模型特征数量的增加损失增加，即我们强迫模型保持简单。如果 $L(X,Y)$ 是早前的损失函数，可用下式代替它：

$$\mathcal{L}_{new} = \mathcal{L}_{old}(X,Y) + \lambda N(W)$$

式中，N 可以是 L_1 范数、L_2 范数或两者的组合，λ 是正则化系数。正则化有助于减小模型方差，而不会丢失数据分布的任何重要属性。

- **Lasso 正则化**：在这种情形下，N 采用 L_1 范数。它使用权重的绝对值作为惩罚项 N：

$$N(W) = \sum_{j=1}^{p} |W_j|$$

- **岭正则化**：在这种情形下，N 是 L_2 范数，相关公式如下：

$$N(W) = \sum_{j=1}^{p} W_j^2$$

2. 交叉验证

使用交叉验证也有助于减轻过拟合问题。在 k- 折交叉验证中，数据被分为 k 个子集（称为折），然后训练和评估模型 k 次，每次，选择一折进行验证，其余数据用于训练模型。当数据较少且训练时间较短时，我们可以执行交叉验证。scikit 提供了一个 cross_val_score 方法来实现 k- 折交叉验证。令 classifier 是我们想要交叉验证的模型，可以使用以下代码执行 10- 折交叉验证：

```
from sklearn.model_selection import cross_val_score
accuracies = cross_val_score(estimator = classifier, X = X_train,\
     y = y_train, cv = 10)
print("Accuracy Mean {} Accuracy Variance \
     {}".format(accuracies.mean(),accuracies.std()))
```

以上代码给出的结果是平均值和方差。一个好的模型应该具有较高的平均值和较低的方差。

3.9.3　“没有免费的午餐”定理

有这么多模型，人们总是想知道应该使用哪一个。Wolpert 在他著名的论文“The Lack of A Priori Distinctions Between Learning”中探讨了这个问题，并表明如果之前没有对输入数据做出任何假设，那么就没有理由偏爱任何一个模型。这被称为**“没有免费的午餐”定理**。

这意味着对于任何模型都不能预先保证其能更好地工作。确定哪种模型最好的唯一方法是评估它们，但是，实际上，不可能评估所有的模型。因此，在实践中，我们对数据做出合理的假设，并评估一些相关的模型。

3.9.4　超参数调整和网格搜索

不同的模型有不同的超参数。例如，在线性回归器中，学习率是一个超参数；如果我们使用正则化，则正则化参数 λ 是超参数。那么它们的值应该是什么呢？虽然对于某些超参数有一个经验法则，但大多数情况下，我们会通过猜测或使用网格搜索来顺序查找最佳超参数。下面提供了使用 scikit 库在 SVM 案例中进行超参数查找的代码。在下一章中，我们将看到如何使用 TensorFlow 执行超参数调整：

```
Grid search for best model and parameters
from sklearn.model_selection import GridSearchCV
#parameters = {'kernel':('linear', 'rbf'), 'C':[1, 10]}
classifier = SVC()
parameters = [{'C': [1, 10], 'kernel': ['linear']},
    {'C': [1, 10], 'kernel': ['rbf'],
    'gamma': [0.1, 0.2, 0.3, 0.4, 0.5, 0.6, 0.7, 0.8, 0.9]}]
    grid_search = GridSearchCV(estimator = classifier,
    param_grid = parameters,
    scoring = 'accuracy',
    cv = 10,)
grid_search.fit(X_train, y_train)
best_accuracy = grid_search.best_score_
```

```
best_parameters = grid_search.best_params_
#here is the best accuracy
best_accuracy
```

GridSearchCV 将为我们提供使 SVM 分类器产生最佳结果的超参数。

3.10　小结

本章旨在介绍对不同的标准机器学习算法的直观理解，以便你能够做出明智的选择。我们介绍了用于处理分类和回归任务的流行机器学习算法，还解释了监督学习和非监督学习的不同之处，讲解了线性回归、逻辑回归、支持向量机、朴素贝叶斯和决策树的基本原理，以及采用回归方法对某热电站的发电量进行预测，采用分类方法对葡萄酒质量进行好坏分类。最后，我们讨论了不同机器学习算法的常见问题以及解决这些问题的一些诀窍和技巧。

下一章将介绍不同的深度学习模型，以及如何使用它们来分析数据并做出预测。

第 4 章 · CHAPTER 4

用于物联网的深度学习

前一章介绍了不同的**机器学习**算法。本章的焦点是基于多层模型的神经网络，也被称为深度学习模型。它们在过去几年已经成为流行语，并受人工智能创业公司的投资者的绝对青睐。在物体检测任务中实现高于人类的准确度并在围棋领域击败世界九段大师是**深度学习**（Deep Learning，DL）可能实现的一些成就。在本章和一些后续章中，我们将学习各种深度学习模型以及如何对物联网产生的数据应用它们。在本章中，我们将首先回顾深度学习的发展历程，了解 4 种流行的模型：**多层感知器**（Multilayered Perceptron，MLP）、**卷积神经网络**（Convolutional Neural Network，CNN）、**递归神经网络**（Recurrent Neural Network，RNN）和**自编码器**。具体来说，你将了解以下内容：

- 深度学习的历史以及影响其目前成功的因素。
- 人工神经元以及它们如何连接以解决非线性问题。
- 反向传播算法并用它来训练 MLP 模型。
- TensorFlow 中提供的不同的优化器和激活函数。
- CNN 的工作原理以及核、填充和步幅背后的概念。
- 使用 CNN 模型进行分类和识别。
- RNN 和修改后的 RNN，以及长短时记忆网络、门控递归单元。
- 自编码器的架构和功能。

4.1 深度学习基础

人类思维总是吸引着哲学家、科学家和工程师的兴趣。多年来，人们一直希望模仿和复制人类大脑的智慧，具有**人工智能**（AI）的机器人自古以来就是（科幻）小说家的最爱。

正如我们今天所知，人工智能被认为与计算机的概念平行。开创性论文“A Logical Calculus Of The Ideas Immanent In Nervous Activity”的作者 McCulloch 和 Pitts 于 1943 年提出了第一个神经网络模型——可以执行逻辑运算（如与、或、与非）的阈值设备。在 1950 年发表的“Computing Machinery and Intelligence”开创性论文中，Alan Turing 提出了**图灵测试**——确定机器是否具有智能的测试。Rosenblatt 于 1957 年发表的报告“The Perceptron—a perceiving and recognizing automaton”奠定了可以从经验中学习的网络的基础。他们的想法极具前瞻性，虽然这些概念在理论上看起来很可行，但当时的计算资源严重限制了通过这些可以做逻辑和学习的模型可获得的性能。

虽然这些论文看起来陈旧且无关紧要，但它们非常值得阅读，借其能够深入了解这些早期思想家们的愿景。以下是这些论文的链接：

- *A Logical Calculus Of The Ideas Immanent In Nervous Activity,* McCulloch and Pitts: https://link.springer.com/article/10.1007%2FBF02478259
- *Computing Machinery and Intelligence*, Alan Turing: http://phil415.pbworks.com/f/TuringComputing.pdf
- *The Perceptron—a perceiving and recognizing automaton*, Rosenblatt: https://blogs.umass.edu/brain-wars/files/2016/03/rosenblatt-1957.pdf

另一篇有趣的论文“On the Origin of Deep Learning”来自卡内基–梅隆大学的 Wang 和 Raj，这篇 72 页的论文详细介绍了深度学习的历史，涉及从 McCulloch-Pitts 模型到最新的注意模型，相关网址为 https://arxiv.org/pdf/1702.07800.pdf。

AI 经历了两个冬天和一些成功（2012 年的突破，当时，Alex Krizhvesky、Ilya Sutskever 和 Geoffrey Hinton 的 AlexNet 在年度 ImageNet 挑战中实现了 84% 的准确率）之后，在今天，深度学习技术的表现优于大多数现有的 AI 技术。谷歌趋势（Google Trends）的以下屏幕截图显示，大约在 2014 年，深度学习技术变得流行并且从那时起一直在增长。

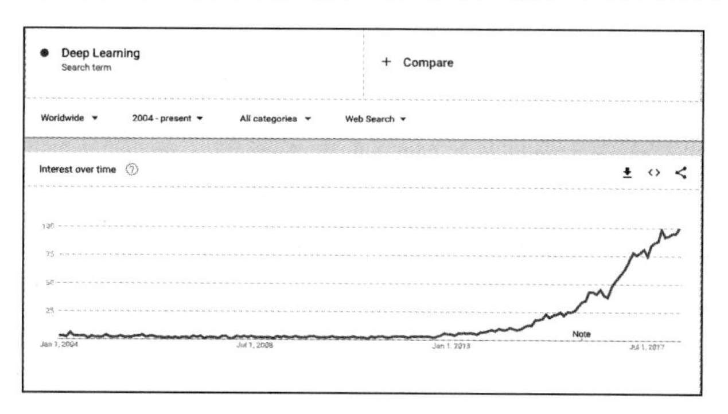

让我们看看这种增长趋势背后的原因，并分析是否只是炒作或现实并不止于此。

4.1.1 深度学习为何如此流行

DL 领域的大多数核心概念在 20 世纪 80 年代和 90 年代就已经出现，因此问题出现了，为什么我们突然发现 DL 在从图像分类、图像修复到无人驾驶汽车、语音生成领域的应用增多了。主要原因有两个，概述如下：

- **大规模高质量数据集的可用性**：互联网在图像、视频、文本和音频方面催生了大量数据集。虽然大部分数据未标记，但经过许多领先的研究人员（例如，Fei Fei Li 创建的 ImageNet 数据集）的努力，我们终于可以访问大型标记数据集。如果 DL 是一个照亮你想象力的熔炉，数据就是它的燃料。数据的数量和种类越多，模型的性能就越好。
- **使用图形处理单元进行并行计算的可用性**：在 DL 模型中，主要有两个数学矩阵运算起着至关重要的作用，即矩阵乘法和矩阵加法。借助**图形处理单元**（Graphical Processing Unit，GPU）并行化层中所有神经元的操作，使得能在合理的时间内完成 DL 模型训练。

一旦对 DL 的兴趣增长，人们就会进一步改进它，例如在梯度下降方面表现得更好的优化器（用于计算 DL 模型中的权重和偏置更新的必要算法）、Adam 和 RMSprop；新的正则化技术，例如 Dropout 和批归一化，不仅有助于缓解过拟合，而且可以减少训练时间；最后但并非最不重要的是，如 TensorFlow、Theano、Torch、MxNet 和 Keras 等 DL 库的可用性，这使得定义和训练复杂的架构更容易。

deeplearning.ai 的创始人吴恩达（Andrew Ng）表示，尽管有大量炒作和疯狂的投资，但我们不会看到另一个 AI 冬天，因为计算设备的改进将保持性能的提升和可预见的未来突破，吴恩达在 2016 年的 EmTech Digital 上说，按照他的预测，我们已经看到了处理硬件的进步，包括谷歌的**张量处理单元**（Tensor Processing Unit，TPU）、英特尔的 Movidius 和 NVIDIA 最新的 GPU。此外，现在还出现了云计算 GPU，每小时服务费低至 0.40 美分，所有人都能负担得起。

MIT Technology Review 上的完整文章 AI Winter Isn't Coming（https://www.technologyreview.com/s/603062/ai-winter-isnt-coming/）中，吴恩达回答了有关人工智能未来的各种疑问。

对于 DL，一定会用到 GPU 处理能力，对此，很多公司提供相关的云计算服务，但是，如果你刚开始使用 DL 模型，那么可以使用以下之一：

- Google Colaboratory。它提供一个基于浏览器的、支持 GPU 的 Jupyter 笔记本式界面，可供用户连续 12 小时免费使用 GPU 计算能力。
- Kaggle。它也提供一个 Jupyter 笔记本式界面，大约可供用户连续 6 小时免费使用 GPU 计算能力。

4.1.2 人工神经元

所有 DL 模型的基本组成部分都是人工神经元。人工神经元受生物神经元工作的启发，由一些通过权重连接的输入（也称为**突触连接**）组成，所有输入的加权和经过处理函数（称为**激活函数**）生成非线性输出。

以下屏幕截图显示了一个**生物神经元**和一个**人工神经元**。

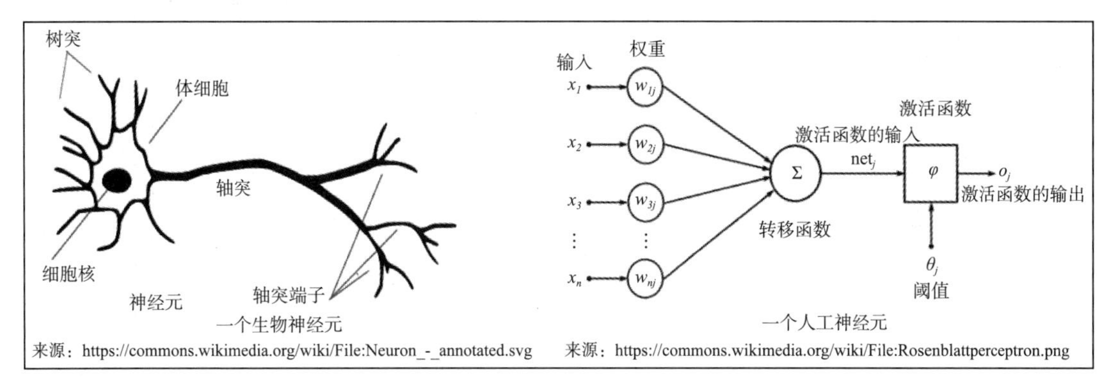

如果 x_i 是通过突触连接 w_{ij} 连接人工神经元（j）的第 i 个输入，那么神经元的净输入通常称为**神经元的活动**，可以定义为所有输入的加权和，并由下式给出：

$$h_j = \sum_{i=1}^{N} x_i w_{ij} - \theta_j$$

式中，N 是第 j 个神经元的输入总数，θ_j 是第 j 个神经元的阈值。神经元的输出由下式给出：

$$y_j = g(h_j)$$

式中，g 是激活函数。下面列出了不同 DL 模型使用的不同激活函数，以及它们的数学和图形表示。

（1）Sigmoid：$g(h_j) = \dfrac{1}{1+\mathrm{e}^{-h_j}}$

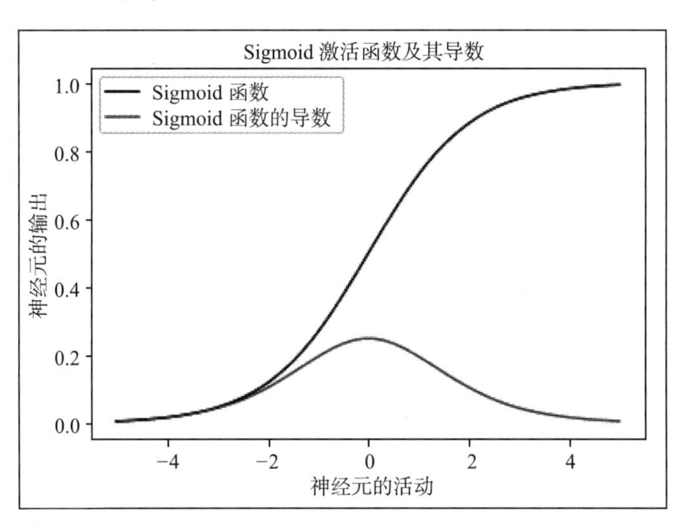

（2）双曲正切：$g(h_j)=\tanh(h_j)$

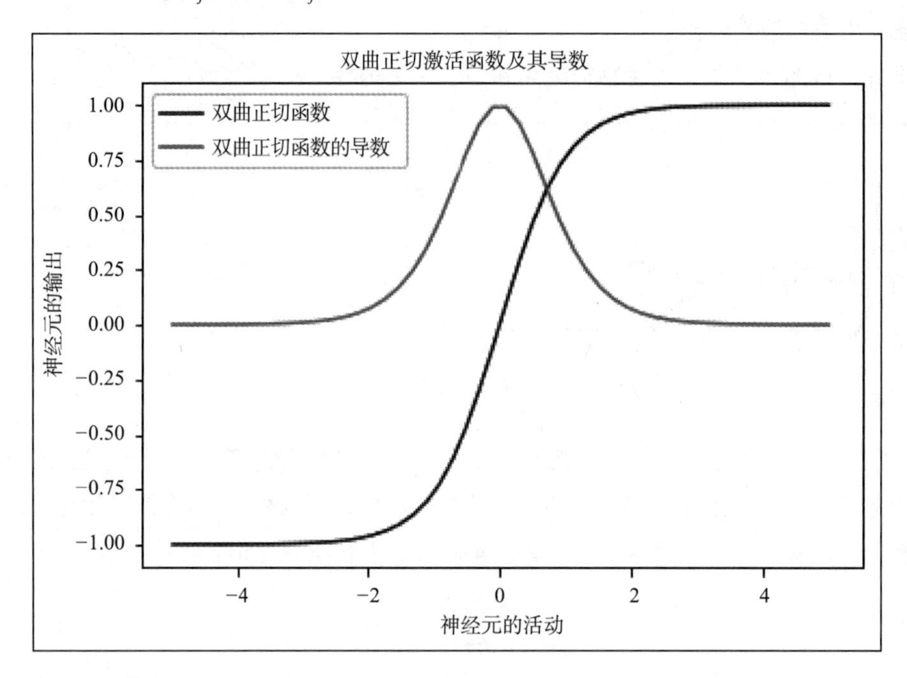

（3）线性整流单元（ReLU）：$g(h_j)=\max(0,h_j)$

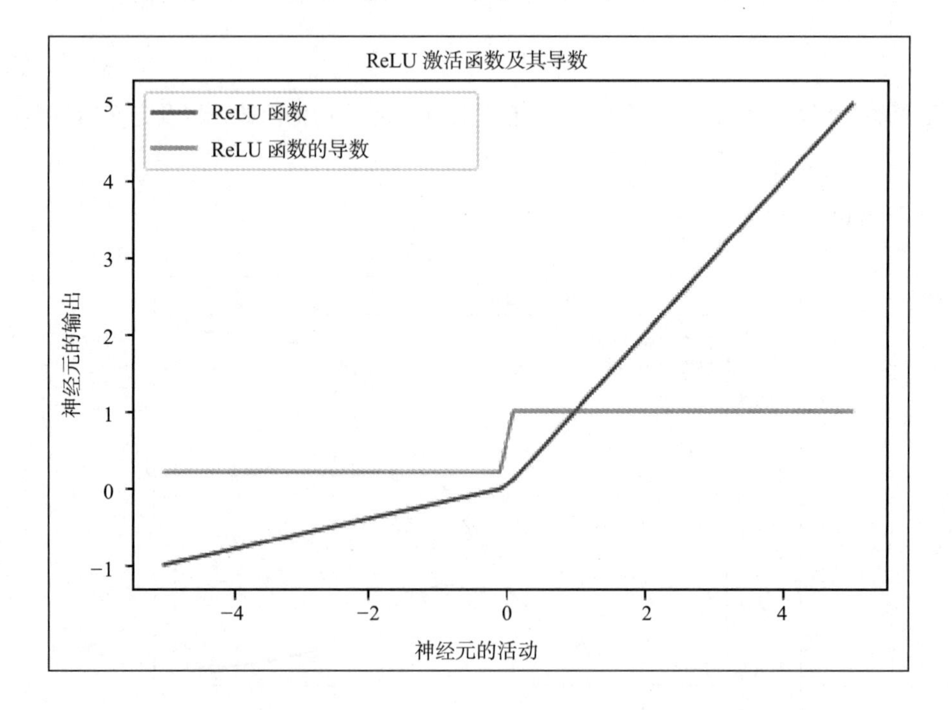

（4）Softmax：$g(h_j)=\dfrac{e^{h_j}}{\sum_{i=1}^{N}e^{h_i}}$

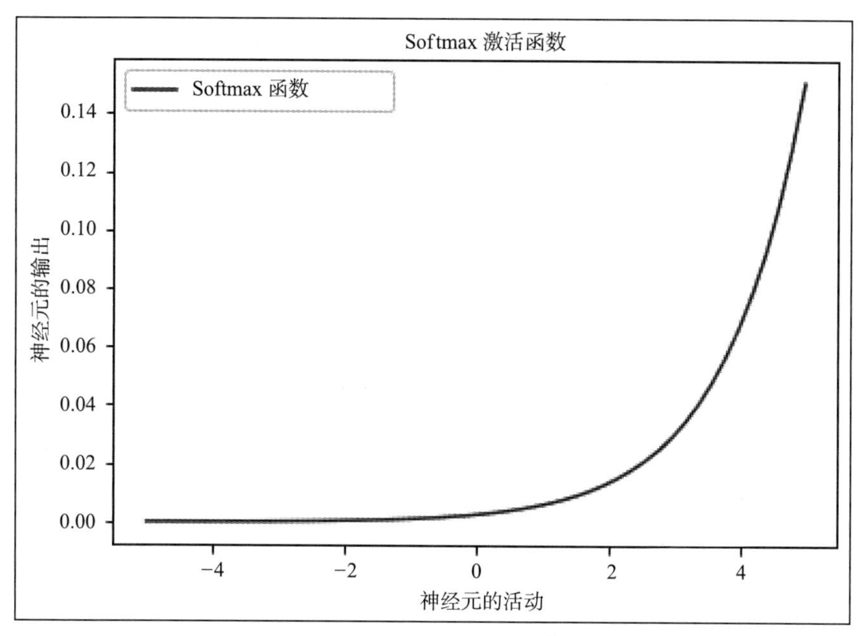

（5）带泄漏的线性整流单元（leaky ReLU）：$g(h_j)=\begin{cases}h_j, h_j\geqslant 0\\0, h_j<0\end{cases}$

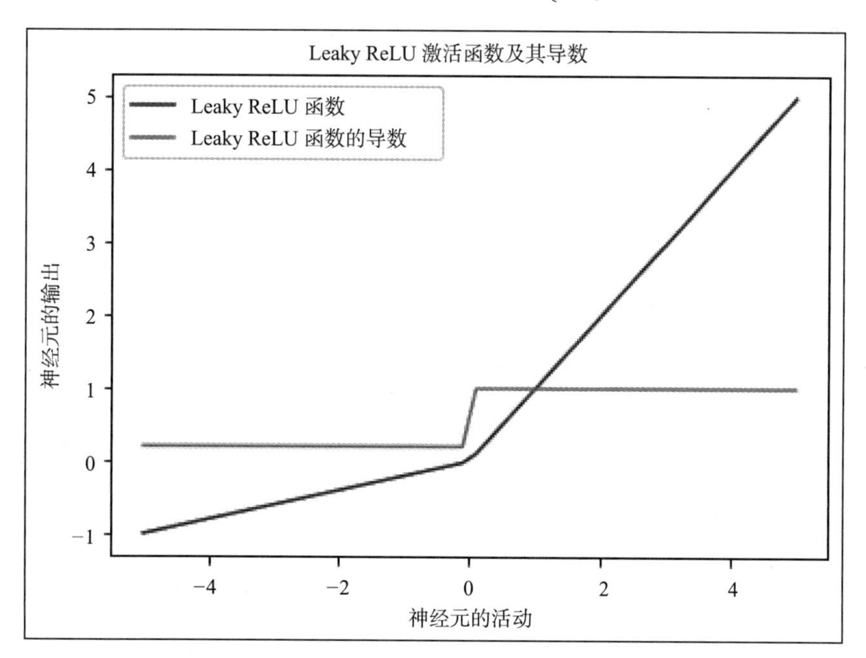

（6）ELU：$g(h_j)=\begin{cases}h_j, h_j\geqslant 0\\ a(e^{h_j}-1), h_j<0\end{cases}$

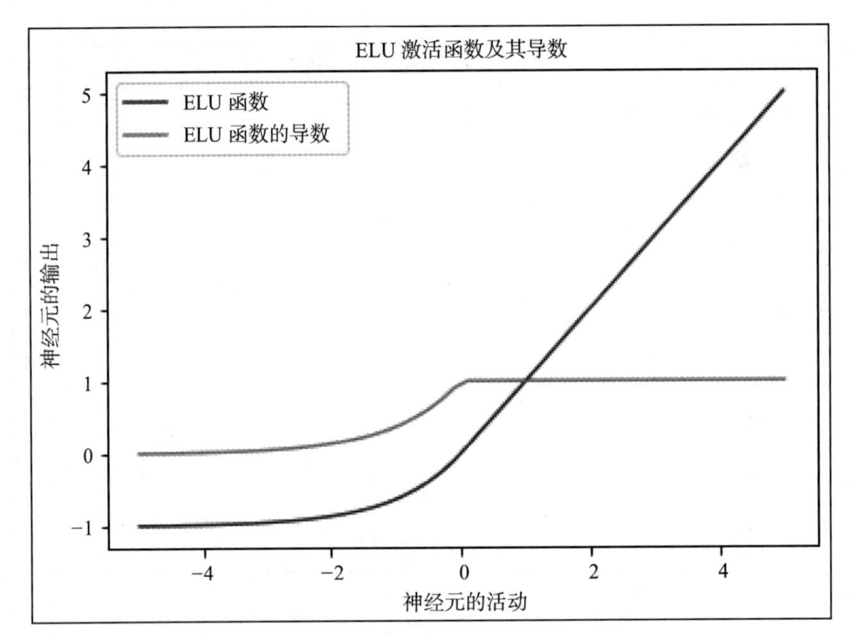

（7）阈值：$g(h_j)=\begin{cases}1, h_j\geqslant 0\\ 0, h_j<0\end{cases}$

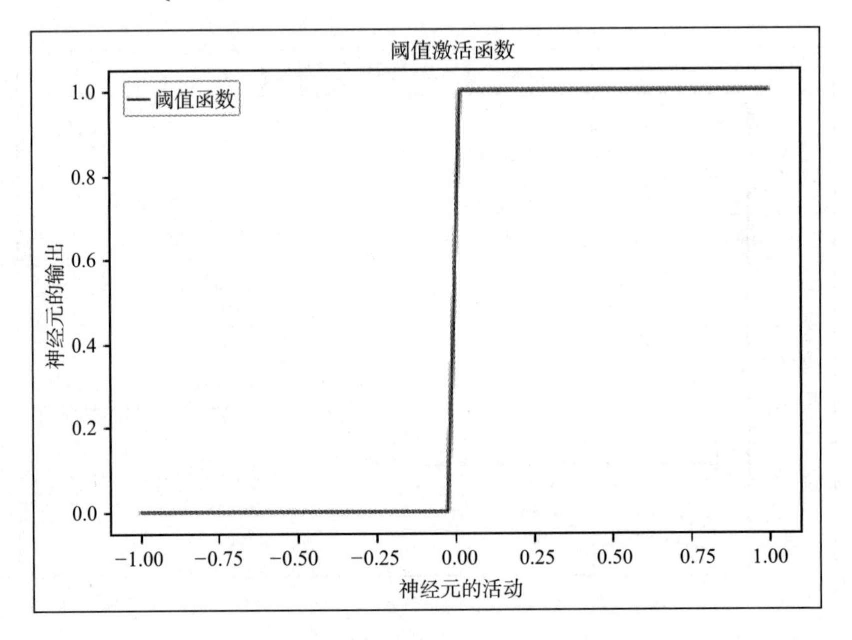

4.1.3 在 TensorFlow 中建模单个神经元

我们可以使用单个神经元并让它学习吗？答案是肯定的，学习过程涉及调整权重以使预定义的损失函数（L）减小。如果我们更新权重的方向与损失函数相对于权重的梯度相反，那么损失函数随着每次更新而减小。该算法称为**梯度下降**算法，是所有 DL 模型的核心。在数学上，如果 L 是损失函数而 η 是学习率，则权重 w_{ij} 被更新并表示为：

$$w_{ij}^{\text{new}} = w_{ij}^{\text{old}} - \eta \frac{\partial L}{\partial w_{ij}}$$

如果必须对单个人工神经元建模，那么首先需要确定以下参数：

- **学习率参数**：学习率参数决定了梯度下降的速度。传统上，它在 0 到 1 之间。如果学习率太高，网络可能围绕正确解振荡或完全偏离该解。另一方面，当学习率过低时，网络最终收敛到解将需要很长时间。
- **激活函数**：激活函数决定了神经元的输出如何随其激活量而变化。由于权重更新方程涉及损失函数的导数，并且又取决于激活函数的导数，因此我们优选连续可微函数作为神经元的激活函数。最初使用 Sigmoid 和双曲正切函数，但它们存在着收敛缓慢和梯度消失（梯度变为零，故没有学习，尽管尚未达到解）等问题。近年来，**线性整流单元**（Rectified Linear Unit，ReLU）及其变体（如 Leaky ReLU 和 ELU）成为首选，因为它们能快速收敛同时有助于克服梯度消失的问题。使用 ReLU 时，我们有时会遇到**死神经元**的问题，即一些神经元永远不会被激活，因为它们的激活量总是小于零，进而永远不会学习。Leaky ReLU 和 ELU 都通过确保非零神经元输出来克服死神经元的问题，即使没有神经元活动。上一节解释了常用激活函数及其数学和图形表示。（你可以使用本书 GitHub 库里 activation_functions.ipynb 文件中的代码，该代码使用 TensorFlow 定义的激活函数。）
- **损失函数**：损失函数是网络试图最小化的参数，因此选择正确的损失函数对于网络学习是至关重要的。当深入研究 DL 时，你会发现许多巧妙定义的损失函数。通过正确定义损失函数，我们可以使 DL 模型创建新图像、可视化梦境或为图像添加标题等。传统上，根据回归或分类的任务类型，人们使用**均方误差**（MSE）或**类别 – 交叉熵**损失函数。本书在后面会介绍这些损失函数。

现在，我们知道了建模人工神经元所需的基本元素，那么开始编码吧。假定有一个回归任务，因此可使用 MSE 损失函数。如果 y_j 是输入向量 X 的单个神经元的输出，并且 $\hat{y}_j$ 是我们期望的神经元 j 的输出，那么 MSE 损失函数在数学上表示为（$\hat{y}_j - y_j$ 的平方的平均值），如下所示：

$$\mathcal{L}_{\text{MSE}} = \frac{1}{2M} \sum_{j=1}^{M} (\hat{y}_j - y_j)^2$$

式中，M是训练样本（输入－输出对）总数。

请注意，如果在不使用 TensorFlow 的情况下实现此人工神经元（更具体地，是不使用前面提到的任何 DL 库），那么将需要自己计算梯度，例如，要先编写一个函数或代码计算损失函数的梯度，然后再编写一个代码来更新所有的权重和偏置。对于具有 MSE 损失函数的单个神经元，计算导数仍然很简单，但随着网络复杂度的增加，计算特定损失函数的梯度、编程实现、再更新权重和偏置将会变成非常烦琐的行为。

TensorFlow 通过使用自动微分使整个过程变得更加容易。TensorFlow 在 TensorFlow 图中描述所有操作，这允许它使用链式法则并在变得复杂的图中分配梯度。

因此，可在 TensorFlow 中构建执行图，并定义损失函数，然后自动计算梯度。TensorFlow 支持许多不同的梯度和计算方法（优化器），便于用户使用。

你可以通过以下链接了解有关自动微分概念的更多信息：http://www.columbia.edu/~ahd2125/post/2015/12/5/。

掌握了这些基本信息，就可以按照以下步骤在 TensorFlow 中构建我们的单个神经元。

（1）在每段 Python 代码中，第一步始终是导入程序其余部分所需的模块。这里导入 TensorFlow 来构建单个人工神经元。NumPy 和 pandas 用于任何支持数学计算和读取数据文件。除此之外，我们还从 scikit-learn 导入了一些有用的函数（用于归一化数据，并将其分解为训练集、验证集以及乱序数据），前面的章节已经讲过这些函数，并且说明了归一化和乱序是任何 AI 流程中的重要一步：

```
import tensorflow as tf
import numpy as np
import pandas as pd
import matplotlib.pyplot as plt
from sklearn.utils import shuffle
from sklearn.preprocessing import MinMaxScaler
from sklearn.model_selection import train_test_split
% matplotlib inline
```

如前所述，验证有助于了解模型是否已经学习过以及它是否过拟合或欠拟合。

（2）在 TensorFlow 中，我们首先构建一个模型图，然后执行它。在开始的时候，这一操作似乎很复杂，但是一旦掌握了方法，就非常容易，并且这一模型还允许我们优化生产代码。所以让我们首先定义单个神经元图。这里将 self.X 和 self.y 定义为占位符以将数据传递给图，如以下代码所示：

```
class ArtificialNeuron:
    def __init__(self,N=2, act_func=tf.nn.sigmoid, learning_rate=
0.001):
        self.N = N # Number of inputs to the neuron
        self.act_fn = act_func

        # Build the graph for a single neuron
```

```
        self.X = tf.placeholder(tf.float32, name='X',
shape=[None,N])
        self.y = tf.placeholder(tf.float32, name='Y')
```

（3）权重和偏置定义为变量，以便自动微分功能自动更新它们。TensorFlow 提供了一个图形界面，支持 TensorBoard 查看图结构、不同的参数以及它们在训练过程中如何变化。它有助于调试和理解模型的行为方式。因此，在下面的代码中，我们添加一些代码行来创建权重和偏置的直方图摘要：

```
self.W = tf.Variable(tf.random_normal([N,1], stddev=2, seed = 0),
name = "weights")
        self.bias = tf.Variable(0.0, dtype=tf.float32, name="bias")
        tf.summary.histogram("Weights",self.W)
        tf.summary.histogram("Bias", self.bias)
```

（4）接下来，我们对输入和权重执行数学运算（即矩阵乘法），加上偏置，并计算神经元的输入和用 self.y_hat 表示的输出，如下所示：

```
activity = tf.matmul(self.X, self.W) + self.bias
self.y_hat = self.act_fn(activity)
```

（5）定义希望模型最小化的损失函数，使用 TensorFlow 优化器最小化它，并使用梯度下降优化器更新权重和偏置，如下所示：

```
error = self.y - self.y_hat

self.loss = tf.reduce_mean(tf.square(error))
self.opt =
tf.train.GradientDescentOptimizer(learning_rate=learning_rate).mini
mize(self.loss)
```

（6）通过定义 TensorFlow 会话并初始化所有变量来完成 init 函数。我们还添加了一些代码以确保 TensorBoard 在指定位置写入所有摘要，如下所示：

```
tf.summary.scalar("loss",self.loss)
init = tf.global_variables_initializer()

self.sess = tf.Session()
self.sess.run(init)

self.merge = tf.summary.merge_all()
self.writer =
tf.summary.FileWriter("logs/",graph=tf.get_default_graph())
```

（7）定义 train 函数，并在其中执行之前构建的图，如下所示：

```
def train(self, X, Y, X_val, Y_val, epochs=100):
epoch = 0
X, Y = shuffle(X,Y)
loss = []
```

```
loss_val = []
while epoch &amp;lt; epochs:
            # Run the optimizer for the whole training set batch
wise (Stochastic Gradient Descent)
            merge, _, l =
self.sess.run([self.merge,self.opt,self.loss], feed_dict={self.X:
X, self.y: Y})
            l_val = self.sess.run(self.loss, feed_dict={self.X:
X_val, self.y: Y_val})

            loss.append(l)
            loss_val.append(l_val)
            self.writer.add_summary(merge, epoch)

            if epoch % 10 == 0:
                print("Epoch {}/{} training loss: {} Validation
loss {}".\
                    format(epoch,epochs,l, l_val ))


            epoch += 1
        return loss, loss_val
```

（8）为了进行预测，这里还添加了一个预测（predict）方法，如下所示：

```
def predict(self, X):
    return self.sess.run(self.y_hat, feed_dict={self.X: X})
```

（9）与前一章一样，开始读取数据，使用 scikit-learn 函数对数据进行归一化，并将其拆分为训练集和验证集，如下所示：

```
filename = 'Folds5x2_pp.xlsx'
df = pd.read_excel(filename, sheet_name='Sheet1')
X, Y = df[['AT', 'V','AP','RH']], df['PE']
scaler = MinMaxScaler()
X_new = scaler.fit_transform(X)
target_scaler = MinMaxScaler()
Y_new = target_scaler.fit_transform(Y.values.reshape(-1,1))
X_train, X_val, Y_train, y_val = \
        train_test_split(X_new, Y_new, test_size=0.4,
random_state=333)
```

（10）下面使用所创建的人工神经元来进行发电量输出预测。根据人工神经元学习过程的变化，绘制训练损失和验证损失曲线，如下所示：

```
_, d = X_train.shape
model = ArtificialNeuron(N=d)

loss, loss_val = model.train(X_train, Y_train, X_val, y_val, 30000)

plt.plot(loss, label="Taining Loss")
plt.plot(loss_val, label="Validation Loss")
plt.legend()
plt.xlabel("Epochs")
plt.ylabel("Mean Square Error")
```

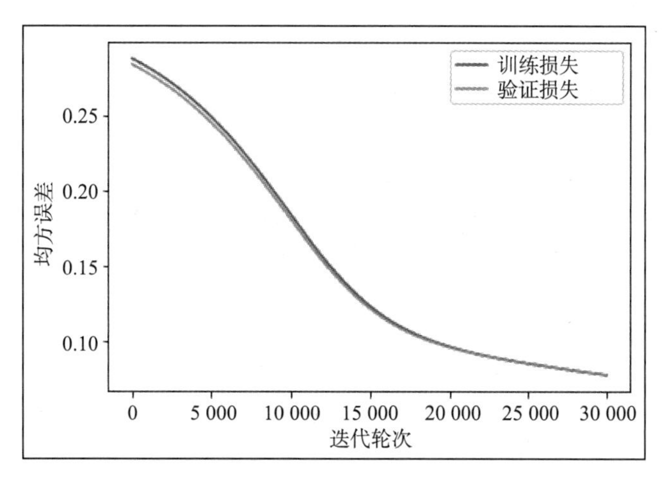

包括数据读取、数据归一化、训练操作等的完整代码可在本书 GitHub 库的 single_neuron_tf.ipynb 文件中查看。

4.2　用于回归和分类任务的多层感知器

在上一节中，你学习了有关单个人工神经元以及如何使用它预测电力输出的内容。如果与第 3 章对比，我们可以看到，尽管单个人工神经元表现不错，但并没有线性回归好。单个人工神经元结构在验证集上得到的 MSE 值为 0.078 而线性回归得到的值为 0.01。经过更多的训练轮次或使用不同的学习率、更多的单个人工神经元，表现会更好吗？很不幸，答案是否定的，单个人工神经元仅能解决线性可分的问题，例如，仅当存在直线可分的类或决策时，它能够提供一个解。

具有单层神经元的网络称为**简单感知器**。感知器模型由 Rosenblatt 于 1958 年提出（http://citeseerx.ist.psu.edu/viewdoc/download?doi=10.1.1.335.3398amp;rep= replamp;type=pdf）。该论文在科学界引起了极大反响，并启发了大量研究。它首先实现于硬件，用来处理图像识别任务。尽管感知器最初似乎非常有前景，但 Marvin Minsky 和 Seymour Papert 的书 *Perceptrons* 证明了简单的感知器只能解决线性可分的问题（https://books.google.co.in/books?hl=enamp;lr=amp;id=PLQ5DwAAQBAJamp;oi=fndamp;pg=PR5amp;dq=Perceptrons:+An+Introduction+to+Computational+Geometryamp;ots=zyEDwMrl__amp;sig=DfDDbbj3es52hBJU9znCercxj3M#v=onepageamp;q=Perceptrons%3A%20An%20Introduction%20to%20Computational%20Geometryamp;f= false）。

那么我们该怎么办？答案是，可以使用多层单个神经元，换句话说，使用**多层感知器**（MLP）。就像在现实生活中一样，我们通过将复杂问题分解为小问题来解决，MLP 第一层中的每个神经元将问题分解为小的线性可分问题。由于信息通过隐藏层在从输入层到输出层的方向上流动，因此该网络也称为**前馈网络**。在下图中，我们会看到如何使用第一层中的两个神经元和**输出层**中的单个神经元来解决**异或**问题，该网络将非线性可分的问题分解为三个线性可分的问题。

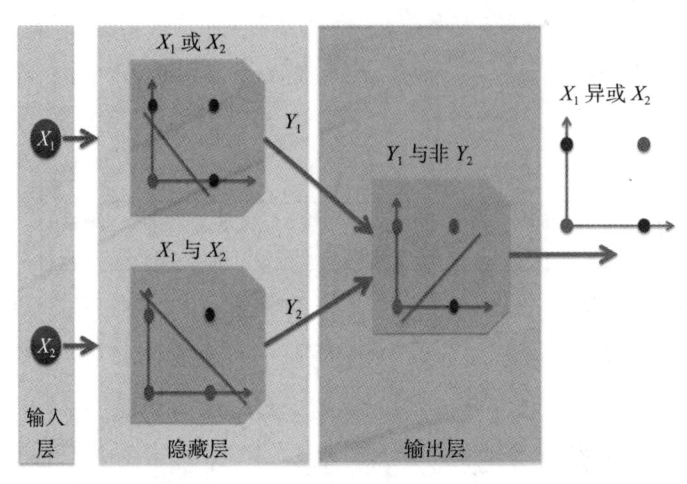

上图可以解释为使用 MLP 解决异或问题，其中一个隐藏层具有多个神经元，同时输出层有一个神经元。灰点代表 0，黑点代表 1。我们可以看到隐藏层的神经元将问题分成两个线性可分的问题（与和或），然后输出神经元实现另一个线性可分的与非逻辑，将它们组合在一起可解决异或问题（其不是线性可分的）。

隐藏层的神经元将问题转换为输出层可以使用的形式。McCulloch 和 Pitts 之前给出了多层神经元的想法，而 Rosenblatt 给出简单感知器的学习算法时，却无法训练多层感知器。主要的困难在于，虽然对于输出神经元，我们知道期望输出应该是什么样的，进而可以计算误差以及损失函数，然后可以使用梯度下降法更新权重，但却没有办法知道隐藏层神经元的期望输出。因此，在没有任何学习算法的情况下，MLP 从未被深入探索。

这种情况在 1982 年发生了变化，当时 Hinton 提出了反向传播算法，该算法可用于计算误差，从而计算隐藏层神经元的权重更新。他采用了一种简洁的数学技巧，用链式法则计算微分，这解决了将输出层的误差传递回隐藏层神经元的问题，从而重新赋予神经网络生命。今天，反向传播算法是几乎所有 DL 模型的核心。

4.2.1 反向传播算法

首先来理解反向传播算法背后的技术。如果你记得上一节的内容，输出神经元上的损失函数如下：

$$\mathcal{L}_{\text{MSE}}=\frac{1}{2M}\sum_{j=1}^{M}(\hat{y}_j-y_j)^2$$

因此连接隐藏层神经元 k 和输出神经元 j 的权重由下式给出：

$$w_{kj}^{\text{new}} - w_{kj}^{\text{old}} = \Delta w_{kj} = -\eta \frac{\partial L}{\partial w_{kj}}$$

应用微分链式法则，上式可以变换为[⊖]：

$$\Delta w_{kj} = \eta \frac{1}{2M} \frac{(\partial \hat{y}_j - y_j)^2}{\partial y_j} \frac{\partial y_j}{\partial h_j} \frac{\partial h_j}{\partial w_{kj}} = \eta \frac{1}{M} (\hat{y}_j - y_j) g'(h_j) O_k$$

式中，O_k 是隐藏层神经元 k 的输出。现在连接输入神经元 i 到隐藏层 n 中的隐藏层神经元 k 的权重更新可写为下式：

$$w_{ik}^{\text{new}} - w_{ik}^{\text{old}} = \Delta w_{ik} = -\eta \frac{\partial L}{\partial w_{ik}}$$

再次应用链式法则，可得：

$$\Delta w_{kj} = \eta \frac{1}{2M} \sum_i \left\{ \frac{(\partial \hat{y}_j - y_j)^2}{\partial y_j} \frac{\partial y_j}{\partial h_j} \frac{\partial h_j}{\partial O_k} \right\} \frac{\partial O_k}{\partial w_{ik}} = \eta \frac{1}{M} \sum_i \{(\hat{y}_j - y_j) g'(h_j) w_{kj}\} g'(h_k) O_i$$

式中，O_i 是第 $n-1$ 层隐藏层神经元 i 的输出。由于使用了 TensorFlow，因此不必费心计算这些梯度，但是，知道表达式也是不错的。从这些表达式中，你可以明白激活函数可微的重要性。权重更新很大程度上取决于激活函数的导数以及神经元的输入。因此，像 ReLU 和 ELU 那样的光滑导数函数会有更快的收敛。如果导数变得太大，那么我们会遇到梯度爆炸问题；如果导数几乎为零，那么我们会遇到梯度消失问题。在这两种情况下，网络都无法以最佳方式学习。

在 1989 年，George Cybenko 和 Hornik 等人独立证明了**通用逼近定理**。该定理以其最简单的形式表明，在激活函数的温和假设下，具有单个隐藏层的足够大的前馈多层感知器可以以任何我们期望的准确率逼近任何 Borel 可测函数。

更简单地说，它意味着神经网络是一个通用逼近器，可以用来近似任何函数，如下所示：

- 可以使用单隐藏层前馈网络来实现。
- 只要网络足够大（即如果需要，可以添加更多隐藏层神经元），就可以用它近似任何函数。
- Cybenko 在隐藏层的激活函数为 Sigmoid、输出层的激活函数为线性函数时，证明了该定理。后来，Hornik 等人表明这实际上是 MLP 的属性，并且在使用其他激活函数时也可以证明这一定理。

该定理保证 MLP 可以解决任何问题，但没有给出衡量网络大小的任何标准。此外，它也不保证学习和收敛性能。

⊖ 原书为 $\frac{\partial y_i}{\partial h_j}$，有误，应当为 $\frac{\partial y_j}{\partial h_j}$。——译者注

可以使用以下链接查阅相关论文：

- Hornik 等人：https://www.sciencedirect.com/science/article/pii/0893608089900208
- Cybenko：https://pdfs.semanticscholar.org/05ce/b32839c26c8d2cb38d5529cf7720a68c3fab.pdf

下面是反向传播算法涉及的步骤：

（1）将输入应用于网络。

（2）前向传播输入并计算网络的输出。

（3）计算输出的损失，然后使用前面的表达式计算输出层神经元的权重更新。

（4）使用输出层的加权误差，计算隐藏层的权重更新。

（5）更新所有的权重。

（6）对其他训练重复这些步骤。

4.2.2　使用 TensorFlow 中的 MLP 进行电力输出预测

现在让我们看看 MLP 对于预测电力输出表现得有多好。这是一个回归问题，我们将使用单隐藏层 MLP 预测联合循环发电厂的每小时净电力输出。关于数据集的描述请见第 1 章。由于这是一个回归问题，因此这里用的损失函数与之前的一样。实现 MLP 类的完整代码如下：

```
class MLP:
    def __init__(self,n_input=2,n_hidden=4, n_output=1,
act_func=[tf.nn.elu, tf.sigmoid], learning_rate= 0.001):
        self.n_input = n_input # Number of inputs to the neuron
        self.act_fn = act_func
        seed = 123

        self.X = tf.placeholder(tf.float32, name='X', shape=[None,n_input])
        self.y = tf.placeholder(tf.float32, name='Y')

        # Build the graph for a single neuron
        # Hidden layer
        self.W1 = tf.Variable(tf.random_normal([n_input,n_hidden],\
                 stddev=2, seed = seed), name = "weights")
        self.b1 = tf.Variable(tf.random_normal([1, n_hidden], seed =
seed),\
                    name="bias")
        tf.summary.histogram("Weights_Layer_1",self.W1)
        tf.summary.histogram("Bias_Layer_1", self.b1)


        # Output Layer
        self.W2 = tf.Variable(tf.random_normal([n_hidden,n_output],\
                stddev=2, seed = 0), name = "weights")
        self.b2 = tf.Variable(tf.random_normal([1, n_output], seed =
seed),\
                name="bias")
        tf.summary.histogram("Weights_Layer_2",self.W2)
```

```
        tf.summary.histogram("Bias_Layer_2", self.b2)


        activity = tf.matmul(self.X, self.W1) + self.b1
        h1 = self.act_fn[0](activity)

        activity = tf.matmul(h1, self.W2) + self.b2
        self.y_hat = self.act_fn[1](activity)


        error = self.y - self.y_hat

        self.loss = tf.reduce_mean(tf.square(error))\
                 + 0.6*tf.nn.l2_loss(self.W1)
        self.opt = tf.train.GradientDescentOptimizer(learning_rate\
                   =learning_rate).minimize(self.loss)


        tf.summary.scalar("loss",self.loss)
        init = tf.global_variables_initializer()

        self.sess = tf.Session()
        self.sess.run(init)

        self.merge = tf.summary.merge_all()
        self.writer = tf.summary.FileWriter("logs/",\
                graph=tf.get_default_graph())


    def train(self, X, Y, X_val, Y_val, epochs=100):
        epoch = 0
        X, Y = shuffle(X,Y)
        loss = []
        loss_val = []
        while epoch &amp;lt; epochs:
            # Run the optimizer for the training set
            merge, _, l = self.sess.run([self.merge,self.opt,self.loss],\
                     feed_dict={self.X: X, self.y: Y})
            l_val = self.sess.run(self.loss, feed_dict=\
                    {self.X: X_val, self.y: Y_val})

            loss.append(l)
            loss_val.append(l_val)
            self.writer.add_summary(merge, epoch)

            if epoch % 10 == 0:
                print("Epoch {}/{} training loss: {} Validation loss {}".\
                    format(epoch,epochs,l, l_val ))
             epoch += 1
         return loss, loss_val

    def predict(self, X):
         return self.sess.run(self.y_hat, feed_dict={self.X: X})
```

在使用 MLP 以前，让我们看看上面的代码与之前为单个人工神经元编写的代码之间的差异。这里，隐藏层的权重的维度是 #inputUnits × #hiddenUnits；隐藏层的偏置的维度等于隐藏层单元的数量（#hiddenUnits）；输出层的权重的维度大小为 #hiddenUnits × #outputUnits ；输出层的偏置是输出层（#outputUnits）中单元的维数。

TIP 在定义偏置时，我们只使用了列维度，而不是行。这是因为 TensorFlow 像 NumPy 一样会根据要执行的操作来广播矩阵。通过不固定偏置的行尺寸，我们能够维持向网络提供的输入训练样本数（批大小）的灵活性。

以下屏幕截图显示了计算激活时的矩阵乘法和加法维数。

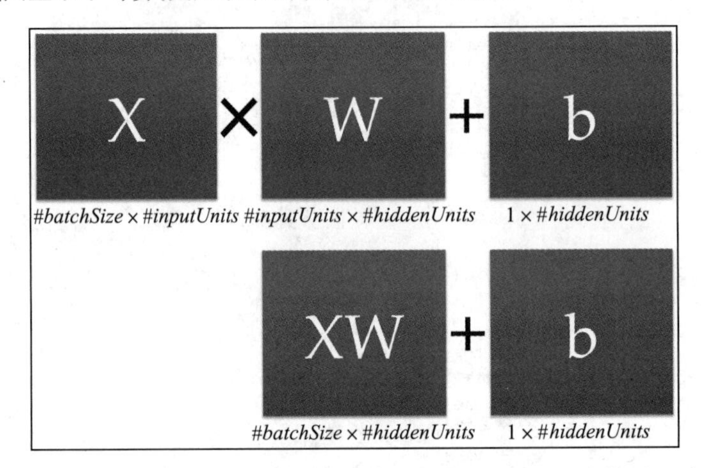

你应该注意的另一个区别在于损失的定义，这里添加了 L_2 正则化项以减少过拟合，见第 3 章的讨论，如下所示：

```
self.loss = tf.reduce_mean(tf.square(error)) + 0.6*tf.nn.l2_loss(self.W1)
```

在读取 csv 文件中的数据并将其分解为训练集和验证集之前，我们定义了 MLP 类对象，其输入层有 4 个神经元，隐藏层有 15 个神经元，输出层有 1 个神经元：

```
_, d = X_train.shape
_, n = Y_train.shape
model = MLP(n_input=d, n_hidden=15, n_output=n)
```

在下面的代码中，我们在训练数据集上训练模型 6000 个迭代轮次：

```
loss, loss_val = model.train(X_train, Y_train, X_val, y_val, 6000)
```

这个训练好的网络的 MSE 为 0.016，R^2 值为 0.67。两者都优于由单个神经元模型得到的结果，并且与第 3 章介绍过的 ML 方法相当。你可以在本书的 GitHub 库里名为 MLP_regresssion.ipynb 的文件中下载完整代码。

TIP 可以尝试调节其他超参数，即隐藏神经元的数量、激活函数、学习率、优化器和正则化系数，来获得更好的结果。

4.2.3　使用 TensorFlow 中的 MLP 进行葡萄酒质量分类

MLP 也可用于执行分类任务。只需对上一节中的 MLP 类稍作修改，即可用它执行分类任务。

两个主要修改如下所示：

- 分类目标是独热编码的。
- 将损失函数改为分类 – 交叉熵损失函数：tf.reduce_mean(tf.nn.softmax_cross_entropy_with_logits(logits=self.y_hat, labels=self.y))

现在让我们看看完整的代码，可以在本书的 GitHub 库里的 MLP_classification.ipynb 文件中找到。分类红葡萄酒的质量时，为了方便，这里只使用两类葡萄酒。

（1）导入必要的模块：TensorFlow、NumPy、Matplotlib 和 scikit-learn 中的某些函数，如下面的代码所示：

```
import tensorflow as tf
import numpy as np
import pandas as pd
import matplotlib.pyplot as plt
from sklearn.utils import shuffle
from sklearn.preprocessing import MinMaxScaler
from sklearn.model_selection import train_test_split
% matplotlib inline
```

（2）定义了 MLP 类，它与上一节定义的 MLP 类非常相似，唯一的区别在于损失函数不同：

```
class MLP:
    def __init__(self,n_input=2,n_hidden=4, n_output=1,
act_func=[tf.nn.relu, tf.nn.sigmoid], learning_rate= 0.001):
        self.n_input = n_input # Number of inputs to the neuron
        self.act_fn = act_func
        seed = 456

        self.X = tf.placeholder(tf.float32, name='X',
shape=[None,n_input])
        self.y = tf.placeholder(tf.float32, name='Y')

        # Build the graph for a single neuron
        # Hidden layer
        self.W1 = tf.Variable(tf.random_normal([n_input,n_hidden],\
             stddev=2, seed = seed), name = "weights")
        self.b1 = tf.Variable(tf.random_normal([1, n_hidden],\
             seed = seed), name="bias")
        tf.summary.histogram("Weights_Layer_1",self.W1)
        tf.summary.histogram("Bias_Layer_1", self.b1)
        # Output Layer
        self.W2 =
tf.Variable(tf.random_normal([n_hidden,n_output],\
            stddev=2, seed = seed), name = "weights")
        self.b2 = tf.Variable(tf.random_normal([1, n_output],\
             seed = seed), name="bias")
```

```
        tf.summary.histogram("Weights_Layer_2",self.W2)
        tf.summary.histogram("Bias_Layer_2", self.b2)


        activity1 = tf.matmul(self.X, self.W1) + self.b1
        h1 = self.act_fn[0](activity1)

        activity2 = tf.matmul(h1, self.W2) + self.b2
        self.y_hat = self.act_fn[1](activity2)


        self.loss =
tf.reduce_mean(tf.nn.softmax_cross_entropy_with_logits(\
                logits=self.y_hat, labels=self.y))
        self.opt = tf.train.AdamOptimizer(learning_rate=\
                learning_rate).minimize(self.loss)


        tf.summary.scalar("loss",self.loss)
        init = tf.global_variables_initializer()

        self.sess = tf.Session()
        self.sess.run(init)

        self.merge = tf.summary.merge_all()
        self.writer = tf.summary.FileWriter("logs/",\
             graph=tf.get_default_graph())



    def train(self, X, Y, X_val, Y_val, epochs=100):
        epoch = 0
        X, Y = shuffle(X,Y)
        loss = []
        loss_val = []
        while epoch &amp;lt; epochs:
            # Run the optimizer for the training set
            merge, _, l =
self.sess.run([self.merge,self.opt,self.loss],\
                 feed_dict={self.X: X, self.y: Y})
            l_val = self.sess.run(self.loss, feed_dict={self.X:
X_val, self.y: Y_val})
            loss.append(l)
            loss_val.append(l_val)
            self.writer.add_summary(merge, epoch)

            if epoch % 10 == 0:
                print("Epoch {}/{} training loss: {} Validation
loss {}".\
                    format(epoch,epochs,l, l_val ))


            epoch += 1
        return loss, loss_val

    def predict(self, X):
        return self.sess.run(self.y_hat, feed_dict={self.X: X})
```

（3）读取数据，对其进行归一化、预处理，以便对葡萄酒质量的两类标签进行独热编码。我们还将数据划分为训练集和验证集，代码如下所示：

```
filename = 'winequality-red.csv'
#Download the file from
https://archive.ics.uci.edu/ml/datasets/wine+quality
df = pd.read_csv(filename, sep=';')
columns = df.columns.values
# Preprocessing and Categorizing wine into two categories
X, Y = df[columns[0:-1]], df[columns[-1]]
scaler = MinMaxScaler()
X_new = scaler.fit_transform(X)
#Y.loc[(Y&amp;lt;3.5)]=3
Y.loc[(Y&amp;lt;5.5) ] = 2
Y.loc[(Y&amp;gt;=5.5)] = 1
Y_new = pd.get_dummies(Y) # One hot encode
X_train, X_val, Y_train, y_val = \
 train_test_split(X_new, Y_new, test_size=0.2, random_state=333)
```

（4）定义一个 MLP 对象并对其进行训练，代码如下所示：

```
_, d = X_train.shape
_, n = Y_train.shape
model = MLP(n_input=d, n_hidden=5, n_output=n)
loss, loss_val = model.train(X_train, Y_train, X_val, y_val, 10000)
```

（5）你可以看到训练结果，随着网络学习在进行，交叉熵损失减少：

```
plt.plot(loss, label="Taining Loss")
plt.plot(loss_val, label="Validation Loss")
plt.legend()
plt.xlabel("Epochs")
plt.ylabel("Cross Entropy Loss")
```

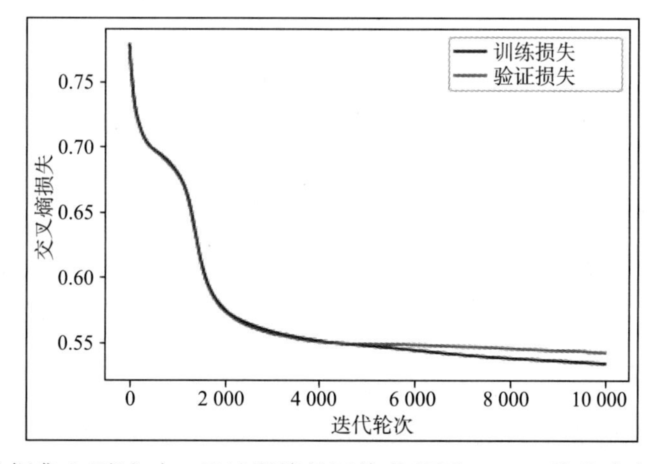

（6）在验证数据集上测试时，经过训练的网络获得了 77.8% 的准确率。验证数据集上的 confusion_matrix 如下所示：

```
from sklearn.metrics import confusion_matrix, accuracy_score
import seaborn as sns
cm = confusion_matrix(np.argmax(np.array(y_val),1),
np.argmax(Y_pred,1))
sns.heatmap(cm,annot=True,fmt='2.0f')
```

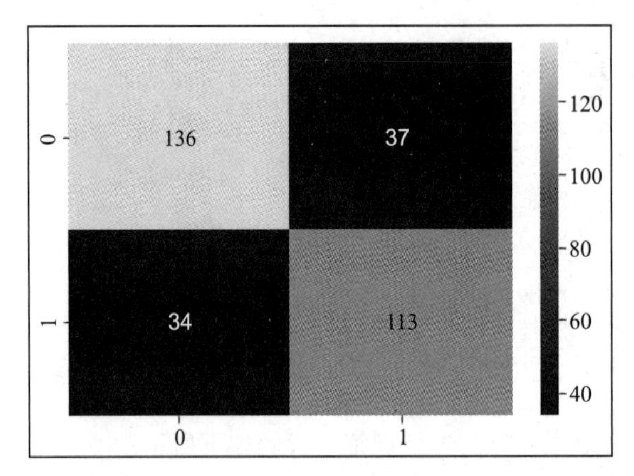

这些结果再次与我们使用 ML 算法获得的结果相当。当然也可以通过调节其他超参数，来获得更好的结果。

4.3 卷积神经网络

MLP 很有趣，但正如在上一节编写 MLP 代码时观察到的那样，随着输入空间的复杂性增加，MLP 的学习时间也会增加，而且，MLP 的性能仅次于 ML 算法。无论使用 MLP 做什么，使用第 3 章介绍的 ML 算法，很有可能获得更好的结果。正是这个原因，尽管在 20 世纪 80 年代就可以使用反向传播算法，但我们观察到大约从 1987 年到 1993 年是 AI 的第二个冬天。

现在一切都变了，随着深度神经网络的发展，神经网络在 2010 年开始不再是继 ML 算法的第二选择。今天，DL 在计算机视觉的各种任务中表现出了与人类水平相当或超过人类水平的性能，如识别交通信号（http://people.idsia.ch/~juergen/cvpr2012.pdf）、人脸（https://www.cv-foundation.org/openaccess/content_cvpr_2014/papers/Taigman_DeepFace_Closing_the_2014_CVPR_paper.pdf）、手写数字（https://cs.nyu.edu/~wanli/dropc/dropc.pdf）等。范围还在不断变大。

卷积神经网络（Convolutional Neural Network，CNN）一直是这一成功故事的重要组成部分。在本节中，你将了解 CNN 及其背后的数学知识，以及一些流行的 CNN 架构。

4.3.1 CNN 中的不同层

CNN 由三种主要类型的神经元层组成：卷积层、池化层和全连接层。全连接层只是 MLP 层，它们始终是 CNN 的最后几层，处理分类或回归的最终任务。下面来看看卷积层和池化层是如何工作的。

1. 卷积层

卷积层是 CNN 的核心构成块。它对其输入（通常是 3D 图像）执行类似于卷积（更准确地说是互相关）的数学运算。它由核（滤波器）定义，其基本思想是，这些滤波器遍历整个图像并从中提取特定特征。

在进一步详细介绍之前，为了简单起见，我们首先对二维矩阵使用卷积运算。下图显示了对 5 × 5 大小的 **2D 图像**矩阵在 [2,2] 处像素上使用 3 × 3 滤波器进行卷积操作的情况。

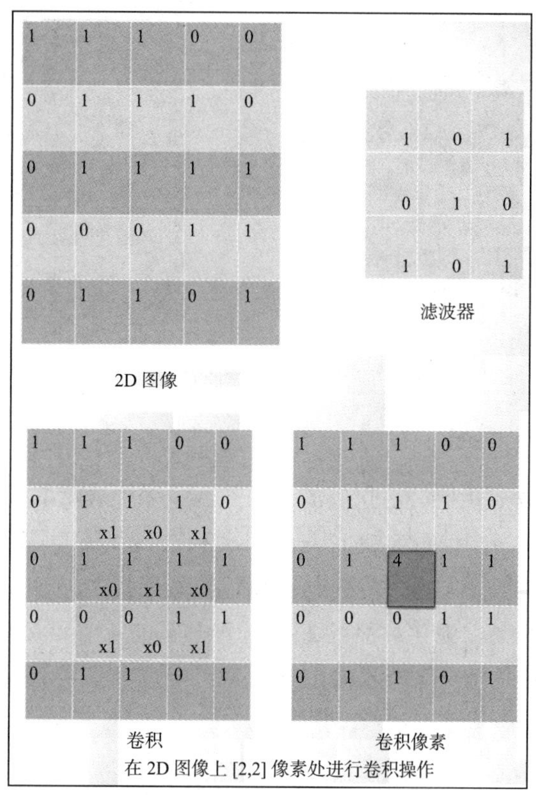

在 2D 图像上 [2,2] 像素处进行卷积操作

卷积操作包括将滤波器放置在对应像素中心的位置，然后在滤波器元素和像素之间以及其邻居之间执行对应元素相乘。最后，把这些乘积相加。由于对一个像素执行卷积运算，因此滤波器通常是奇数大小，如 5 × 5、3 × 3 或 7 × 7 等。滤波器的大小指定了其覆盖邻域的大小。

设计卷积层涉及的重要参数如下：

- 滤波器的大小（$k \times k$）。
- 层中的滤波器数量，也称为**通道**。输入的彩色图像存在于 RGB 三个通道中。通常在较高层中增加通道的数量。这会使得更高层具有更深层信息。
- 滤波器逐步遍历图像的像素数。传统上，步幅是一个像素，使得滤波器从左上开始到右下覆盖整个图像。

- 卷积时采用的填充方式。传统上，其有两种选择——有效填充或相同填充。在**有效**填充中，根本没有填充，因此卷积图的大小小于原始大小。在**相同**填充中，在边界像素周围填充零，使得卷积图像的大小与原始图像相同。下面的截图显示了完整的**卷积图像**。当采用有效填充时，结果是大小为 3 × 3 的方块，当填充方式为相同时，结果将是右边完整的 5 × 5 矩阵。

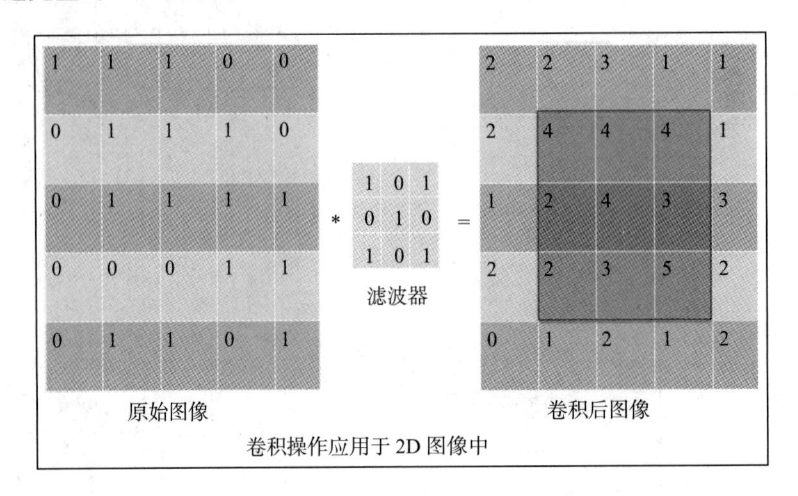

卷积操作应用于 2D 图像中

2. 池化层

卷积层后面通常跟着池化层。池化层的目的是逐步减小表示的大小，从而减少网络中的参数数量和计算量。因此，当信息前馈传播通过网络时，它对信息进行下采样。

在这里，我们再次使用滤波器，传统上，人们喜欢尺寸为 2 × 2 的滤波器，它在两个方向上均以两个像素的步幅滑动。池化过程将 2 × 2 滤波器下的 4 个元素替换为其中的最大值（**最大池化**）或这 4 个值的平均值（**平均池化**）。在下图中，你可以在**图像的 2D 单通道切片**上查看池化操作的结果。

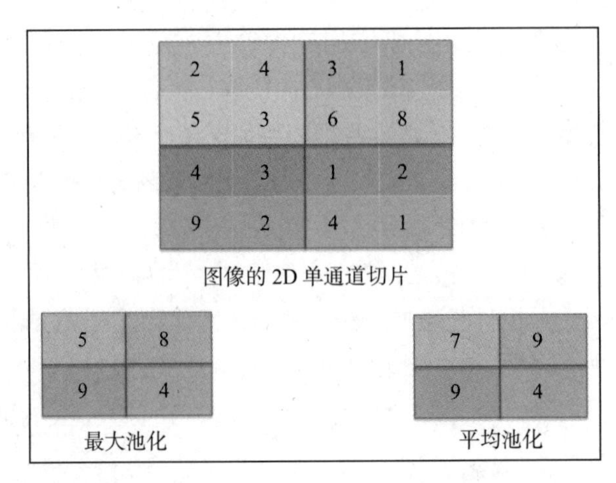

多个卷积池化层堆叠在一起形成深度 CNN。当图像通过 CNN 传播时，每个卷积层提取特定特征。较低层提取形状、曲线、线条等粗略特征，而较高层提取更抽象的特征，如眼睛、嘴唇等。当图像通过网络传播时，尺寸减小，但深度增加。最后一个卷积层的输出被展平并传递到全连接层，如下图所示。

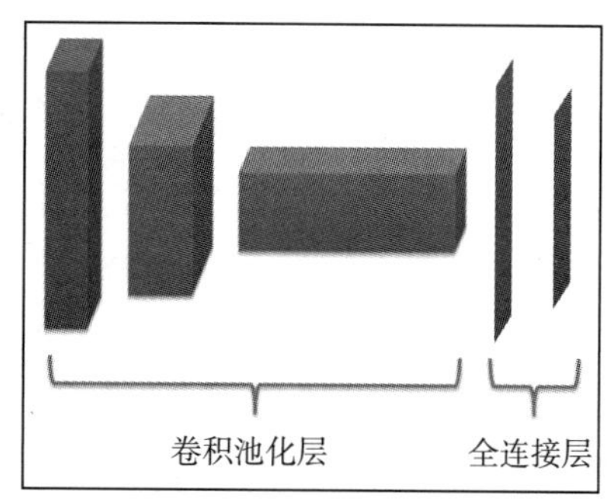

滤波器矩阵的值也称为**权重**，它们由整个图像共享。这种共享减少了训练参数的数量。权重由网络使用反向传播算法学习。由于我们将使用 TensorFlow 的自动微分功能，因此不计算用于卷积层权重更新的确切表达式。

4.3.2　一些流行的 CNN 模型

以下是一些流行的 CNN 模型：

- LeNet。LeNet 是第一个成功用来识别手写数字的 CNN。它由 Yann LeCun 在 20 世纪 90 年代开发。你可以在 Yann LeCun 的个人主页上了解有关 LeNet 架构及其相关出版物的更多信息（http://yann.lecun.com/exdb/lenet/）。
- VGGNet。它是 ILSVRC 2014 的亚军，是由 Karen Simonyan 和 Andrew Zisserman 开发的。它的第一个版本包含 16 个卷积 + 全连接层，被称为 VGG16，后来他们开发了有 19 层的 VGG19。有关其性能和出版物的详细信息，请访问牛津大学网站（http://www.robots.ox.ac.uk/~vgg/research/very_deep/）。
- ResNet。ResNet 是 ILSVRC 2015 的获胜者，由何恺明等人开发。它利用了称为**残差学习**和**批归一化**的新特性。这是一个非常深的超过 100 层的网络。众所周知，添加更多层将改善性能，但添加层也会引入梯度消失的问题。ResNet 通过使用恒等快捷连接解决了这个问题，其中信号可跳过一个或多个层。你可以阅读原始论文以获取更多信息（https://arxiv.org/abs/1512.03385）。
- GoogleNet。它是 ILSVRC 2014 的获胜架构，有 22 层，其中引入了 Inception 层思想。基本思想是覆盖一个更大的区域，同时保持对图像中小的信息的高分辨率。因此每层网络使用不同的滤波器大小，范围为从 1 × 1（为获得良好细节）到 5 × 5。所有的滤波结果合并到一起，再传递给下一层，并且下一个 Inception 层会重复这个过程。

4.3.3 用 LeNet 识别手写数字

本章后面将使用部分流行的 CNN 及其变体来解决图像与视频处理任务。现在，让我们用 Yann LeCun 提出的 LeNet 架构来识别手写数字。该架构被美国邮政服务用来识别信件上的手写邮政编码（见 http://yann.lecun.com/exdb/publis/pdf/jackel-95.pdf）。

LeNet 有 5 层，具体为两个卷积最大池化层和 3 个全连接层。该网络也使用了 Dropout 特性，即在训练中，部分权重被关闭。这强制其他的相互连接来补偿它们，故有助于克服过拟合。

（1）导入必需的模块，如下所示：

```
# Import Modules
import numpy as np
import pandas as pd
import matplotlib.pyplot as plt
%matplotlib inline
```

（2）接下来，我们创建类对象 LeNet，它将包括 CNN 必需架构和模块，以用来进行训练和预测。在 __init__ 方法中，我们定义所有需要的占位符来存储输入图像和它们的输出标签；也定义损失，因为这是一个分类问题，所以使用交叉熵损失，如下所示：

```
# Define your Architecture here
import tensorflow as tf
from tensorflow.contrib.layers import flatten
class my_LeNet:
    def __init__(self, d, n, mu = 0, sigma = 0.1, lr = 0.001):
        self.mu = mu
        self.sigma = sigma
        self.n = n
        # place holder for input image dimension 28 x 28
        self.x = tf.placeholder(tf.float32, (None, d, d, 1))
        self.y = tf.placeholder(tf.int32, (None,n))
        self.keep_prob = tf.placeholder(tf.float32) # probability
to keep units


        self.logits = self.model(self.x)
        # Define the loss function
        cross_entropy =
tf.nn.softmax_cross_entropy_with_logits(labels=self.y,\
                        logits=self.logits)
        self.loss = tf.reduce_mean(cross_entropy)
        optimizer = tf.train.AdamOptimizer(learning_rate = lr)
        self.train = optimizer.minimize(self.loss)
        correct_prediction = tf.equal(tf.argmax(self.logits, 1),
tf.argmax(self.y, 1))
        self.accuracy = tf.reduce_mean(tf.cast(correct_prediction,
tf.float32))
        init = tf.global_variables_initializer()
        self.sess = tf.Session()
        self.sess.run(init)
        self.saver = tf.train.Saver()
```

（3）方法 model 是实际构建卷积网络架构图的地方。我们使用 TensorFlow 的 tf.nn.conv2d 函数创建卷积层。该函数取定义为权重的滤波器矩阵作为一个参数，并计算输入与该滤波器矩阵的卷积。我们也使用偏置来提供高自由度。在两个卷积层之后，我们展平输出并将它传递给全连接层，如下所示：

```
def model(self,x):
    # Build Architecture
    keep_prob = 0.7
    # Layer 1: Convolutional. Filter 5x5 num_filters = 6
Input_depth =1
    conv1_W = tf.Variable(tf.truncated_normal(shape=(5, 5, 1, 6),
mean \
                    = self.mu, stddev = self.sigma))
    conv1_b = tf.Variable(tf.zeros(6))
    conv1 = tf.nn.conv2d(x, conv1_W, strides=[1, 1, 1, 1],
padding='VALID') + conv1_b
    conv1 = tf.nn.relu(conv1)

    # Max Pool 1
    self.conv1 = tf.nn.max_pool(conv1, ksize=[1, 2, 2, 1],\
                    strides=[1, 2, 2, 1], padding='VALID')


    # Layer 2: Convolutional. Filter 5x5 num_filters = 16
Input_depth =6
    conv2_W = tf.Variable(tf.truncated_normal(shape=(5, 5, 6, 16),
\
                    mean = self.mu, stddev = self.sigma))
    conv2_b = tf.Variable(tf.zeros(16))
    conv2 = tf.nn.conv2d(self.conv1, conv2_W, strides=[1, 1, 1,
1],\
                    padding='VALID') + conv2_b
    conv2 = tf.nn.relu(conv2)

    # Max Pool 2.
    self.conv2 = tf.nn.max_pool(conv2, ksize=[1, 2, 2, 1], \
                    strides=[1, 2, 2, 1], padding='VALID')

    # Flatten.
    fc0 = flatten(self.conv2)
    print("x shape:",fc0.get_shape())

    # Layer 3: Fully Connected. Input = fc0.get_shape[-1]. Output =
120.
    fc1_W = tf.Variable(tf.truncated_normal(shape=(256, 120), \
                mean = self.mu, stddev = self.sigma))
    fc1_b = tf.Variable(tf.zeros(120))
    fc1 = tf.matmul(fc0, fc1_W) + fc1_b
    fc1 = tf.nn.relu(fc1)

    # Dropout
    x = tf.nn.dropout(fc1, keep_prob)

    # Layer 4: Fully Connected. Input = 120. Output = 84.
    fc2_W = tf.Variable(tf.truncated_normal(shape=(120, 84), \
```

```
                    mean = self.mu, stddev = self.sigma))
    fc2_b = tf.Variable(tf.zeros(84))
    fc2 = tf.matmul(x, fc2_W) + fc2_b
    fc2 = tf.nn.relu(fc2)

    # Dropout
    x = tf.nn.dropout(fc2, keep_prob)

    # Layer 6: Fully Connected. Input = 120. Output = n_classes.
    fc3_W = tf.Variable(tf.truncated_normal(shape=(84, self.n), \
                    mean = self.mu, stddev = self.sigma))
    fc3_b = tf.Variable(tf.zeros(self.n))
    logits = tf.matmul(x, fc3_W) + fc3_b
    #logits = tf.nn.softmax(logits)
    return logits
```

（4）方法 fit 执行逐批训练，而方法 predict 提供给定输入的输出，如以下代码所示：

```
def fit(self,X,Y,X_val,Y_val,epochs=10, batch_size=100):
    X_train, y_train = X, Y
    num_examples = len(X_train)
    l = []
    val_l = []
    max_val = 0
    for i in range(epochs):
        total = 0
        for offset in range(0, num_examples, batch_size): # Learn
Batch wise
            end = offset + batch_size
            batch_x, batch_y = X_train[offset:end],
y_train[offset:end]
            _, loss = self.sess.run([self.train,self.loss], \
                        feed_dict={self.x: batch_x, self.y:
batch_y})
            total += loss
            l.append(total/num_examples)
            accuracy_val = self.sess.run(self.accuracy, \
                                feed_dict={self.x: X_val, self.y:
Y_val})
            accuracy = self.sess.run(self.accuracy,
feed_dict={self.x: X, self.y: Y})
            loss_val = self.sess.run(self.loss,
feed_dict={self.x:X_val,self.y:Y_val})
            val_l.append(loss_val)
            print("EPOCH {}/{} loss is {:.3f} training_accuracy
{:.3f} and \
                        validation accuracy is {:.3f}".\
                        format(i+1,epochs,total/num_examples,
accuracy, accuracy_val))
            # Saving the model with best validation accuracy
            if accuracy_val &amp;gt; max_val:
                save_path = self.saver.save(self.sess,
"/tmp/lenet1.ckpt")
                print("Model saved in path: %s" % save_path)
                max_val = accuracy_val

    #Restore the best model
```

```
        self.saver.restore(self.sess, "/tmp/lenet1.ckpt")
        print("Restored model with highest validation accuracy")
        accuracy_val = self.sess.run(self.accuracy, feed_dict={self.x:
    X_val, self.y: Y_val})
        accuracy = self.sess.run(self.accuracy, feed_dict={self.x: X,
    self.y: Y})
        return l,val_l, accuracy, accuracy_val

    def predict(self, X):
        return self.sess.run(self.logits,feed_dict={self.x:X})
```

（5）这里使用手写数字数据集，可从 Kaggle（https://www.kaggle.com/c/digit-recognizer/data）下载它。该数据集以 .csv 格式提供。我们加载 .csv 文件并预处理数据。下面是训练图像的示例：

```
def load_data():
    # Read the data and create train, validation and test dataset
    data = pd.read_csv('train.csv')
    # This ensures always 80% of data is training and
    # rest Validation unlike using np.random
    train = data.sample(frac=0.8, random_state=255)
    val = data.drop(train.index)
    test = pd.read_csv('test.csv')
    return train, val, test
def create_data(df):
    labels = df.loc[:]['label']
    y_one_hot = pd.get_dummies(labels).astype(np.uint8)
    y = y_one_hot.values # One Hot encode the labels
    x = df.iloc[:,1:].values
    x = x.astype(np.float)
    # Normalize data
    x = np.multiply(x, 1.0 / 255.0)
    x = x.reshape(-1, 28, 28, 1) # return each images as 96 x 96 x
1
    return x,y

train, val, test = load_data()
X_train, y_train = create_data(train)
X_val, y_val = create_data(val)
X_test = (test.iloc[:,:].values).astype(np.float)
X_test = np.multiply(X_test, 1.0 / 255.0)
X_test = X_test.reshape(-1, 28, 28, 1) # return each images as 96 x
96 x 1

# Plot a subset of training data
x_train_subset = X_train[:12]


# visualize subset of training data
fig = plt.figure(figsize=(20,2))
for i in range(0, len(x_train_subset)):
    ax = fig.add_subplot(1, 12, i+1)
    ax.imshow(x_train_subset[i].reshape(28,28), cmap='gray')
fig.suptitle('Subset of Original Training Images', fontsize=20)
plt.show()
```

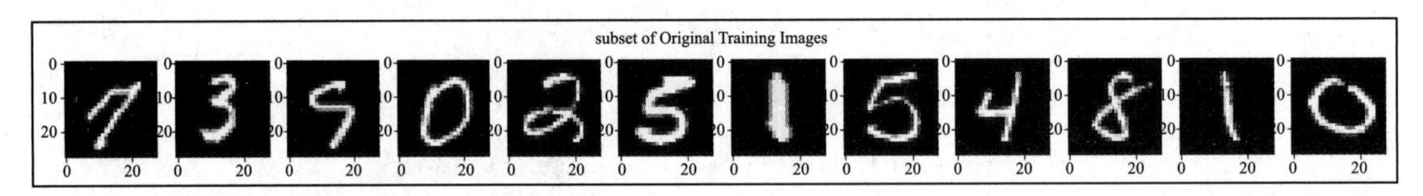

现在来训练模型：

```
n_train = len(X_train)
# Number of validation examples
n_validation = len(X_val)

# Number of testing examples.
n_test = len(X_test)

# What's the shape of an handwritten digits?
image_shape = X_train.shape[1:-1]

# How many unique classes/labels there are in the dataset.
n_classes = y_train.shape[-1]
print("Number of training examples =", n_train)
print("Number of Validation examples =", n_validation)
print("Number of testing examples =", n_test)
print("Image data shape =", image_shape)
print("Number of classes =", n_classes)

# The result
## &amp;gt;&amp;gt;&amp;gt; Number of training examples = 33600
## &amp;gt;&amp;gt;&amp;gt; Number of Validation examples = 8400
## &amp;gt;&amp;gt;&amp;gt; Number of testing examples = 28000
## &amp;gt;&amp;gt;&amp;gt; Image data shape = (28, 28)
## &amp;gt;&amp;gt;&amp;gt; Number of classes = 10

# Define the data values
d = image_shape[0]
n = n_classes
from sklearn.utils import shuffle
X_train, y_train = shuffle(X_train,y_train)
```

（6）创建 LeNet 对象并在训练数据上训练它。它在训练集上的准确率为 99.658%，在验证集上的准确率为 98.607%：

```
# Create the Model
my_model = my_LeNet(d, n)

### Train model  here.
loss, val_loss, train_acc, val_acc = my_model.fit(X_train, y_train,
\
    X_val, y_val, epochs=50)
```

优秀！你可以预测测试集的输出并提交到 Kaggle。

4.4 递归神经网络

迄今为止，我们研究的模型仅响应当前输入。当你向这些模型展示一个输入，根据学到的东西，它们会给出一个相应的输出，但这不是我们人类的工作方式。当人阅读一个句子时，不会单独解释每个单词，而是将前面的单词考虑在内以得出其语义含义。

递归神经网络（Recurrent Neural Network，RNN）能够解决这个问题。它使用反馈循环来保留信息。反馈循环允许信息从前面的步骤传递到当前步骤。下图展示了 RNN 的基本架构以及反馈如何允许从网络的一个步骤传递信息到下一个（**展开**）。

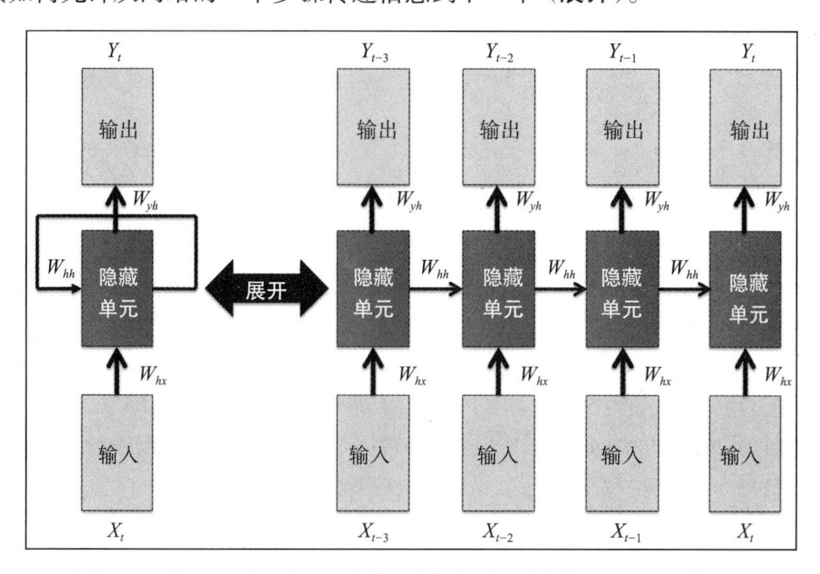

图中，X 表示输入。它通过权重 W_{hx} 连接到隐藏层中的神经元，隐藏层 h 的输出通过权重 W_{hh} 反馈到隐藏层，并且还通过权重 W_{yh} 贡献给输出 O。我们可以将对应数学关系写成如下形式：

$$h_t = g(W_{hx}X_t + W_{hh}h_{t-1} + b_h)$$
$$O_t = g(W_{yh}h_t)$$

其中，g 是激活函数，b_h 和 b_y 分别是隐藏神经元和输出神经元的偏置。在前面的关系式中，所有的 X、h 和 O 都是向量；W_{hx}、W_{hh} 和 W_{yh} 是矩阵；输入 X 和输出 O 的尺寸取决于正在处理的数据集；隐藏层 h 中的单元数由你决定，并且你会发现在很多论文中，研究人员使用了 128 个隐藏单元。前面的架构只展示了一个隐藏层，但实际上我们可以拥有任意期望数量的隐藏层。RNN 已经被用在自然语言处理领域，它们也可被用来分析时间序列数据，如股票价格。

RNN 通过**基于时间的反向传播**（Backpropagation Through Time，BPTT）算法学习，它是反向传播算法的一种修改形式，考虑了数据的时间序列性质。这里，损失定义为 $t=1$ 到 $t=T$（要展开的时间步数）之间所有损失函数的总和，例如：

$$\mathcal{L} = \sum_{t=1}^{T} \mathcal{L}^{(t)}$$

其中 $\mathcal{L}^{(t)}$ 是 t 时刻的损失，可像以前一样应用微分链式法则，对权重 W_{hx}、W_{hh} 和 W_{yh} 推导权重更新。

本书没有给出权重更新的表达式的推导过程，因为我们不会对其进行编码。TensorFlow 为 RNN 和 BPTT 提供了内部实现，但有兴趣深入了解数学细节的读者，可以参考以下文献：

- 关于训练递归神经网络的难度，Razvan Pascanu，Tomas Mikolov 和 Yoshua Bengio（https://arxiv.org/pdf/1211.5063.pdf）。
- 学习具有梯度下降的长期依赖性是困难的，Yoshua Bengio, Patrice Simard, and Paolo Frasconi（www.iro.umontreal.ca/~lisa/pointeurs/ieeetrnn94.pdf）。
- Colah 的博客（http://colah.github.io/posts/2015-08-Understanding-LSTMs/）和 Andrej Karpathy 的博客（http://karpathy.github.io/2015/05/21/rnn-effectiveness/），对 RNN 及其一些很酷的应用程序也有很精彩的解释。

我们在每个时间步为 RNN 提供一个输入并预测相应的输出。BPTT 通过展开所有输入时间步来工作，计算并累积每个时间步的误差，然后卷起网络以更新权重。BPTT 的缺点之一是，当时间步数增加时计算量也增加。这使得整个模型的计算成本很高。此外，由于要进行多次梯度乘法，因此网络容易出现梯度消失的问题。

为了解决此问题，一个 BPTT 的修改版本（截断 BPTT）经常被使用。在截断 BPTT 中，数据在每个时间步被处理一次，并且按照固定数量的时间步长周期性地执行 BPTT 权重更新。

截断 BPTT 算法的步骤列举如下：

（1）将 K_1 个时间步长的输入 – 输出对序列输入网络。

（2）通过展开网络计算并累积 K_2 个时间步长的误差。

（3）通过卷起网络更新权重。

算法的性能取决于两个超参数 K_1 和 K_2。更新之间的前向传播时间步数由 K_1 表示，它影响训练的快慢以及权重更新的频率。另外，K_2 表示应用于 BPTT 的时间步数，它应足够大以捕获输入数据的时间结构。

4.4.1 长短时记忆网络

Hochreiter 和 Schmidhuber 在 1997 年提出了一种修改后的 RNN 模型，称为**长短时记忆**（Long Short-Term Memory，LSTM）网络，作为解决梯度消失问题的解决方案。RNN 中的隐藏层被 LSTM 单元替代。

LSTM 单元由三个门组成：遗忘门、输入门和输出门。这些门控制由该单元生成和保留的长期记忆与短期记忆的量。这些门都有 Sigmoid 函数，它将输入压缩到 0 和 1 之间。下面，我们来看看如何计算各门的输出，如果相关表达式看起来令人生畏，不要担心，因为可使用 TensorFlow 中的 tf.contrib.rnn.BasicLSTMCell 和 tf.contrib.rnn.static_rnn 来实现 LSTM 单元，如下图所示。

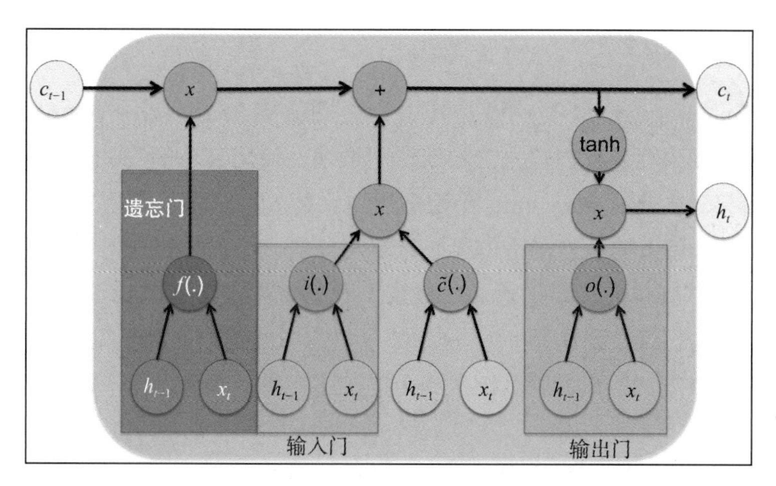

在每个时间步 t，LSTM 单元接收三个输入——输入 x_t，短期记忆 h_{t-1} 和长期记忆 c_{t-1}，并输出长期记忆 c_t 和短期记忆 h_t。x、h 和 c 的下标指的是时间步。

遗忘门 $f(.)$ 控制短期记忆 h 在当前时间步为未来流所记忆的量。数学上，可以把遗忘门 $f(.)$ 表示为：

$$f(.)=\sigma(W_{fx}x_t+W_{fh}h_{t-1}+b_f)$$

其中，σ 表示 Sigmoid 激活函数，W_{fx} 与 W_{fh} 是控制输入 x_t 的影响、短期记忆 h_{t-1} 以及遗忘门的偏置量 b_f 的权重。

输入门 $i(.)$ 控制输入和工作记忆对单元输出的影响程度，可以表示如下：

$$i(.)=\sigma(W_{ix}x_t+W_{ih}h_{t-1}+b_i)$$

输出门 $o(.)$ 控制用于更新短期记忆的信息量，由下式给出：

$$o(.)=\sigma(W_{ox}x_t+W_{oh}h_{t-1}+b_o)$$

除这三个门之处，LSTM 单元也计算候选隐藏状态 $\tilde{c}$，它与输入和遗忘门一起，被用于计算长期记忆 c_t 的量：

$$\tilde{c}(.)=\tanh(W_{\tilde{c}x}x_t+W_{\tilde{c}h}h_{t-1}+b_{\tilde{c}})$$
$$c_t=c_{t-1}\circ f(.)+i(.)\circ\tilde{c}(.)$$

其中，圆圈代表逐元素乘法。短期记忆的新值可用如下公式计算：

$$h_t=\tanh(c_t)\circ o(.)$$

现在让我们看看如何用以下步骤在 TensorFlow 中实现 LSTM。

（1）导入以下模块：

```
import tensorflow as tf
from tensorflow.contrib import rnn
import numpy as np
```

（2）下面定义一个 LSTM 类，可在其中构造图并在 TensorFlow contrib 的帮助下定义 LSTM 层。为了处理内存，我们首先清除默认图堆栈并使用 tf.reset_default_graph() 重置全局默认图。输入直接送入具有 num_units 个隐藏层单元的 LSTM 层。接下来是具有 out_weights 个权重和 out_bias 个偏置的全连接输出层。为输入 self.x 和标签 self.y 创建占位符。输入被重新整形并馈送到 LSTM 单元。要创建 LSTM 层，我们首先定义有 num_units 个隐藏层单元的 LSTM 单元，并将遗忘偏置设置为 1.0。这增加了遗忘门的偏置，以便在训练开始时减少遗忘的规模。整形 LSTM 层的输出并将其馈送到全连接层，如下所示：

```
 class LSTM:
    def __init__(self, num_units, n_classes, n_input,\
             time_steps, learning_rate=0.001,):
        tf.reset_default_graph()
        self.steps = time_steps
        self.n = n_input
        # weights and biases of appropriate shape
        out_weights = tf.Variable(tf.random_normal([num_units,
n_classes]))
        out_bias = tf.Variable(tf.random_normal([n_classes]))
        # defining placeholders
        # input placeholder
        self.x = tf.placeholder("float", [None, self.steps,
self.n])
        # label placeholder
        self.y = tf.placeholder("float", [None, n_classes])
        # processing the input tensor from
[batch_size,steps,self.n] to
        # "steps" number of [batch_size,self.n] tensors
        input = tf.unstack(self.x, self.steps, 1)

        # defining the network
        lstm_layer = rnn.BasicLSTMCell(num_units, forget_bias=1)
        outputs, _ = rnn.static_rnn(lstm_layer, input,
dtype="float32")
        # converting last output of dimension
[batch_size,num_units] to
        # [batch_size,n_classes] by out_weight multiplication
        self.prediction = tf.matmul(outputs[-1], out_weights) +
out_bias

        # loss_function
        self.loss =
tf.reduce_mean(tf.squared_difference(self.prediction, self.y))
        # optimization
        self.opt =
```

```
tf.train.AdamOptimizer(learning_rate=learning_rate).minimize(self.
loss)

        # model evaluation
        correct_prediction = tf.equal(tf.argmax(self.prediction,
1), tf.argmax(self.y, 1))
        self._accuracy = tf.reduce_mean(tf.cast(correct_prediction,
tf.float32))

        init = tf.global_variables_initializer()
        gpu_options = tf.GPUOptions(allow_growth=True)

        self.sess =
tf.Session(config=tf.ConfigProto(gpu_options=gpu_options))
        self.sess.run(init)
```

（3）创建用于训练和预测的方法，如下所示：

```
def train(self, X, Y, epochs=100,batch_size=128):
    iter = 1
    #print(X.shape)
    X = X.reshape((len(X),self.steps,self.n))
    while iter &amp;lt; epochs:
        for i in range(int(len(X)/batch_size)):
            batch_x, batch_y = X[i:i+batch_size,:],
Y[i:i+batch_size,:]
            #print(batch_x.shape)
            #batch_x = batch_x.reshape((batch_size, self.steps,
self.n))
            #print(batch_x.shape)
            self.sess.run(self.opt, feed_dict={self.x: batch_x,
self.y: batch_y})
            if iter % 10 == 0:
                acc = self.sess.run(self._accuracy,
feed_dict={self.x: X, self.y: Y})
                los = self.sess.run(self.loss, feed_dict={self.x:
X, self.y: Y})
                print("For iter ", iter)
                print("Accuracy ", acc)
                print("Loss ", los)
                print("__________________")
            iter = iter + 1

def predict(self,X):
    # predicting the output
    test_data = X.reshape((-1, self.steps, self.n))
    out = self.sess.run(self.prediction,
feed_dict={self.x:test_data})
    return out
```

在接下来的小节中，我们将 RNN 用于时间序列生成和文本处理。

4.4.2　门控递归单元

门控递归单元（Gated Recurrent Unit，GRU）是 RNN 的另一种修改版本。与 LSTM 相比，

它具有简化的架构，并克服了梯度消失的问题。它只需要两个输入，即 t 时刻的输入 x_t 和 $t-1$ 时刻的记忆 h_{t-1}，且只有两个门——**更新门**和**复位门**，如下图所示。

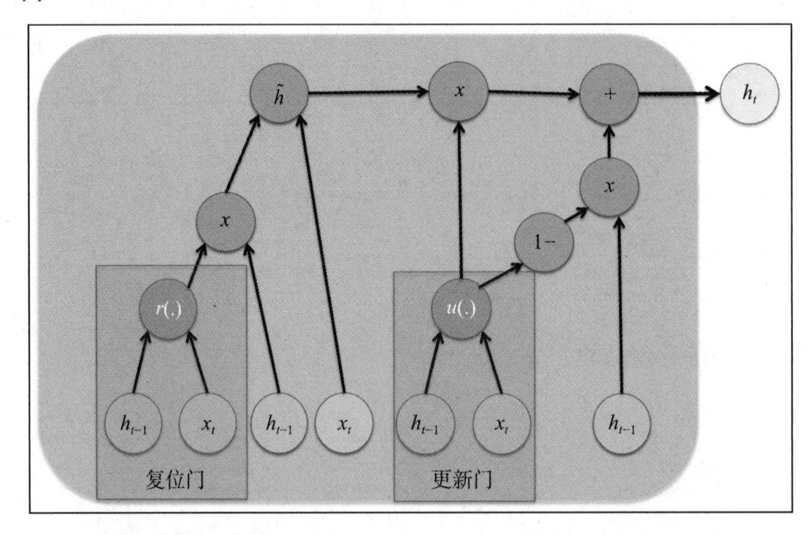

更新门控制需要保留的以前的记忆量，而复位门确定如何组合新输入与以前的记忆。可以通过以下四个方程定义完整的 GRU 单元：

$$u(.) = \sigma(W_{ux}x_t + W_{uh}h_{t-1} + b_u)$$
$$r(.) = \sigma(W_{rx}x_t + W_{rh}h_{t-1} + b_r)$$
$$\tilde{h} = \tanh(W_{\tilde{h}x}x_t + W_{\tilde{h}h}(r_t \circ h_{t-1}) + b_{\tilde{h}})$$
$$h_t = (u_t \circ \tilde{h}_t) + (1-u_t) \circ h_{t-1}$$

GRU 和 LSTM 具有差不多一样的性能，但 GRU 的训练参数较少。

4.5 自编码器

到目前为止，所学过的模型都是监督学习。在本节中，我们将了解自动编码器。它是前馈、非递归神经网络，并通过无监督学习来学习。与生成对抗网络一样，它是最新的模型，我们可以在图像重构、聚类、机器翻译等方面找到它的身影。它最初是由 Geoffrey E. Hinton 和 PDP 小组在 20 世纪 80 年代提出的（见 http://www.cs.toronto.edu/~fritz/absps/clp.pdf）。

自编码器基本上由两个级联神经网络组成——第一个网络作为编码器，它使用变换 h 将输入 x 编码为编码信号 y，如下式所示：

$$y = h(x)$$

第二个神经网络使用编码信号 y 作为输入，并执行另一个变换 f 来获得重构信号 r，如下所示：

$$r = f(y) = f(h(x))$$

损失函数是 MSE，误差 e 定义为原始输入 x 和重构信号 r 之间的差值：

$$e = x - r$$

下图显示了分别突出**编码器**和**解码器**的一个自编码器。自编码器可以权重共享，即共享解码器和编码器的权重。这是通过简单地使它们成为彼此的转置来完成的，这有助于网络更快地学习，因为训练参数的数量较少。有很多种自编码器，例如稀疏自编码器、去噪自编码器、卷积自编码器和变分自编码器。

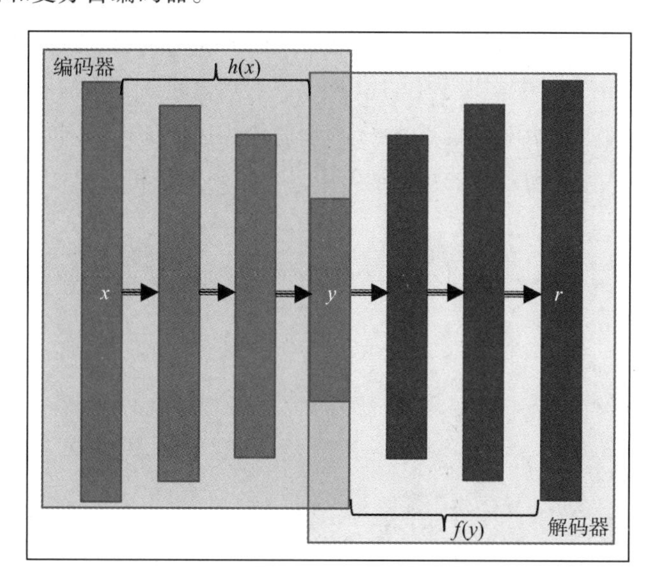

4.5.1 去噪自编码器

去噪自编码器从损坏的（加噪的）输入中学习，原理是，向编码器网络馈送加噪的输入，并将来自解码器的重构图像与原始去噪输入进行比较。这将帮助网络学习如何对输入去噪。网络不仅执行像素级比较，而且为了对图像进行去噪，也被迫学习相邻像素的信息。

一旦自编码器学习了编码特征 y，我们就可以移除网络的解码器部分并仅使用编码器部分来实现降维。降维的输入可以被馈送到一些其他分类或回归模型。

4.5.2 变分自编码器

另一种非常流行的自编码器是**变分自编码器**（Variational Autoencoder，VAE）。它是 DL 和贝叶斯推理的最好组合。

VAE 有一个额外的随机层。在编码器网络之后，该层使用高斯分布对数据进行采样，并且在解码器网络之后使用伯努利分布对数据进行采样。

VAE 可用于生成图像。VAE 允许人们在隐空间中设置复杂的先验并学习强大的隐变量表示。第 7 章会详细介绍它们。

4.6 小结

本章讨论了一些基础而有用的深度神经网络模型。从单个神经元开始，讲解了其能力与局限性，进而建立了多层感知器来处理回归与分类任务，并介绍了反向传播算法。接着，介绍了 CNN，其中涉及卷积层与池化层。然后讲解了一些成功的 CNN 模型并使用第一个 CNN 模型 LeNet 进行手写数字识别。之后从前馈 MLP 和 CNN 讲到 RNN，介绍了 LSTM 和 GRU。本章还在 TensorFlow 中实现了 LSTM 网络，最后又讲解了自编码器。

在下一章中，我们将开始学习全新的 AI 模型遗传算法。像神经网络一样，该算法也是受大自然的启发而来的。在后面章节的案例学习中，会用到本章和后续章节介绍的内容。

CHAPTER 5 · 第 5 章

用于物联网的遗传算法

在前一章中，我们看到了不同的基于深度学习的算法，它们已经在识别、检测、重构甚至是视觉、语音与文本数据生成等领域取得了成功。就目前而言，**深度学习**在应用与可用性方面是顶尖的，与进化算法有非常激烈的竞争。这些算法都是受了世界上最好的优化器进化的自然过程的启发。是的，甚至我们也是数亿年遗传进化的结果。本章将介绍进化算法的奇妙世界并且深入学习一种特殊的进化算法——遗传算法。在本章中，你将学习到以下内容：

- 什么是优化。
- 解决优化问题的不同方法。
- 理解遗传算法背后的直觉。
- 遗传算法的优点。
- 理解并实现交叉、变异与适应度函数选择的过程。
- 使用遗传算法寻找遗忘的密码。
- 遗传算法在优化模型方面的各种用法。
- Python 遗传算法库中的分布式进化算法。

5.1 优化

优化不是一个新词，之前在机器学习与深度学习算法中就已经使用过它，如我们使用 TensorFlow 自动微分器以一种梯度下降算法来寻找最优模型的权重与偏置。在本节中，我们将更深入地学习优化、优化问题，以及用于实现优化的不同技术。

在最基本的术语中，**优化**是使某些事物变得更好的过程，目的是找到最优解。当我们谈及最优解时，明显意味着存在多个解。在优化中，我们尝试调整参数 / 过程 / 输入，使得最小或最大输出能够被找到。通常，用变量表示输入，我们有一个称为**目标函数**、**损失函数**或**适应度函数**的函数，并期望输出代价 / 损失或适应度。代价或损失应当被最小化，如果定义的是适应度，那么它应当被最大化。这里，我们改变输入（变量）以达到期望的（优化的）输出。

> TIP 我希望你能够理解称其为损失 / 代价或适应度仅仅是选择问题，对于计算代价且应被最小化的函数，如果仅仅给它添加一个负号，那么我们期望修改后的函数被最大化。例如，在区间 $-2<x<2$ 上最小化 $2-x^2$ 与在同样区间上最大化 x^2-2 是一样的。

日常生活中有许多这类优化任务。到办公室的最佳路径是什么？哪个项目应该最先做？面试时应该讲什么主题才会使面试成功率最大化？下图展示了输入变量、待优化的函数和输出 / 代价之间的基本关系。

目标是最小化代价，使得函数描述的约束被输入变量满足。代价函数、约束与输入变量之间的数学关系决定了优化问题的复杂度。一个关键问题是，代价函数和约束是凸的还是非凸的。如果代价函数与约束是凸的，那么能够确信存在一个可行解，并且如果在足够大的区域中搜索，则能够找到一个。下图展示了一个凸代价函数的例子，左侧与右侧的图绘制的是同一代价函数的曲面与等高线。图中最暗的点对应于最优解。

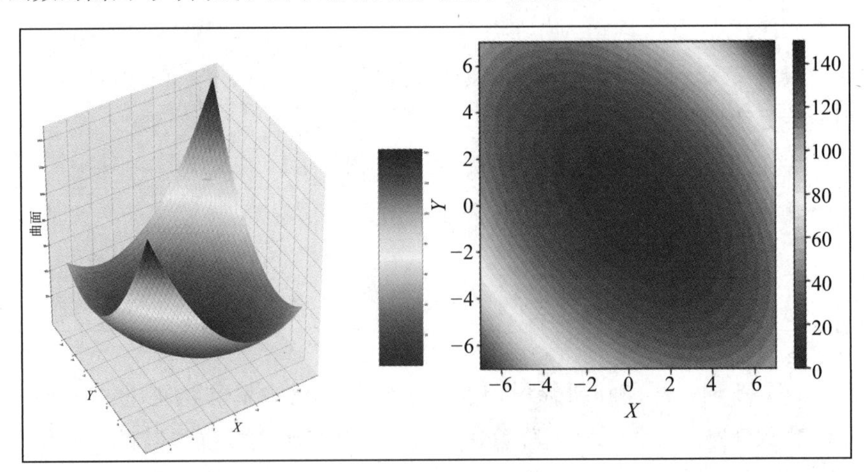

另一方面，若代价函数或约束是非凸的，优化问题会变得更加复杂，而且我们不能确定存在一个解或者甚至不能确定能够找到一个解。

用数学与计算机编程求解优化问题的方法有很多。下面让我们了解一些这方面的知识。

5.1.1 确定与分析方法

当目标函数光滑且有连续二阶导数时，根据微积分的知识可知在局部极小值点处以下描述成立：

- 目标函数在极小值点 x^* 处的梯度 $f'(x^*)=0$。
- 二阶导数（海森矩阵 $H(x^*)=\nabla^2 f(x)$）正定。

对于某些问题，根据这些条件通过确定梯度的零点并校验零点处的海森矩阵正定性可能寻找到解析解。因此，在这些情况下，我们可以迭代探索目标函数的搜索空间来获得目标函数的最小值。让我们了解一下这些搜索算法。

1. 梯度下降方法

前面的章节介绍过梯度下降方法以及它如何工作，我们看到了搜索方向是梯度下降的方向 $-\nabla f(x)$。这也被称为**柯西法**，因为它是柯西在 1847 年给出的，之后它变得很常用。我们从目标函数曲面上的任意一点开始，沿梯度下降的方向改变自变量（在前面章节中，这些是权重与偏置）。数学上，它可以表示成如下形式：

$$x_{n+1}=x_n-\alpha_n\nabla f(x_n)$$

这里，α_n 是第 n 步迭代的步长（变化 / 学习率）。梯度下降算法在训练深度学习模型时表现良好，但它也有一些严重的缺点：

- 所用的优化器的性能严重依赖学习率及其他常数，即使稍微改变它们，网络也有很大可能不收敛。正因如此，有时研究人员称训练模型为一门艺术或炼金术。
- 因为这些方法是基于导数的，所以它们在离散数据上无法工作。
- 当目标函数非凸时，我们不能依赖于它，而这是许多深度学习网络（特别是使用非线性激活函数的模型）会遇到的情形。多个隐藏层的存在可能导致许多个局部极小值点，并且有的模型很大概率上会停止于某个局部极小值附近。这里，下图展示了一个具有多个局部极小值点的目标函数示例，左图与右图绘制的是同一代价函数的曲面和等高线。图中较暗的点对应于极小值点。

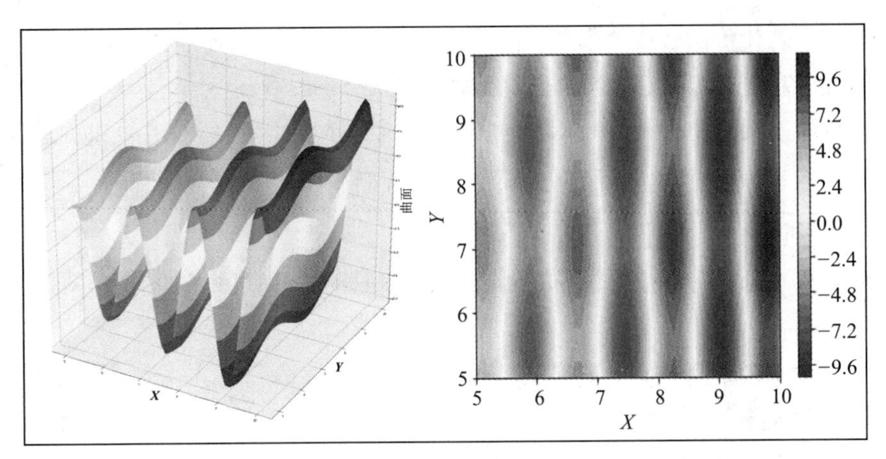

梯度下降算法有许多变体，TensorFlow 优化器中提供了很多常用的算法，包括：

- 随机梯度优化器。
- Adam 优化器。
- Adagrad 优化器。
- RMSProp 优化器。

可以从 https://www.tensorflow.org/api_guides/python/train 处的 TensorFlow 文档中详细了解 TensorFlow 提供的各种优化器。

Sebastian Ruder 根据他的 arXiv 论文（https://arxiv.org/abs/1609.04747）撰写的博客（http://ruder.io/optimizing-gradient-descent/index.html#gradientdescentoptimizationalgorithms）也是一个很好的学习资源。

2. 拟牛顿法

该方法基于目标函数 $f(x)$ 在点 x^* 附近的二阶泰勒级数展开：

$$f(x)=f(x^*)+\nabla f(x^*)(x-x^*)^{\mathrm{T}}+\frac{(x-x^*)}{2!}H(x-x^*)^{\mathrm{T}}+\cdots$$

此处，x^* 是泰勒级数展开的点，x 是 x^* 附近的点，上标 T 表示转置，而 H 是海森矩阵，其元素由下式给出：

$$h_{mn}=\frac{\partial^2 f}{\partial x_m \partial x_n}$$

取泰勒级数展开的梯度并令其等于 0，可得到：

$$\nabla f(x)=\nabla f(x^*)+(x-x^*)H=0$$

假设初始猜测为 x_0，对于下一个点 x_{n+1}，能够对前一个点 x_n 使用下式得到：

$$x_{n+1}=x_n-H^{-1}\nabla f(x_n)$$

该方法使用了目标函数的一阶与二阶偏导数来寻找最小值点。在第 k 次迭代中，它用 $x(k)$ 周围的一个二阶函数来逼近目标函数并向其最小值点移动。

因为海森矩阵的计算代价高昂且通常未知，所以大量现有算法采用近似海森矩阵，这些方法被称为**拟牛顿法**。它们可以表示为如下形式：

$$x_{n+1} = x_n - \alpha_n A_n \nabla f(x_n)$$

其中，α_n 是第 n 次迭代的步长（变化 / 学习率），而 A_n 是第 n 次迭代中对海森矩阵的近似。我们构建一个海森矩阵的近似序列，使得下式成立：

$$\lim_{n \to \infty} A_n = H^{-1}$$

下面两种算法是最常用的拟牛顿法：

- Davidon-Fletcher-Powell 算法
- Broyden-Fletcher-Goldfarb-Shanno 算法

当海森矩阵的近似 A_n 为单位矩阵时，拟牛顿法退化为梯度下降方法。

拟牛顿法的主要不足在于它不能扩展到高维输入特征空间。

5.1.2　自然优化方法

自然优化方法受一些自然过程的启发，它对于优化某些自然现象非常成功。由于这些算法不采用目标函数的导数，因此甚至可以用于离散变量和非连续目标函数。

1. 模拟退火

模拟退火是一种随机方法。它受退火的物理过程启发，该过程中固体首先被加热到足够高的温度而融化，然后随温度缓慢降低，固体中的粒子能够以最低可能能量重新排列它们自己，从而产生一个高度结构化的晶格。

我们从赋给每个变量的随机值（这表示初始态）开始。在每一步，随机取一个变量（或一组变量），然后选一个随机值。如果把这个值赋给这个变量，目标函数能够得到改进，算法接受该赋值，那么就有了新的当前赋值，系统的状态发生改变。反之，它以某个概率 P 接受赋值，该概率根据温度 T 和目标函数的值在当前状态与新状态下的差值计算。如果该改变没有被接受，当前状态保持不变。从状态 i 改变到状态 j 的概率 P 按下式计算：

$$P(i \Rightarrow j) = \exp\left(\frac{f(x_i) - f(x_j)}{T}\right)$$

这里，T 表示模拟物理系统温度的一个变量。当温度接近 0 时，模拟退火算法退化为梯度下降算法。

2. 粒子群优化

粒子群优化（Particle Swarm Optimization，PSO）是由 Edward 与 Kennedy 在 1995 年开发的。它是基于动物的社会性行为的，如一群鸟的社会行为。你必然看到过在天空中，鸟以 V 字形飞翔。那些研究过鸟类行为的人告诉我们，鸟在搜索食物或更好的居住地时才这样飞翔，其中总会有一只鸟离期望的目标最近。

当它们飞翔时，领头的鸟不会一直不变。相反，在运动时领头鸟会发生改变。鸟群中的某只鸟看到食物时会发出一个声音信号，然后所有其他的鸟围绕这只鸟汇集为 V 字形。这是一个连续重复的过程，且已经使鸟类受益了数百万年。

PSO 受该鸟类行为的启发并用它解决优化问题。在 PSO 里，搜索空间中的每个单个解可以视为一只鸟（称为**粒子**）。每个粒子有一个适应度值，该值由待优化的适应度函数计算，这些函数也提供引导粒子移动的速度。粒子们跟着当前最优粒子搜索问题的搜索空间。

粒子在搜索空间中的移动由两个最优适应度值引导，一个是搜索空间中它们自身已知的最优位置（pbset——粒子最优），另一个是整个粒子群的已知最优适应度值（gbest——全局最优）。当有提升的位置被发现后，它们被用于引导群中粒子的移动。这个过程不断重复并期望最终发现最优解。

3. 遗传算法

当我们看向周围世界并看到不同物种时，自然会产生这样的疑问：为何这组特征稳定而其他的不稳定；为何大多数动物有两条腿或四条腿，而不是三条？我们今天看到的世界有没有可能是一个强大的优化算法经历很多次迭代的结果？

让我们想象存在一个应当被最大化的度量生存能力的代价函数。自然界中生物的特性拟合于一个拓扑界面。生存水平（由适应度度量）表示在该拓扑面上的高度。最高点对应于最适应的条件，而约束由环境和不同物种间的交互给定。

然后，进化过程可以被认为是一个强大的优化算法，这一算法选择出拥有最适于生存的特征的物种。只有幸存的生物居住在拓扑面的峰值处。一些峰顶很宽，容纳广泛的生存特征而包括多种生物，而另一些峰顶会很窄，只包含一些特定的特征。

可以扩展这个类比从而引入山谷，作为对不同物种的分割。我们认为人类可能处于这个拓扑面的全局最大的峰顶，因为我们有智慧和即使在极端环境中也能改变环境并确保有更好生存空间的能力。

因此，具有不同生命形态的世界可以被认为是一个大的搜索空间，不同物种是一个强大的优化算法经多次迭代的结果。这一想法是遗传算法的基础。

接下来，让我们更深入地了解。

5.2 遗传算法概论

根据著名生物学家查尔斯·达尔文的研究，我们今天所看到的动物与植物物种是数百万年进化的结果。进化的过程以适者生存为原则，选出具有更大生存机会的生物。我们今天所看到的植物和动物是数百万年适应环境限制的结果。在任何特定时间，大量不同的生物可以共存并竞争相同的环境资源。

最有能力获取资源和生育机会的生物的后代将有更多生存可能。另一方面，能力较弱的生物往往很少或没有后代。随着时间的推移，整个种群将进化，种群中的生物在平均意义上比前几代更适于生存。

是什么让这成为可能？是什么决定人较高、植物会有特定形状的叶子？所有这些都被编码为一套运行于生命蓝图（基因）之上的规则。地球上的每个生物体都有这套规则，其描述了生物体是如何被设计（创造）的。基因存在于染色体中，每种生物都有不同数量的染色体，它们含有数千个基因。例如，我们智人有 46 条染色体，这些染色体含有大约 20 000 个基因。每个基因代表一个特定的规则：一个人将有蓝色的眼睛、棕色的头发、性别为女等。这些基因通过繁殖过程由父母传给后代。

基因从父母传给后代的方式有两种：

- **无性繁殖**：这种情况下孩子是父母的副本。它发生在称为**有丝分裂**的生物过程中，细菌和真菌等低等生物通过有丝分裂繁殖。如下图所示，有丝分裂的过程中，亲代染色体首先加倍，细胞分裂为两部分。这个过程中只需要一位家长。

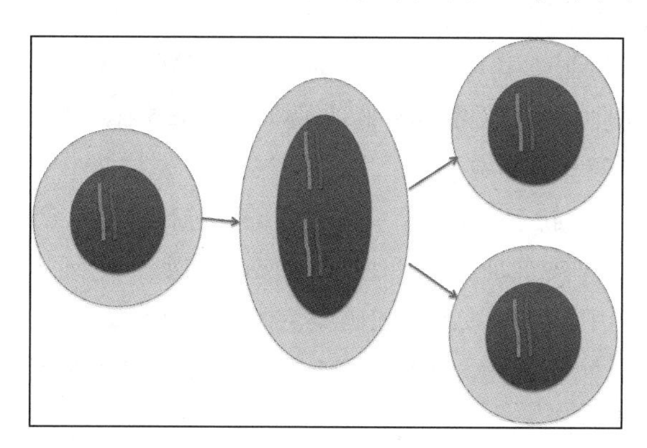

- **有性繁殖**：这是通过称为**减数分裂**的生物过程发生的。在这一过程中，最初涉及一父一母，每个亲代细胞经历交叉过程，其中一条染色体的一部分与另一条染色体的一部分互换（这改变了基因序列）。接着细胞分裂成两部分，但每条染色体的数量只有一半。然后，来自两个亲本的含有一半数量染色体（单倍体）的细胞聚集在一起形成受精卵，最后通过有丝分裂和细胞分化产生与父母相似但不同的**后代**。如下图所示，减数分裂的过程中，父母的细胞染色体经历交叉，一条染色体的一部分重叠并且与另一条染色体的一部分交换位置；然后细胞分裂成两部分，每个分裂后的细胞仅含有一条染色体（单倍体）；最后来自亲本的两个单倍体聚集在一起以补全染色体的总数。

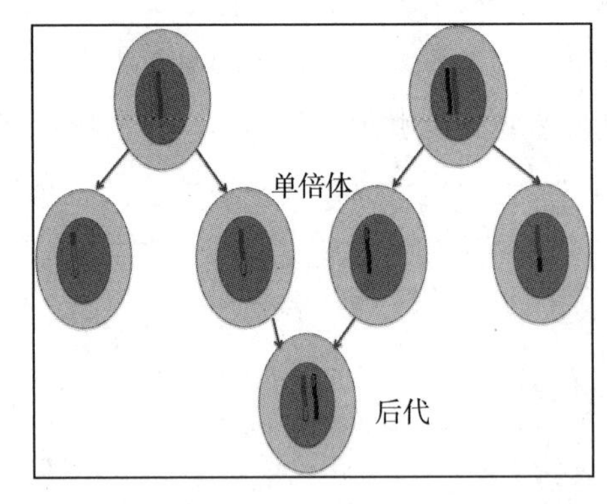

在选择和进化的自然过程中发生的另一件有趣的事情是变异现象。在这里，基因经历一个突然变化并产生一种全新的基因，这种基因在父母中都不存在。这种现象进一步产生了多样性。

逐代的有性繁殖应该会带来进化并确保具有最合适特征的生物有更多的后代。

5.2.1 遗传算法

现在让我们学习如何实现遗传算法。这种方法是由 John Holland 在 1975 年开发的。结果表明，其可以用来解决他的学生 Goldberg 的优化问题。Goldberg 使用遗传算法来控制天然气在管道中的传输。从那时起，遗传算法一直很受欢迎，并启发了其他各种进化程序。

在计算机中使用遗传算法解决优化问题时，作为第一步，我们需要将**问题变量编码为基因**。基因可以是一串实数或二进制位串（含有 0 和 1 的序列）。这代表了潜在的解决方案（个体），并且许多这样的解决方案在时间 t 一起形成种群。 例如，考虑这样一个问题：我们需要找到两个变量 a 和 b，它们位于 (0,255) 范围内。对于二进制基因表示，这两个变量可以用 16 位染色体表示，高 8 位表示基因 a，低 8 位表示 b。稍后需要对编码进行解码以获得变量 a 和 b 的实际值。

遗传算法的第二个重要要求是，定义适当的**适应度函数**，它计算任何潜在解决方案的适应度分数（在前面的示例中，它应该计算编码染色体的适应度值）。该函数也是我们想通过找到系统或问题的最佳参数集来优化的函数。例如，在进化的自然过程中，适应度函数代表有机体在其环境中运转和生存的能力。

一旦我们确定了问题解决方案的基因编码并决定了适应度函数，遗传算法就会遵循以下步骤：

1）**种群初始化**。我们需要创建一个初始种群，其中所有的染色体（通常）随机生成，以产生一整套可能的解（搜索空间）。有时，可以在可能找到最佳解决方案的区域中播种解决方案。种群大小取决于问题的性质，但通常包含数百个编码到染色体中的潜在解。

2）**父代选择**。对于每一代，基于适应度函数（或随机地），选择现有种群的一定比例。然后，用选定的种群部分培育新一代。这通过锦标赛选择算法来完成：随机选择固定数量的个体（锦标赛规模）并且选择具有最佳适应度分数的个体作为父母之一。

3）**繁殖**。接下来通过交叉和变异等遗传算子用步骤 2 选择的那些父母个体生成后代。这些遗传算子最终导致子代（下一代）的染色体种群与初代不同，但同时具有其父母的许多特征。

4）**评估**。然后使用适应度函数评估生成的后代，并且用它们替换初始种群中最不适应的个体以保持种群大小不变。

5）**终止**。在评估步骤中，如果任何后代达到目标适应度分数或达到最大子代数，则终止遗传算法过程。否则，重复步骤 2 ～ 4 以产生下一代。

遗传算法的成功依赖两个至关重要的运算符：交叉和变异。

1. 交叉

为了进行交叉操作，我们在两个亲本染色体上选择一个随机位置，然后在该位置上以概率 P_x 交换它们的遗传信息。这产生了两个新的后代。当交叉发生在随机位置时，其被称为**一点交叉**（或**单点交叉**）。如下图所示，一点交叉过程中，在亲本染色体中选择一个随机位置，并交换相应的基因。

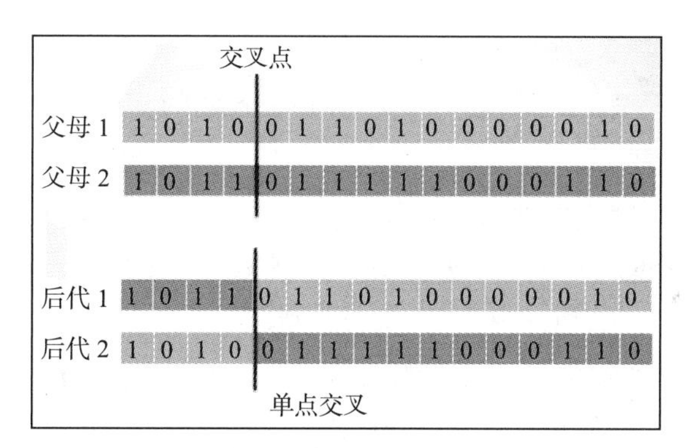

单点交叉

父母的基因交换也可以发生在多处，这称为**多点交叉**。如下图所示，多点交叉过程中，父母的基因交换可发生在多处。

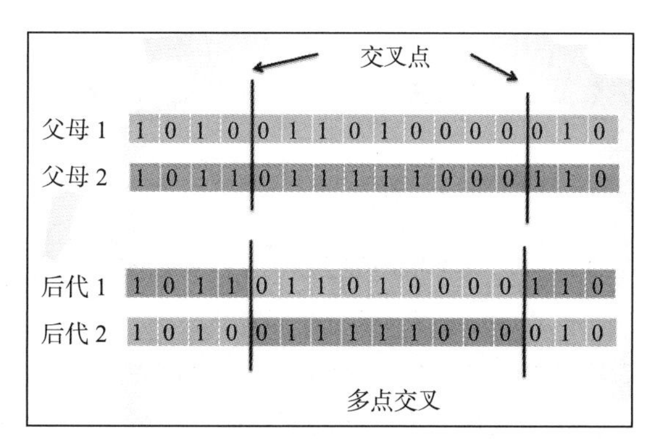

多点交叉

人们已经尝试过的交叉有很多，例如均匀交叉、基于顺序的交叉和循环交叉。

2. 变异

虽然交叉操作确保了多样性并且可以帮助加速搜索，但它不会产生新的解。这是变异算子的工作，它有助于维持和引入种群的多样性。变异算子以概率 P_m 应用于子染色体的某些基因（位）。

可以有位翻转变异。考虑之前的例子，那么在 16 位染色体中，位翻转变异将导致单个位改变状态（从 0 到 1 或从 1 到 0）。

我们有可能将基因设置为所有可能值中的一个随机值，这被称为**随机重置**。

概率 P_m 有重要作用。如果给 P_m 分配一个非常低的值，那么可能导致遗传漂移，但另一方面，高 P_m 可能导致良好解丢失。选择一种变异概率时，要使得算法学会牺牲短期适应性来获得更长期的适应性。

5.2.2 优点与缺点

遗传算法听起来很酷。现在，在尝试构建它们的实现代码之前，让我们指出遗传算法的一些优点和缺点。

1. 优点

遗传算法有一些极具吸引力的优势，并且可以在传统的基于梯度的算法失败时获得不错的结果：

- 它们可用来优化连续变量或离散变量。
- 与梯度下降方法不同，这里不需要导数信息，那么意味着不要求适应度函数是连续可微的。
- 它可以在代价曲面上的大量采样中同时进行搜索。
- 可以处理大量的变量而不会显著增加计算时间。
- 种群的生成及其适应度值计算可以并行执行，因此遗传算法非常适用于并行计算机。
- 即使拓扑表面极其复杂，它们也可以工作，因为交叉和变异算子可以帮助它们跳出局部极小值。
- 它们可以提供多个最优解。
- 可以将它们与数值数据、实验数据甚至解析函数一起使用。它们特别适用于大规模优化问题。

2. 缺点

尽管有前面提到的优点，但仍然不能说遗传算法是所有优化问题的普遍解决方案。这是以下原因造成的：

- 如果优化函数是表现良好的凸函数，那么基于梯度的方法将会更快地收敛。
- 有助于遗传算法更广泛地覆盖搜索空间的大量解也会导致收敛速度缓慢。
- 设计适应度函数可能是一项艰巨的任务。

5.3 使用 Python 中的分布式进化算法编写遗传算法代码

在理解了遗传算法的工作原理之后，可尝试用它解决一些问题。它已经被用于求解 NP-难问题（如旅行商问题）。为了轻松完成生成种群、执行交叉和变异操作的任务，我们将采用 **Python 中的分布式进化算法**（Distributed Evolutionary Algorithms in Python，DEAP）。它支持多进程，我们也可以用它完成其他进化算法。你可以使用下面的命令直接从 PyPi 下载 DEAP：

```
pip install deap
```

DEAP 与 Python 3 兼容。

要了解更多关于 DEAP 的内容，可以参考它的 GitHub 库（https://github.com/DEAP/deap）及其用户指南（http://deap.readthedocs.io/en/master/）。

5.3.1 猜词

在该程序中，我们用遗传算法来猜一个单词。遗传算法将知道该单词中的字母个数，并猜测那些字母直到找到正确的答案。我们决定把基因表示为单个字母数字字符，这些字符的串进而构成一个染色体。适应度函数是个体与正确单词匹配字母数量之和。

（1）导入需要的模块。这里使用 string 模块和 random 模块从（a ～ z、A ～ Z 和 0 ～ 9）中生成随机字符。对于 DEAP 模块，我们使用 creator、base 以及 tools：

```
import string
import random

from deap import base, creator, tools
```

（2）在 DEAP 中，我们从创建一个继承自 deap.base 模块的类开始。我们需要告诉它我们是准备最小化还是最大化函数，这使用权重参数完成。值取 +1 表示要最大化函数（对于最小化，取值 -1.0）。下面的代码行将创建一个 FitnessMax 类，它将最大化函数：

```
creator.create("FitnessMax", base.Fitness, weights=(1.0,))
```

（3）再定义一个 Individual 类（它将继承 list 类），并告诉 DEAP 构造器模块令 FitnessMax 作为其 fitness 属性：

```
creator.create("Individual", list, fitness=creator.FitnessMax)
```

（4）在定义了 Individual 类之后，现在开始使用 DEAP 里定义于 base 模块中的 toolbox。我们用它来创建一个种群并定义基因池。从此处起，后面需要用到的所有对象——一个个体、种群、函数、算子和参数——被存储在一个称为 toolbox 的容器中。我们可以使用 register() 和 unregister() 方法向容器 toolbox 添加或从中删除内容。

```
toolbox = base.Toolbox()
# Gene Pool
toolbox.register("attr_string", random.choice, \
               string.ascii_letters + string.digits )
```

（5）上面已经定义了要被创建的基因池，下面来创建一个个体，然后重复使用类 Individual 建立一个种群。我们将把该类传递给负责创建 N 参数的 toolbox，告诉它要产生多少基因：

```
#Number of characters in word
# The word to be guessed
word = list('hello')
N = len(word)
# Initialize population
toolbox.register("individual", tools.initRepeat, \
         creator.Individual, toolbox.attr_string, N )
toolbox.register("population",tools.initRepeat, list,\
         toolbox.individual)
```

（6）定义 fitness 函数，注意返回语句中的逗号。逗号的存在是因为 DEAP 中的适应度函数会作为一个元组被返回，以允许定义多目标的 fitness 函数：

```
def evalWord(individual, word):
    return sum(individual[i] == word[i] for i in\
           range(len(individual))),
```

（7）添加该适应度函数到容器。同时再添加交叉算子、变异算子和父母选择算子。可以看到，对于上述一切，可以使用 register 函数来添加。在第一条语句中，注册已经定义的适应度函数和将采用的其他参数。在下一条语句中注册交叉算子，这里是两点交叉（cxTwoPoint）。在再下一条语句中注册变异算子，其为 mutShuffleIndexes，它以概率 indpb=0.05 打乱输入个体的属性。最后定义如何选择父母。这里定义的选择方法为大小是 3 的锦标赛选择算法：

```
toolbox.register("evaluate", evalWord, word)
toolbox.register("mate", tools.cxTwoPoint)
toolbox.register("mutate", tools.mutShuffleIndexes, indpb=0.05)
toolbox.register("select", tools.selTournament, tournsize=3)
```

（8）现在完成了所有要素的定义，下面是遗传算法的完整代码，该算法将以重复的方式执行前面提及的步骤：

```
def main():
    random.seed(64)
    # create an initial population of 300 individuals
    pop = toolbox.population(n=300)
    # CXPB is the crossover probability
    # MUTPB is the probability for mutating an individual
    CXPB, MUTPB = 0.5, 0.2

    print("Start of evolution")
```

```
    # Evaluate the entire population
    fitnesses = list(map(toolbox.evaluate, pop))
    for ind, fit in zip(pop, fitnesses):
        ind.fitness.values = fit

    print(" Evaluated %i individuals" % len(pop))

    # Extracting all the fitnesses of individuals in a list
    fits = [ind.fitness.values[0] for ind in pop]
    # Variable keeping track of the number of generations
    g = 0

    # Begin the evolution
    while max(fits) < 5 and g < 1000:
        # A new generation
        g += 1
        print("-- Generation %i --" % g)

        # Select the next generation individuals
        offspring = toolbox.select(pop, len(pop))
        # Clone the selected individuals
        offspring = list(map(toolbox.clone, offspring))

        # Apply crossover and mutation on the offspring
        for child1, child2 in zip(offspring[::2], offspring[1::2]):
            # cross two individuals with probability CXPB
            if random.random() < CXPB:
            toolbox.mate(child1, child2)
            # fitness values of the children
            # must be recalculated later
            del child1.fitness.values
            del child2.fitness.values
        for mutant in offspring:
            # mutate an individual with probability MUTPB
            if random.random() < MUTPB:
                toolbox.mutate(mutant)
                del mutant.fitness.values

        # Evaluate the individuals with an invalid fitness
        invalid_ind = [ind for ind in offspring if not
ind.fitness.valid]
        fitnesses = map(toolbox.evaluate, invalid_ind)
        for ind, fit in zip(invalid_ind, fitnesses):
        ind.fitness.values = fit

        print(" Evaluated %i individuals" % len(invalid_ind))

        # The population is entirely replaced by the offspring
        pop[:] = offspring

        # Gather all the fitnesses in one list and print the stats
        fits = [ind.fitness.values[0] for ind in pop]

        length = len(pop)
        mean = sum(fits) / length
        sum2 = sum(x*x for x in fits)
        std = abs(sum2 / length - mean**2)**0.5
```

```
        print(" Min %s" % min(fits))
        print(" Max %s" % max(fits))
        print(" Avg %s" % mean)
        print(" Std %s" % std)

    print("-- End of (successful) evolution --")

    best_ind = tools.selBest(pop, 1)[0]
    print("Best individual is %s, %s" % (''.join(best_ind),\
            best_ind.fitness.values))
```

（9）下面给出了这个遗传算法的执行结果。在第 7 代，我们获得了正确的单词。

```
Start of evolution
  Evaluated 300 individuals
-- Generation 1 --
  Evaluated 178 individuals
  Min 0.0
  Max 2.0
  Avg 0.22
  Std 0.4526956299030656
-- Generation 2 --
  Evaluated 174 individuals
  Min 0.0
  Max 2.0
  Avg 0.51
  Std 0.613650280425803
-- Generation 3 --
  Evaluated 191 individuals
  Min 0.0
  Max 3.0
  Avg 0.9766666666666667
  Std 0.6502221842484989
-- Generation 4 --
  Evaluated 167 individuals
  Min 0.0
  Max 4.0
  Avg 1.45
  Std 0.6934214687571574
-- Generation 5 --
  Evaluated 191 individuals
  Min 0.0
  Max 4.0
  Avg 1.9833333333333334
  Std 0.7765665171481163
-- Generation 6 --
  Evaluated 168 individuals
  Min 0.0
  Max 4.0
  Avg 2.48
  Std 0.7678541528180985
-- Generation 7 --
  Evaluated 192 individuals
  Min 1.0
  Max 5.0
  Avg 3.013333333333333
  Std 0.6829999186595044
-- End of (successful) evolution --
Best individual is hello, (5.0,)
```

从 DEAP 中可选择各种交叉工具、不同的变异算子，以及如何执行锦标赛选择算法。DEAP 提供了有关所有进化工具的完整列表，http://deap.readthedocs.io/en/master/api/tools.html 对此有详细描述。

5.3.2　CNN 架构的遗传算法

在第 4 章中，我们了解了不同的深度学习模型，如 MLP、CNN、RNN 等。现在来介绍如何在这些模型上使用遗传算法。虽然人们已经尝试用遗传算法寻找最优化的权重与偏置，但是它在深度学习模型上最常见的用途是找到最优的超参数。

下面用遗传算法来寻找最佳的 CNN 架构。这里的解决方案是以 Lingxi Xie 和 Alan Yuille 撰写论文的“Genetic CNN”（https://arxiv.org/abs/1703.01513）为基础的。第一步是找到问题的正确表示。对此，该论文的作者提出了网络架构的位串表示。一系列网络被编码为固定长度的位串。该网络由 S 个阶段组成，其中第 $s(s=1,2,\ldots,S)$ 段包含由 v_{s,k_s} 表示的 K_s 个节点，这里，$k_s=1,2,\ldots,K_s$。每段中的节点都是有序的，为了正确表示，网络中只允许存在从较低编号的节点到较高编号的节点的连接。每个节点代表一个卷积操作，后跟批标准化和 ReLU 激活函数。位串的每一位表示一个卷积层（节点）与另一个卷积层之间的连接存在或不存在，位的排序如下：第一位表示 $(v_{s,1},v_{s,2})$ 之间的连接，紧跟着的两位代表 $(v_{s,1},v_{s,3})$ 和 $(v_{s,2},v_{s,3})$ 之间的连接，再之后的三位将是 $(v_{s,1},v_{s,3})$、$(v_{s,1},v_{s,4})$ 和 $(v_{s,2},v_{s,4})$ 的连接，以此类推。

为了更好地理解，让我们考虑一个两阶段网络（每个阶段有相同数量的滤波器和滤波器大小）。假设阶段 S_1 由 4 个节点（即 $K_s=4$）组成，因此编码这一阶网络所需的总位数为 $(4\times3\times1/2)=6$。阶段 1 中卷积滤波器的数量是 32，我们要保证卷积操作不改变图像的空间维度（例如，填充是相同的）。下图展示了相应的编码后的位串以及对应的卷积层连接。灰色的连接是默认连接，在位串中没有编码。第一位编码 (A_1,A_2) 之间的连接，接下来两位编码 (A_1,A_3) 和 (A_2,A_3) 之间的连接，最后三位编码 (A_1,A_4)、(A_2,A_4) 和 (A_3,A_4) 之间的连接。

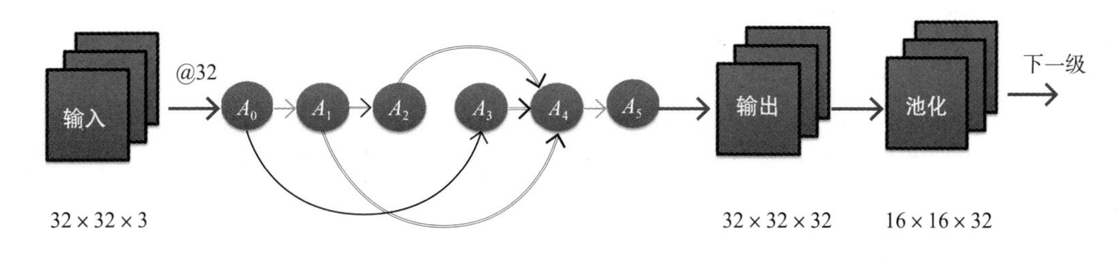

位串编码 1-00-111

阶段 1 采用 $32\times32\times3$ 的输入。该阶段中所有的卷积节点有 32 个滤波器。灰色的连接为默认连接，在位串中不编码。空心线所示连接表示根据编码的位串 1-00-111 展开的连接。阶段 1 的输入进入池化层并使空间分辨率降低一半。

阶段 2 有 5 个节点，因而将需要 $5\times4\times1/2=10$ 位。它将阶段 1 的输出作为维度为 $16\times16\times32$ 的输入。现在，如果将阶段 2 中的卷积滤波器的数量设为 64，那么经过池化后输出将是 $8\times8\times64$。

这里描述的代码取自 https://github.com/aqibsaeed/Genetic-CNN。因为我们需要表示一个图结构，所以该网络使用**有向无环图**（Directed Acyclic Graph，DAG）来构建。为表示 DAG，我们定义一个类 DAG，其中还定义了添加一个新节点、删除一个已经存在的节点、在两个节点间添加一条边（连接）以及删除两个节点间的一条边等方法。除此之外，还定义了找到节点前驱、它所连接的节点和图的叶子节点的方法。完整代码在 dag.py 文件中，您可以通过本书的 GitHub 链接访问该文件。

主要代码在本书 GitHub 里 Genetic_CNN.ipynb 文件中以 Jupyter 笔记本形式给出。我们使用 DEAP 库来运行遗传算法，并使用 TensorFlow 从由遗传算法构建的图中构建 CNN。适应度函数是准确率。所编写的代码旨在找到能够在 MNIST 数据集（手写数字集，第 4 章介绍过。这里，我们直接从 TensorFlow 库访问它们）上取得最高准确率的 CNN：

（1）导入模块。这里需要使用 DEAP 和 TensorFlow，我们还将导入在 dag.py 文件中创建的 DAG 类以及标准的 NumPy 和 Random 模块：

```
import random
import numpy as np

from deap import base, creator, tools, algorithms
from scipy.stats import bernoulli
from dag import DAG, DAGValidationError

import tensorflow as tf
from tensorflow.examples.tutorials.mnist import input_data
```

（2）直接从 TensorFlow 的样本库读入数据：

```
mnist = input_data.read_data_sets("mnist_data/", one_hot=True)
train_imgs   = mnist.train.images
train_labels = mnist.train.labels
test_imgs    = mnist.test.images
test_labels  = mnist.test.labels

train_imgs = np.reshape(train_imgs,[-1,28,28,1])
test_imgs = np.reshape(test_imgs,[-1,28,28,1])
```

（3）现在，我们来构建保存网络信息的位数据结构。这里设计的网络是 3 阶段网络，阶段 1 有 3 个节点（3 位），阶段 2 有 4 个节点（6 位），阶段 3 有 5 个节点（10 位）。据此，一个个体将由一个 $3+6+10=19$ 位的位串表示：

```
STAGES = np.array(["s1","s2","s3"]) # S
NUM_NODES = np.array([3,4,5]) # K

L =  0 # genome length
```

```
BITS_INDICES, l_bpi = np.empty((0,2),dtype = np.int32), 0 # to keep
track of bits for each stage S
for nn in NUM_NODES:
    t = nn * (nn - 1)
    BITS_INDICES = np.vstack([BITS_INDICES,[l_bpi, l_bpi + int(0.5
* t)]])
    l_bpi = int(0.5 * t)
    L += t
L = int(0.5 * L)

TRAINING_EPOCHS = 20
BATCH_SIZE = 20
TOTAL_BATCHES = train_imgs.shape[0] // BATCH_SIZE
```

（4）下面开始根据编码位串构建图。这有助于遗传算法构建种群。首先，定义构建一个 CNN 需要的函数（weight_variable：为一个卷积节点创建权重变量；bias_variable：为一个卷积节点创建偏置变量；apply_convolution：执行卷积操作；apply_pool：在每个阶段之后执行池化操作；linear_layer：实现全连接层）：

```
def weight_variable(weight_name, weight_shape):
    return tf.Variable(tf.truncated_normal(weight_shape, stddev =
0.1),name = ''.join(["weight_", weight_name]))

def bias_variable(bias_name,bias_shape):
    return tf.Variable(tf.constant(0.01, shape = bias_shape),name =
''.join(["bias_", bias_name]))

def linear_layer(x,n_hidden_units,layer_name):
    n_input = int(x.get_shape()[1])
    weights = weight_variable(layer_name,[n_input, n_hidden_units])
    biases = bias_variable(layer_name,[n_hidden_units])
    return tf.add(tf.matmul(x,weights),biases)

def
apply_convolution(x,kernel_height,kernel_width,num_channels,depth,
layer_name):
    weights = weight_variable(layer_name,[kernel_height,
kernel_width, num_channels, depth])
    biases = bias_variable(layer_name,[depth])
    return tf.nn.relu(tf.add(tf.nn.conv2d(x,
weights,[1,2,2,1],padding = "SAME"),biases))

def apply_pool(x,kernel_height,kernel_width,stride_size):
    return tf.nn.max_pool(x, ksize=[1, kernel_height, kernel_width,
1],
            strides=[1, 1, stride_size, 1], padding = "SAME")
```

（5）现在，我们可以基于编码的位串构建网络了。可使用 generate_dag 函数生成 DAG：

```
def generate_dag(optimal_indvidual,stage_name,num_nodes):
    # create nodes for the graph
    nodes = np.empty((0), dtype = np.str)
    for n in range(1,(num_nodes + 1)):
        nodes = np.append(nodes,''.join([stage_name,"_",str(n)]))
    # initialize directed asyclic graph (DAG) and add nodes to it
```

```
    dag = DAG()
    for n in nodes:
        dag.add_node(n)

    # split best indvidual found via genetic algorithm to identify
vertices connections and connect them in DAG
    edges = np.split(optimal_indvidual,np.cumsum(range(num_nodes -
1)))[1:]
    v2 = 2
    for e in edges:
        v1 = 1
        for i in e:
            if i:
dag.add_edge(''.join([stage_name,"_",str(v1)]),''.join([stage_name,
"_",str(v2)]))
            v1 += 1
        v2 += 1

    # delete nodes not connected to anyother node from DAG
    for n in nodes:
        if len(dag.predecessors(n)) == 0 and len(dag.downstream(n))
== 0:
            dag.delete_node(n)
            nodes = np.delete(nodes, np.where(nodes == n)[0][0])
    return dag, nodes
```

（6）generate_tensorflow_graph 函数使用生成的图构建 TensorFlow 图。它还用 add_node 函数添加一个卷积层，以及使用 sum_tensors 函数合并多个卷积层的输入：

```
def
generate_tensorflow_graph(individual,stages,num_nodes,bits_indices)
:
    activation_function_pattern = "/Relu:0"
    tf.reset_default_graph()
    X = tf.placeholder(tf.float32, shape = [None,28,28,1], name =
"X")
    Y = tf.placeholder(tf.float32,[None,10],name = "Y")
    d_node = X
    for stage_name,num_node,bpi in
zip(stages,num_nodes,bits_indices):
        indv = individual[bpi[0]:bpi[1]]

        add_node(''.join([stage_name,"_input"]),d_node.name)
        pooling_layer_name =
''.join([stage_name,"_input",activation_function_pattern])

        if not has_same_elements(indv):
            # ------------------- Temporary DAG to hold all
connections implied by genetic algorithm solution ------------- #

            # get DAG and nodes in the graph
            dag, nodes = generate_dag(indv,stage_name,num_node)
            # get nodes without any predecessor, these will be
connected to input node
            without_predecessors = dag.ind_nodes()
            # get nodes without any successor, these will be
```

```
connected to output node
            without_successors = dag.all_leaves()

            # --------------------------------------------------------
-------------------------------------------- #

            # --------------------------- Initialize tensorflow
graph based on DAG ------------------------- #

            for wop in without_predecessors:
add_node(wop,''.join([stage_name,"_input",activation_function_patte
rn]))

            for n in nodes:
                predecessors = dag.predecessors(n)
                if len(predecessors) == 0:
                    continue
                elif len(predecessors) > 1:
                    first_predecessor = predecessors[0]
                    for prd in range(1,len(predecessors)):
                        t =
sum_tensors(first_predecessor,predecessors[prd],activation_function
_pattern)
                        first_predecessor = t.name
                    add_node(n,first_predecessor)
                elif predecessors:
add_node(n,''.join([predecessors[0],activation_function_pattern]))

            if len(without_successors) > 1:
                first_successor = without_successors[0]
                for suc in range(1,len(without_successors)):
                    t =
sum_tensors(first_successor,without_successors[suc],activation_func
tion_pattern)
                    first_successor = t.name
add_node(''.join([stage_name,"_output"]),first_successor)
            else:
add_node(''.join([stage_name,"_output"]),''.join([without_successor
s[0],activation_function_pattern]))

            pooling_layer_name =
''.join([stage_name,"_output",activation_function_pattern])
            # --------------------------------------------------------
-------------------------------------- #

        d_node =
apply_pool(tf.get_default_graph().get_tensor_by_name(pooling_layer_
name),
                                 kernel_height = 16, kernel_width =
16,stride_size = 2)

    shape = d_node.get_shape().as_list()
    flat = tf.reshape(d_node, [-1, shape[1] * shape[2] * shape[3]])
    logits = linear_layer(flat,10,"logits")
    xentropy =  tf.nn.softmax_cross_entropy_with_logits(logits =
logits, labels = Y)
    loss_function = tf.reduce_mean(xentropy)
```

```
    optimizer = tf.train.AdamOptimizer().minimize(loss_function)
    accuracy = tf.reduce_mean(tf.cast(
tf.equal(tf.argmax(tf.nn.softmax(logits),1), tf.argmax(Y,1)),
tf.float32))
    return  X, Y, optimizer, loss_function, accuracy

# Function to add nodes
def add_node(node_name, connector_node_name, h = 5, w = 5, nc = 1,
d = 1):
    with tf.name_scope(node_name) as scope:
        conv =
apply_convolution(tf.get_default_graph().get_tensor_by_name(connector_
node_name),
                       kernel_height = h, kernel_width = w,
num_channels = nc , depth = d,
                       layer_name = ''.join(["conv_",node_name]))

def sum_tensors(tensor_a,tensor_b,activation_function_pattern):
    if not tensor_a.startswith("Add"):
        tensor_a = ''.join([tensor_a,activation_function_pattern])
    return
tf.add(tf.get_default_graph().get_tensor_by_name(tensor_a),
tf.get_default_graph().get_tensor_by_name(''.join([tensor_b,
activation_function_pattern])))

def has_same_elements(x):
    return len(set(x)) <= 1
```

（7）下面使适应度函数评估生成的 CNN 架构的准确率：

```
def evaluateModel(individual):
    score = 0.0
    X, Y, optimizer, loss_function, accuracy =
generate_tensorflow_graph(individual,STAGES,NUM_NODES,BITS_INDICES)
    with tf.Session() as session:
        tf.global_variables_initializer().run()
        for epoch in range(TRAINING_EPOCHS):
            for b in range(TOTAL_BATCHES):
                offset = (epoch * BATCH_SIZE) %
(train_labels.shape[0] - BATCH_SIZE)
                batch_x = train_imgs[offset:(offset + BATCH_SIZE),
:, :, :]
                batch_y = train_labels[offset:(offset +
BATCH_SIZE), :]
                _, c = session.run([optimizer,
loss_function],feed_dict={X: batch_x, Y : batch_y})
        score = session.run(accuracy, feed_dict={X: test_imgs, Y:
test_labels})
        #print('Accuracy: ',score)
    return score,
```

（8）现在，实现遗传算法的准备工作已经完成了，适应度函数是一个最大化函数（weights=(1.0,)），并用伯努利分布（bernoulli.rvs）初始化位串，个体使用长度 L=19 的位串创建，并且生成的每个种群包含 20 个个体。这里，我们选择有序交叉，其中，从一个父代中选择一个子串并将其复制到子代的相同位置；其余的位置由另一个父代的对应位置填充，以保证子串不被重复使用。这里还使用之前定义的变异算子 mutShuffleIndexes；锦标赛选择算法选用 selRoulette，它使用轮盘赌选择算法进行选择（选择 k 个个体，并从它们中选择适应度最高的那个）。这一次，我们不使用遗传算法编码，而是使用另一种基本的遗传算法——DEAP eaSimple 算法：

```
population_size = 20
num_generations = 3
creator.create("FitnessMax", base.Fitness, weights = (1.0,))
creator.create("Individual", list , fitness = creator.FitnessMax)
toolbox = base.Toolbox()
toolbox.register("binary", bernoulli.rvs, 0.5)
toolbox.register("individual", tools.initRepeat,
creator.Individual, toolbox.binary, n = L)
toolbox.register("population", tools.initRepeat, list ,
toolbox.individual)
toolbox.register("mate", tools.cxOrdered)
toolbox.register("mutate", tools.mutShuffleIndexes, indpb = 0.8)
toolbox.register("select", tools.selRoulette)
toolbox.register("evaluate", evaluateModel)
popl = toolbox.population(n = population_size)

import time
t = time.time()
result = algorithms.eaSimple(popl, toolbox, cxpb = 0.4, mutpb =
0.05, ngen = num_generations, verbose = True)
t1 = time.time() - t
print(t1)
```

（9）运行该算法会耗费一些时间：在配备 NVIDIA 1070 GTX GPU 的 i7 计算机上，需要大约 1.5 个小时。最优的三个解如下：

```
best_individuals = tools.selBest(popl, k = 3)
for bi in best_individuals:
    print(bi)
```

```
[0, 1, 0, 1, 0, 0, 0, 0, 1, 1, 1, 0, 0, 0, 1, 0, 1, 0, 0]
[1, 0, 0, 0, 1, 0, 1, 0, 0, 0, 1, 0, 1, 1, 1, 1, 1, 1, 0]
[0, 1, 0, 1, 0, 0, 0, 0, 1, 1, 1, 0, 1, 1, 1, 1, 1, 1, 0]
```

5.3.3　用于 LSTM 优化的遗传算法

在遗传 CNN 中，我们使用遗传算法来估计最优 CNN 架构；在遗传 RNN 中，我们将使用一种遗传算法来找到 RNN 的最优超参数、窗口尺寸和隐藏层单元数量。我们将寻找能够降低模型的**均方根误差**（Root-Mean-Square Error，RMSE）的参数。

超参数窗口大小和隐藏层单元数量再一次被编码为一个二进制串，其中 6 位用于表示窗口大小，4 位用于表示单元数量。故而，完整编码的染色体有 10 位。LSTM 使用 Keras 来实现。

下面的实现代码可从 https://github.com/aqibsaeed/Genetic-Algorithm-RNN 找到。

（1）导入必要的模块。这里，我们用 Keras 来实现 LSTM 模型：

```
import numpy as np
import pandas as pd
from sklearn.metrics import mean_squared_error
from sklearn.model_selection import train_test_split as split

from keras.layers import LSTM, Input, Dense
from keras.models import Model

from deap import base, creator, tools, algorithms
from scipy.stats import bernoulli
from bitstring import BitArray

np.random.seed(1120)
```

（2）用于 LSTM 的数据必须是时间序列数据，这里使用来自 Kaggle 的风电功率预测数据（https://www.kaggle.com/c/GEF2012-wind-forecasting/data）：

```
data = pd.read_csv('train.csv')
data = np.reshape(np.array(data['wp1']),(len(data['wp1']),1))

train_data = data[0:17257]
test_data = data[17257:]
```

（3）定义一个可根据所选择的 window_size 准备数据集的函数：

```
def prepare_dataset(data, window_size):
    X, Y = np.empty((0,window_size)), np.empty((0))
    for i in range(len(data)-window_size-1):
        X = np.vstack([X,data[i:(i + window_size),0]])
        Y = np.append(Y,data[i + window_size,0])
    X = np.reshape(X,(len(X),window_size,1))
    Y = np.reshape(Y,(len(Y),1))
    return X, Y
```

（4）函数 train_evaluate 为给定个体创建 LSTM 网络并返回该个体的 RMSE 值（适应度函数）：

```
def train_evaluate(ga_individual_solution):
    # Decode genetic algorithm solution to integer for window_size
and num_units
    window_size_bits = BitArray(ga_individual_solution[0:6])
    num_units_bits = BitArray(ga_individual_solution[6:])
    window_size = window_size_bits.uint
    num_units = num_units_bits.uint
    print('\nWindow Size: ', window_size, ', Num of Units: ',
num_units)
    # Return fitness score of 100 if window_size or num_unit is
zero
    if window_size == 0 or num_units == 0:
        return 100,
    # Segment the train_data based on new window_size; split into
train and validation (80/20)
```

```
    X,Y = prepare_dataset(train_data,window_size)
    X_train, X_val, y_train, y_val = split(X, Y, test_size = 0.20,
random_state = 1120)
    # Train LSTM model and predict on validation set
    inputs = Input(shape=(window_size,1))
    x = LSTM(num_units, input_shape=(window_size,1))(inputs)
    predictions = Dense(1, activation='linear')(x)
    model = Model(inputs=inputs, outputs=predictions)
    model.compile(optimizer='adam',loss='mean_squared_error')
    model.fit(X_train, y_train, epochs=5,
batch_size=10,shuffle=True)
    y_pred = model.predict(X_val)
    # Calculate the RMSE score as fitness score for GA
    rmse = np.sqrt(mean_squared_error(y_val, y_pred))
    print('Validation RMSE: ', rmse,'\n')
    return rmse,
```

（5）接下来，使用 DEAP 工具定义个体（染色体被表示为一个二进制编码串（10 位），再一次使用伯努利分布），创建种群，再使用有序交叉和 mutShuffleIndexes 变异算子，以及使用轮盘赌选择算法来选择父母节点：

```
population_size = 4
num_generations = 4
gene_length = 10

# As we are trying to minimize the RMSE score, that's why using
-1.0.
# In case, when you want to maximize accuracy for instance, use 1.0
creator.create('FitnessMax', base.Fitness, weights = (-1.0,))
creator.create('Individual', list , fitness = creator.FitnessMax)

toolbox = base.Toolbox()
toolbox.register('binary', bernoulli.rvs, 0.5)
toolbox.register('individual', tools.initRepeat,
creator.Individual, toolbox.binary, n = gene_length)
toolbox.register('population', tools.initRepeat, list ,
toolbox.individual)

toolbox.register('mate', tools.cxOrdered)
toolbox.register('mutate', tools.mutShuffleIndexes, indpb = 0.6)
toolbox.register('select', tools.selRoulette)
toolbox.register('evaluate', train_evaluate)

population = toolbox.population(n = population_size)
r = algorithms.eaSimple(population, toolbox, cxpb = 0.4, mutpb =
0.1, ngen = num_generations, verbose = False)
```

（6）利用下述代码获得最优解：

```
best_individuals = tools.selBest(population,k = 1)
best_window_size = None
best_num_units = None

for bi in best_individuals:
    window_size_bits = BitArray(bi[0:6])
```

```
    num_units_bits = BitArray(bi[6:])
    best_window_size = window_size_bits.uint
    best_num_units = num_units_bits.uint
    print('\nWindow Size: ', best_window_size, ', Num of Units: ',
best_num_units)
```

（7）最后，实现最优 LSTM 解：

```
X_train,y_train = prepare_dataset(train_data,best_window_size)
X_test, y_test = prepare_dataset(test_data,best_window_size)

inputs = Input(shape=(best_window_size,1))
x = LSTM(best_num_units, input_shape=(best_window_size,1))(inputs)
predictions = Dense(1, activation='linear')(x)
model = Model(inputs = inputs, outputs = predictions)
model.compile(optimizer='adam',loss='mean_squared_error')
model.fit(X_train, y_train, epochs=5, batch_size=10,shuffle=True)
y_pred = model.predict(X_test)

rmse = np.sqrt(mean_squared_error(y_test, y_pred))
print('Test RMSE: ', rmse)
```

耶！现在，你得到了预测风电功率的最佳 LSTM 网络。

5.4 小结

本章介绍了一个有趣的受自然启发的算法系列：遗传算法。我们介绍了各种标准优化算法，从确定性模型到基于梯度的算法，再到进化算法，也介绍了基于自然选择的生物进化过程。之后讲解了如何把优化问题转化为一个适合遗传算法的形式，很清楚地解释了遗传算法中两个非常关键的操作：交叉和变异。虽然没有全面介绍所有的交叉和变异方法，但讲了其中最常用的。

之后，再将所讲的知识应用到三个非常不同的优化问题上。如用遗传算法猜词，其中猜测的是一个有 5 个字母的单词。如果用简单的暴力搜索，那么需要搜索一个 61^5 的搜索空间。用遗传算法优化 CNN 架构，再一次注意，对于 19 位位串，搜索空间是 2^{19} 。之后，再用它来寻找一个 LSTM 网络的最优超参数。

在下一章中，我们将讨论另一种吸引人的学习范式：强化学习。这是另一种自然学习范式，它的产生是由于我们注意到，在自然界中人类通常不做监督学习，相反，我们通过与环境的交互来学习。在这种模式下，智能体除了会在行动后接受环境的惩罚和回报外，没有被提前告知任何信息。

CHAPTER 6 · 第 6 章

用于物联网的强化学习

强化学习（Reinforcement Learning，RL）与监督学习和无监督学习非常不同。它是大多数生物的学习方式——与环境交互。本章将介绍用于强化学习的多种算法。在本章中，你将学习到以下内容：

- 什么是强化学习以及它与监督学习和无监督学习的区别。
- 强化学习的不同元素。
- 真实世界中强化学习的一些迷人应用。
- 理解用于训练强化学习智能体的 OpenAI 接口。
- Q-学习以及如何用它训练强化学习智能体。
- 深层 Q-网络以及如何用它训练智能体来玩 Atari 游戏。
- 策略梯度算法以及如何用它玩 Pong 游戏。

6.1 引言

你观察过婴儿如何学习翻身、坐、爬行以及站立吗？你观察过幼鸟如何学习飞翔吗？幼鸟的父母把它们扔出巢穴，它们在空中扑腾一段时间，然后就慢慢地学会飞翔了。所有此类学习都涉及以下几个方面：

- **反复试错**：婴儿尝试不同的方式，在最终成功之前会有许多次不成功。
- **目标导向**：所有的努力都是为了达到一个特定的目标。人类婴儿的目标可能是爬行，而幼鸟的目标则是飞翔。

- **与环境交互**：它们接收到的唯一反馈来自环境。

> 下面网址上的视频展示了小孩学习爬行的过程及其中间阶段 https://www.youtube.com/watch?v=f3xWaOkXCSQ。

人类婴儿学习爬行或幼鸟学习飞翔都是自然界中强化学习的例子。

强化学习（在人工智能里）可以定义为一种在某些理想条件下、借助与环境交互进行目标导向学习与决策的计算方法。让我们详细说明这一点，因为我们将使用各种计算机算法来执行学习——它是一种计算方法。在所有即将介绍的例子中，智能体（学习者）有一个要努力达到的特定目标——它是一种目标导向的方法。在强化学习中，智能体未被给予任何明确的指令，它仅从与环境的交互中学习。这种与环境的交互如下图所示，是一个循环过程。**智能体**能够感知**环境**的状态，并且能够执行在**环境**中良好定义的具体动作。这会引发两件事：首先，环境的状态发生变化；其次，产生一个回报（在理想条件下）。之后，该循环持续。下图展示了智能体与环境的交互过程。

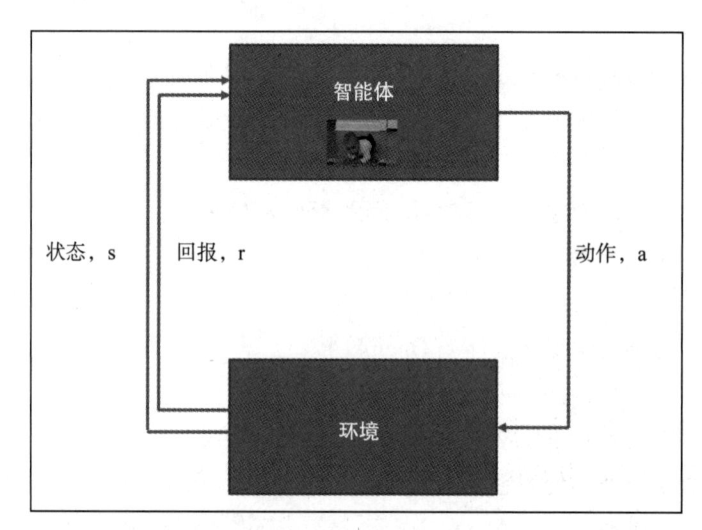

与监督学习不同，没有给**智能体**展示任何示例。**智能体**不知道正确的动作是什么。与无监督学习也不同，智能体的目标不是在输入中寻找一些固有的结构（在学习中可能会找到一些结构，但是那不是目标）；相反，它的目标是最大化回报（长期来说）。

6.1.1 强化学习术语

在学习各种算法之前，让我们了解强化学习术语。为了便于说明，这里列举两个例子：在迷宫中寻找路线的智能体和在**自动驾驶汽车**（Self-Driving Car，SDC）中控制方向盘转向的智能体。两者展示于下图中。

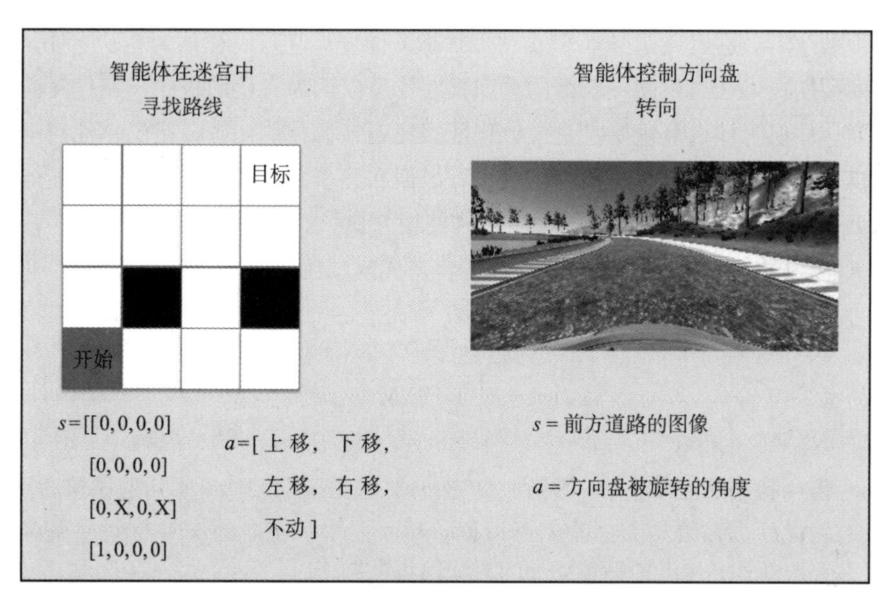

进一步讨论之前，让我们熟悉一下常见的强化学习术语：

- **状态** s。状态可以被认为是能够定义环境可能处于的所有状态的符号（或表示）集合。状态可以是连续的或离散的。例如，在迷宫中寻找路线的智能体例子里，状态可以表示为一个 4×4 的数组，其中 0 表示空的块，1 表示被智能体占据的块，而 X 表示无法占据的状态。这里的状态本质上是离散的。在控制方向盘转向的智能体例子里，状态是 SDC 前方的视野。图像包含是连续值的像素。
- **动作** $a(s)$。动作是在某个特定状态智能体能够做的所有事情的集合。可能动作的集合 a 依赖于当前状态 s。动作可能导致或不导致状态的改变。它们可以是离散的或连续的。智能体在迷宫中可以执行 5 个离散动作 [上移，下移，左移，右移，不动]。另一方面，SDC 智能体可以在一个连续角度范围内转动方向盘。
- **回报** $r(s,a,s')$。它是智能体选择一个动作后环境返回的一个标量值。它定义了目标。如果所选动作使它接近目标，智能体会获得较高回报，反之获得较低（甚至是负的）回报。如何定义回报完全取决于我们自己——在迷宫的例子中，我们可以定义回报为智能体当前位置与目标位置之间的欧氏距离。在 SDC 例子中，智能体的回报可以是汽车在路上（正面回报）或不在路上（负面回报）。
- **策略** $\pi(s)$。它定义了每个状态到该状态采取的动作的映射。策略可以是确定性的，即每个状态有一个定义良好的策略。像迷宫智能体，一个策略是，如果顶部的块是空的，则上移。策略也可以是随机的，即根据某些概率选取动作。这可以实现为简单的查找表，或是依赖于当前状态的一个函数。策略是 RL 智能体的核心。在本章中，我们将了解帮助智能体学习策略的不同算法。

- **值函数** $V(s)$。它定义了长期来看一个状态的优度。它可以被认为是从状态 s 开始，智能体预期在未来累积能够获得的总回报。你可以认为它是回报的长期优度而不是即时优度。你认为什么最重要？是最大化回报还是最大化值函数？是的，你猜得对：像下象棋一样，我们有时会放弃一枚棋子，以便在几步之后赢得比赛，故智能体应当尝试最大化值函数。值函数通常有如下两种使用方式。
  - **值函数** $V^\pi(s)$。它是遵循策略 π 的状态优度。在数学上，在状态 s 处，它是遵循策略 π 的累积回报的期望：

$$V^{\pi}(s)=E\left[\sum_{t\geqslant 0}\gamma^{t}r_{t}\mid s_{0}=s,\pi\right]$$

  - **值 – 状态函数（或 Q– 函数）** $Q^\pi(s,a)$。它是采取动作 a 然后遵循策略 π 的状态 s 的优度。在数学上，我们可以说，对于一个状态 – 动作对 (s,a)，它是在状态 s 采取动作 a 然后遵循策略 π 的累积回报的期望：

$$Q^{\pi}(s,a)=E\left[\sum_{t\geqslant 0}\gamma^{t}r_{t}\mid s_{0}=s,a_{0}=a,\pi\right]$$

  其中，γ 是折扣因子，它的值决定了，与后来获得的回报相比，我们对即时回报的重视程度。大的折扣因子决定了智能体可以看到多远的未来。在许多成功的 RL 算法中，γ 的理想选择值是 0.97。

- **环境模型**。它是一个可选元素。它模仿环境的行为，并且包含环境的物理特性。换一种说法，它定义了环境的行为方式。环境模型定义为到下一个状态的转移概率。

RL 问题在数学上被形式化为**马尔可夫决策过程**（Markov Decision Process，MDP），它遵循马尔可夫性质，也就是说，当前状态完全表征了世界的状态。

1. 深度强化学习

RL 算法可以根据它们迭代 / 近似的内容分为如下两类。

- **基于值函数的方法**。在这些方法中，算法采取最大化值函数的动作。这里的智能体学习预测给定状态或行动的好坏程度。因此，这里的目的是找到最优值。基于值的方法的一个例子是 Q– 学习。例如，考虑迷宫中的 RL 智能体，假设每个状态的值是从该块到达目标所需的步数的相反数，那么，在每个时间步，智能体将选择将其带到具有最佳值的状态的动作，如下图所示。因此，从值 −6 开始，它将移动到 −5，−4，−3，−2，−1，并最终到达目标，值为 0。

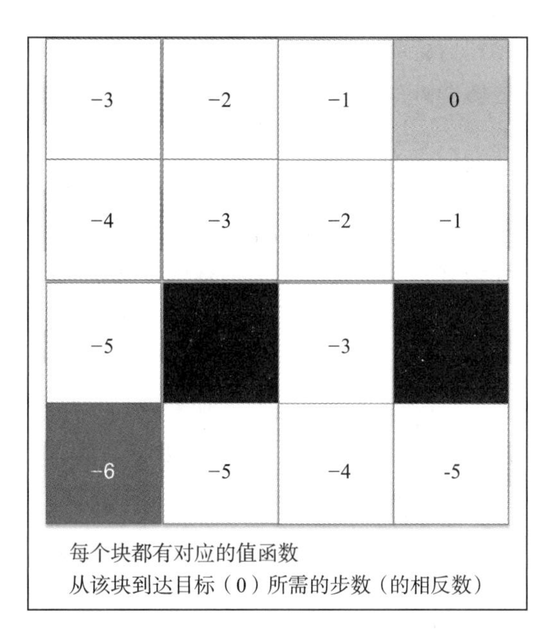

每个块都有对应的值函数
从该块到达目标（0）所需的步数（的相反数）

- **基于策略的方法**。在这些方法中，算法预测最大化值函数的最佳策略，目的是找到最佳策略。基于策略的方法的一个例子是策略梯度。在这里，我们近似策略函数，它允许我们将每个状态映射到相应的最佳动作。

我们可以使用神经网络作为函数逼近器来获得策略或值的近似值。当使用深度神经网络作为策略近似器或值近似器时，称之为**深度强化学习**（Deep Reinforcement Learning，DRL）。近期，DRL 取得了非常成功的结果，因此，本章将重点关注 DRL。

6.1.2　成功案例

在过去几年，RL 已经成功地用于处理各种任务，特别是在游戏和机器人方面。在学习具体算法之前，让我们先了解 RL 的一些成功案例：

- **AlphaGo Zero**。由谷歌 DeepMind 团队开发的 AlphaGo Zero 无需任何知识就能掌握围棋游戏的玩法，并且是从一无所知开始。AlphaGo Zero 用一个神经网络同时近似走一步棋的概率和值。该神经网络将原始的棋盘表示作为输入。它使用由神经网络引导的蒙特卡罗树搜索来选择如何走一步棋。强化学习算法在训练循环内包含前瞻搜索。它使用一个 40 层的残差卷积神经网络训练了 40 天，在整个训练过程中，它玩了大约 2900 万场比赛（一个非常大的数字）。神经网络使用 TensorFlow 在谷歌云上进行优化，使用了 64 个 GPU worker 和 19 个 CPU 参数服务器。网址 https://www.nature.com/articles/nature24270 上有相关论文。
- **AI 控制的滑翔机**。微软开发了一种控制器系统，可以运行在多种不同的自动驾驶硬件平台上，如 Pixhawk 和树莓派 3。通过自动寻找和捕捉自然产生的热量，它可以在不使用电动机的情况下保持滑翔机飞翔。该控制器可帮助滑翔机自行运行，它可以在没有电动机或人的帮助下检测并使用热量来运行。微软将其实现为部分可观测的 MDP，使用贝叶斯强化学习和蒙特卡罗树搜索来寻找最佳动作。整个系统被划分为不同层次的规划者——基于经验做出决策的高级规划者和使用贝叶斯强化学习来实时检测和锁定热量的低级规划者。微软发布的相关新闻（https://news.microsoft.com/features/science-mimics-naturemicrosoft-researchers-test-ai-controlled-soaring-machine/）中有关于滑翔机的介绍。

- **运动行为**。在论文 Emergence of Locomotion Behaviours in Rich Environments（https://arxiv.org/pdf/1707.02286.pdf）中，DeepMind 的研究人员为智能体提供了丰富多样的环境。这些环境在不同的难度下对智能体提出了一系列挑战，而且这些难度以升序方式提供，这使得智能体能够学习复杂的运动技能而不用对其进行任何回报建模。

6.2 仿真环境

由于 RL 涉及反复试错，因此首先在仿真环境中训练 RL 智能体是有意义的。虽然存在大量可用于创建这一环境的应用程序，但受欢迎的有以下这些：

- **OpenAI gym**。它包含一系列可以用来训练 RL 智能体的环境。在本章中，我们将使用 OpenAI gym 接口。
- **Unity ML- 智能体 SDK**。它允许开发人员将使用 Unity 编辑器创建的游戏和仿真转换为可通过简单易用的 Python API 使用 DRL、进化策略或其他机器学习方法训练智能体的环境。它与 TensorFlow 配合使用，可以为二维 / 三维和 VR/AR 游戏训练智能体。你可以在网址 https://github.com/Unity-Technologies/ml-agents 上了解更多相关信息。
- **Gazebo**。在 Gazebo 中，可以使用基于物理的仿真来构建三维世界。Gazebo 与**机器人操作系统**（Robot Operating System，ROS）、OpenAI gym 接口一起构成 gym-gazebo，可用于训练 RL 智能体。要了解更多相关信息，请参阅网址 http://erlerobotics.com/whitepaper/robot_gym.pdf 上的白皮书。
- **Blender 学习环境**。它是 Blender 游戏引擎的 Python 接口，也能够在 OpenAI gym 上使用。它有基础 Blender，这是一款集成游戏引擎的免费三维建模软件，提供一套易于使用、功能强大的工具来创建游戏。它为 Blender 游戏引擎提供了一个接口，游戏本身就是在 Blender 中设计的。我们可以用它创建自定义虚拟环境，以针对特定问题训练 RL 智能体（https://github.com/LouisFoucard/gym-blender）。

6.2.1 OpenAI gym

OpenAI gym 是一个开源工具包，用于开发和比较 RL 算法。它包含多种仿真环境，可用于训练智能体和开发新的 RL 算法。开始工作之前，需要先安装 gym。对于 Python 3.5 以上版本，可以使用 pip 安装 gym：

```
pip install gym
```

OpenAI gym 支持从简单的基于文本的到三维的各种环境。其最新版本支持的环境可按如下方式分组：

- **算法**。它包含涉及执行添加等计算的环境。虽然可以轻松地在计算机上执行计算，但是这些问题作为 RL 问题的有趣之处在于，智能体仅仅通过示例来学习这些任务。
- **Atari**。这个环境提供各种经典的 Atari/ 街机游戏。
- **二维箱子**（Box2D）。它包含二维机器人任务，如赛车智能体或双足机器人步行。
- **经典控制**。这包含经典的控制理论问题，例如平衡推车杆。
- **MuJoCo**。这是专有的环境（提供一个月的免费试用期）。它支持各种机器人仿真任务。该环境中包括物理引擎，因此，它被用于训练机器人。
- **机器人**。这个环境也使用了 MuJoCo 的物理引擎。它仿真了抓取和影手机器人的基于目标的任务。
- **玩具文本**。这是一个简单的基于文本的环境，非常适合初学者使用。

要获得这些组中的完整环境列表，可以访问：https://gym.openai.com/envs/#atari。OpenAI 接口最优秀的一面是，可以使用相同的最小接口访问所有的环境。要获取安装的 gym 中的所有可用环境列表，可使用以下代码：

```
from gym import envs
print(envs.registry.all())
```

这将提供所有已安装环境的列表及环境 ID（一个字符串）。你也可以在 gym 注册表中添加自己的环境，如以下代码所示。要创建环境，可使用 make 命令，并将环境名称作为字符串传递。例如，要使用 Pong 环境创建游戏，那么所需要的字符串将是 Pong-v0。make 命令用于创建环境，reset 命令用于激活环境。reset 命令还返回环境的初始状态，状态被表示为数组。

```
import gym
env = gym.make('Pong-v0')
obs = env.reset()
env.render()
```

Pong-v0 的状态空间由 $210 \times 160 \times 3$ 的数组给出，实际上代表了 Pong 游戏的原始像素值。另一方面，如果创建 Go9 × 9-v0 环境，则状态由 $3 \times 9 \times 9$ 数组定义。我们可以使用 render 命令可视化环境。下图显示了初始状态下 Pong-v0 和 Go9 × 9-v0 的渲染环境。

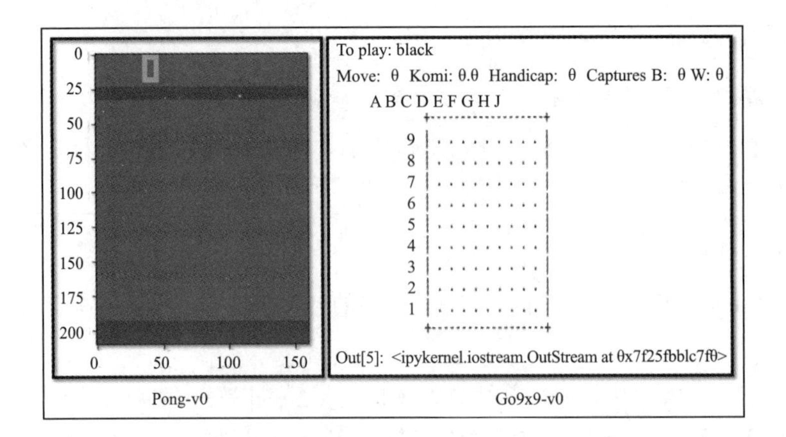

TIP 渲染命令 render 会弹出一个窗口。如果要以内联方式显示环境，则可以使用 Matplotlib 内联并将 render 命令更改为 plt.imshow(env.render(mode='rgb_array'))。这将在 Jupyter Notebook 中显示内联环境。

环境包含 action_space 变量，该变量确定环境中可能的动作。我们可以使用 sample() 函数选择一个随机动作。选定的动作可以调用 step 函数影响环境。step 函数对环境执行选定的动作，它返回更改后的状态、回报、通知游戏是否结束的布尔值，以及关于环境的一些信息，这些信息可用于调试，但在使用 RL 智能体时不会使用。下面的代码显示了一个 Pong 游戏智能体的随机移动，我们将每个时间步的状态存储在一个数组 frames 中，以便以后可以看到游戏的动作过程：

```
frames = [] # array to store state space at each step
for _ in range(300):
    frames.append(env.render(mode='rgb_array'))
    obs,reward,done, _ = env.render(env.action_space.sample())
    if done:
        break
```

借助 Matplotlib 和 IPython 中的动画功能，这些 frames 可以在 Jupyter Notebook 中显示为连续播放的 GIF 图像：

```
import matplotlib.animation as animation
from JSAnimation.Ipython_display import display_animation
from IPython.display import display

patch = plt.imshow(frames[0])
plt.axis('off')

def animate(i)
    patch.set_data(frames[i])

anim = animation.FuncAnimation(plt.gcf(), animate, \
        frames=len(frames), interval=100)

display(display_animation(anim, default_mode='loop')
```

通常，为了训练智能体，需要经历非常多的步骤，所以在每一步存储状态空间是不可行的。对此，可以选择在前一算法中每隔 500(或任何其他数字) 步做一次存储，或者使用 OpenAI gym 包装器将游戏保存为视频。为此，首先需要导入包装器，然后创建环境，最后使用监视器（Monitor）。默认情况下，它会存储 1、8、27、64 等视频，然后存储每个第 1000 集（完全立方数的剧集编号），默认情况下，每次训练都保存在一个文件夹中。 执行此操作的代码如下：

```
import gym
from gym import wrappers
env = gym.make('Pong-v0')
env = wrappers.Monitor(env, '/save-mov', force=True)
# Follow it with the code above where env is rendered and agent
# selects a random action
```

如果要在下一次训练中使用相同的文件夹，可以在 Monitor 方法调用中选择 force=True 选项。最后，应该使用 close 函数关闭环境：

```
env.close()
```

上面的代码可以在本书 GitHub 库的第 6 章文件夹内的 OpenAI_practice.ipynb 文件中找到。

6.3　Q-学习

1989 年，Watkins 在他的博士论文“ Learning from delayed rewards”中引入了 Q-学习的概念。Q-学习的目标是学习最优的动作选择策略。给定一个特定的状态 s，并选择特定的动作 a，Q-学习尝试学习状态 s 的值。在最简单的版本中，Q-学习可以用查找表实现。我们在环境中为每一个状态（行）和动作（列）维护一个值表。Q-学习算法试图学习价值，即在给定状态下采取特定动作的益处。

首先将 Q-表中的所有条目初始化为 0，这确保了所有状态均匀分布（因此机会均等）的值。之后，观察采取特定行动获得的回报，并根据回报更新 Q-表。借助**贝尔曼方程**（Bellman Equation）动态地执行 Q 值的更新，如下所示：

$$Q(s_t,a_t)=(1-\alpha)Q(s_t,a_t)+\alpha(r_t+\gamma\max_a Q(s_{t+1},a_t))$$

这里，α 是学习率。下图展示了基本的 Q- 学习算法。

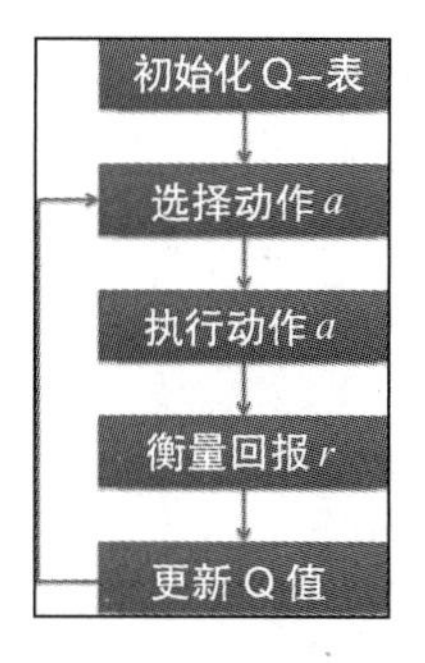

如果你有兴趣，可以在网址 http://www.cs.rhul.ac.uk/~chrisw/new_thesis.pdf 上阅读 Watkins240 页的博士论文。

在学习结束时，我们将拥有一个良好的 Q-表，并得到最优策略。这里的一个重要问题是：如何在第二步选择动作？有两种选择。第一种，随机选择动作。这允许智能体以相同的概率探索所有可能的动作，但同时也忽略已经学到的信息。第二种，选择值最大的动作。最初，所有动作都具有相同的 Q 值，但是，当智能体学习时，某些动作将获得高 Q 值而其他动作将获得低 Q 值。在这种情况下，智能体正在利用它已经学到的知识。那么探索和利用，哪个更好？这被称为**探索 – 利用权衡**。解决这个问题的一种自然方式是，依靠智能体学到的东西，但有时候只是探索。这可以通过使用 **ϵ - 贪婪算法**实现，基本思想是，智能体以概率 ϵ 随机选择动作，并以概率 $(1-\epsilon)$ 利用在先前剧集中学到的信息。该算法在大多数时间选择最佳选项（贪婪）$(1-\epsilon)$，但有时 (ϵ) 进行随机选择。现在让我们尝试在一个简单的问题中实践我们学到的东西。

6.3.1 用 Q– 表解决出租车落客问题

简单的 Q- 学习算法涉及维护大小为 $m\times n$ 的表，其中 m 是状态总数，n 是可能的动作总数。因此，我们从玩具文本组中选择一个问题，因为它们的状态空间和动作空间很小。为了便于说明，这里选择 Taxi-v2 环境。我们的智能体的目标是，在一个地方选择乘客并在另一个地方放下乘客。智能体成功落客会获得 +20 分，并且每超一步都会损失 1 分，非法接送会被罚 10 分。状态空间的墙壁由 | 表示，四个地点标记分别为 R、G、Y 和 B。出租车以方框显示：上客和落客地点可以是这四个地点标记中的任何一个。上客点为 R，落客点为 G。Taxi-v2 环境具有大小为 500 的状态空间和大小为 6 的动作空间，这使得 Q- 表具有 $500\times 6 = 3000$ 个条目。

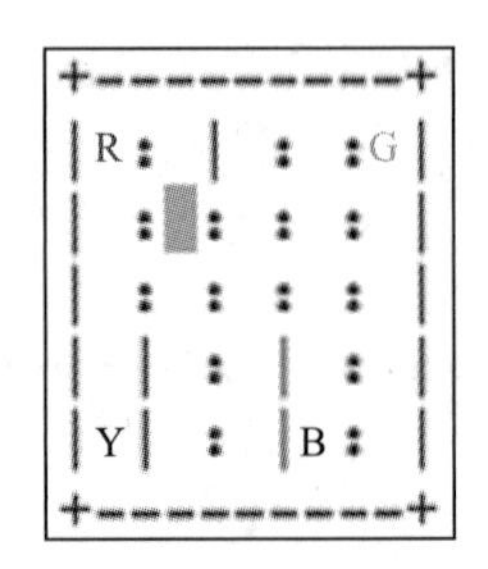

在出租车落客环境中，出租车用方框表示。地点标记 R 是上客位置，G 是落客位置。

（1）首先导入必要的模块并创建环境。在这里，因为只需要制作一个查找表，所以就没有必要使用 TensorFlow 了。如前所述，Taxi-v2 环境有 500 种可能的状态和 6 种可能的动作：

```
import gym
import numpy as np
env = gym.make('Taxi-v2')
obs = env.reset()
env.render()
```

（2）全用零初始化大小为（500×6）[⊖]的 Q- 表，并定义超参数：折扣因子 γ 和学习率 α。我们还设置了最大剧集的值（一集是指从重置到完成 done=True 的一个完整的运行）以及智能体将在一个剧集中学习的最大步数：

```
m = env.observation_space.n # size of the state space
n = env.action_space.n # size of action space
print("The Q-table will have {} rows and {} columns, resulting in \
     total {} entries".format(m,n,m*n))

# Intialize the Q-table and hyperparameters
Q = np.zeros([m,n])
gamma = 0.97
max_episode = 1000
max_steps = 100
alpha = 0.7
epsilon = 0.3
```

（3）现在，对于每一集，选择具有最高值的动作，执行该动作，并使用贝尔曼方程根据获得的回报和未来状态更新 Q- 表：

```
for i in range(max_episode):
    # Start with new environment
    s = env.reset()
    done = False
    for _ in range(max_steps):
        # Choose an action based on epsilon greedy algorithm
        p = np.random.rand()
        if p > epsilon or (not np.any(Q[s,:])):
            a = env.action_space.sample() #explore
        else:
            a = np.argmax(Q[s,:]) # exploit
        s_new, r, done, _ = env.step(a)
        # Update Q-table
        Q[s,a] = (1-alpha)*Q[s,a] + alpha*(r +
gamma*np.max(Q[s_new,:]))
        #print(Q[s,a],r)
        s = s_new
        if done:
            break
```

（4）现在让我们看看学习过的智能体如何工作：

```
s = env.reset()
done = False
env.render()
# Test the learned Agent
for i in range(max_steps):
 a = np.argmax(Q[s,:])
 s, _, done, _ = env.step(a)
 env.render()
 if done:
 break
```

⊖ 原文中的 300×6 应为笔误。——译者注下图显示了特定示例中的智能体行为。空车显示为灰色方框，载有乘客的车显示为黑色方框。可以看到，在给定情况下，智能体在 11 步内完成上客和落客，有上客需求的地点标记为（B），目的地标记为（R）。

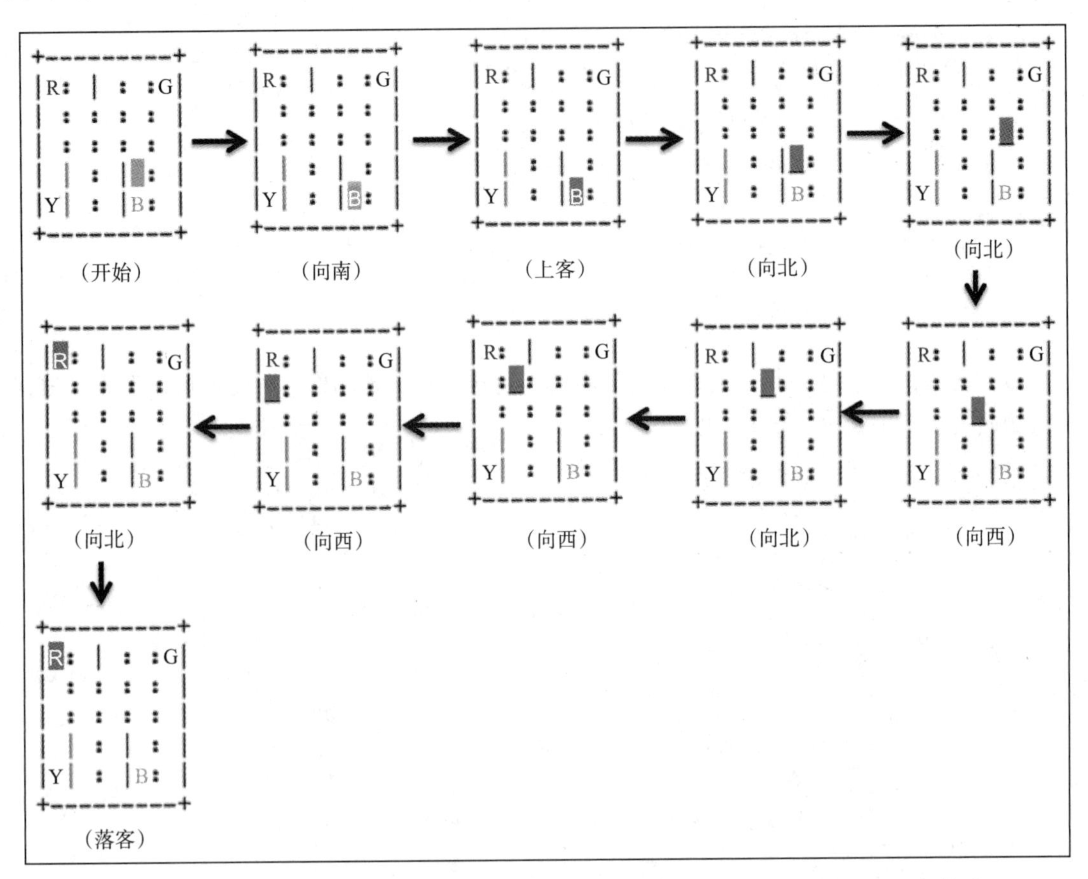

是不是很酷？该程序的完整代码位于本书 Github 上的 Taxi_drop-off.ipynb 文件中。

6.4 Q- 网络

简单的 Q- 学习算法涉及维护大小为 $m \times n$ 的表，其中 m 是状态总数，n 是可能的动作总数。这意味着我们不能将它用于大的状态空间和动作空间。一种替代方法是，用充当函数逼近器的神经网络替换表格，以近似每个可能动作的 Q- 函数。在这种情况下，神经网络的权重存储 Q- 表信息（它们与具有相应的动作及其 Q 值的给定状态匹配）。当用来近似 Q- 函数的神经网络是深度神经网络时，我们将其称为**深度 Q- 网络**（Deep Q-Network，DQN）。

神经网络将状态作为输入并计算所有可能动作的 Q 值。

6.4.1　用 Q- 网络解决出租车落客问题

如果考虑前面出租车落客的例子，那么选用的神经网络将由 500 个输入神经元（由 1×500 独热向量表示的状态）和 6 个输出神经元组成，每个（输出）神经元代表给定状态下特定动作的 Q 值。这里，神经网络将近似每个动作的 Q 值。因此，应该训练网络使其近似的 Q 值和目标 Q 值相同。从贝尔曼方程获得的目标 Q 值如下：

$$Q_{\text{target}} = r + \gamma \max_{a} Q(s_{t+1}, a_t)$$

训练神经网络，使目标 Q 值和预测 Q 值之间的平方误差最小化。也就是说，神经网络最小化以下损失函数：

$$\text{损失} = E_{\pi}[Q_{\text{target}}(s,a) - Q_{\text{pred}}(s,a)]$$

目的是学习未知的函数 Q_{target}。使用反向传播更新 QNetwork 的权重，使得损失最小化。我们构造神经网络 QNetwork 来逼近 Q 值，它是一个非常简单的单层神经网络，具有提供动作及其 Q 值（get_action）、训练网络（learnQ）以及预测 Q 值（Qnew）等方法：

```
class QNetwork:
    def __init__(self,m,n,alpha):
        self.s = tf.placeholder(shape=[1,m], dtype=tf.float32)
        W = tf.Variable(tf.random_normal([m,n], stddev=2))
        bias = tf.Variable(tf.random_normal([1, n]))
        self.Q = tf.matmul(self.s,W) + bias
        self.a = tf.argmax(self.Q,1)

        self.Q_hat = tf.placeholder(shape=[1,n],dtype=tf.float32)
        loss = tf.reduce_sum(tf.square(self.Q_hat-self.Q))
        optimizer = tf.train.GradientDescentOptimizer(learning_rate=alpha)
        self.train = optimizer.minimize(loss)
        init = tf.global_variables_initializer()

        self.sess = tf.Session()
        self.sess.run(init)

    def get_action(self,s):
        return self.sess.run([self.a,self.Q], feed_dict={self.s:s})

    def learnQ(self,s,Q_hat):
        self.sess.run(self.train, feed_dict= {self.s:s, self.Q_hat:Q_hat})

    def Qnew(self,s):
        return self.sess.run(self.Q, feed_dict={self.s:s})
```

现在将这个神经网络组合进早期的代码中，在那里，我们训练一个 RL 智能体来解决出租车落客问题。我们需要做一些改变。首先，OpenAI 步骤返回的状态和复位函数在这种情况下只是状态的数字标识，所以需要将其转换为独热向量。此外，现在从 QNetwork 获得新的预测 Q 值，找到目标 Q 值，并训练网络以最小化损失，而不是 Q- 表更新。代码如下：

```
QNN = QNetwork(m,n, alpha)
rewards = []
for i in range(max_episode):
 # Start with new environment
 s = env.reset()
 S = np.identity(m)[s:s+1]
 done = False
 counter = 0
 rtot = 0
 for _ in range(max_steps):
 # Choose an action using epsilon greedy policy
 a, Q_hat = QNN.get_action(S)
 p = np.random.rand()
 if p > epsilon:
 a[0] = env.action_space.sample() #explore

 s_new, r, done, _ = env.step(a[0])
 rtot += r
 # Update Q-table
 S_new = np.identity(m)[s_new:s_new+1]
 Q_new = QNN.Qnew(S_new)
 maxQ = np.max(Q_new)
 Q_hat[0,a[0]] = r + gamma*maxQ
 QNN.learnQ(S,Q_hat)
 S = S_new
 #print(Q_hat[0,a[0]],r)
 if done:
 break
 rewards.append(rtot)
print ("Total reward per episode is: " + str(sum(rewards)/max_episode))
```

上述代码应该给出一个很好的结果，但是正如你所看到的，即使经过 1000 集的训练，网络也有很高的负面回报，如果检查网络的性能，它看起来只是采取随机步骤。是的，我们的网络没有学到任何东西，性能比 Q-表差。这也可以在训练时的回报曲线中得到验证——理想情况下，回报应该随着智能体的学习而增加，但这里没有任何类似的事情发生，回报增加和减少就像在平均值附近随机游走一样（完整代码位于本书 GitHub 上的 Taxi_drop-off_NN.ipynb 文件中）。下图展示了在学习过程中每集智能体获得的总回报。

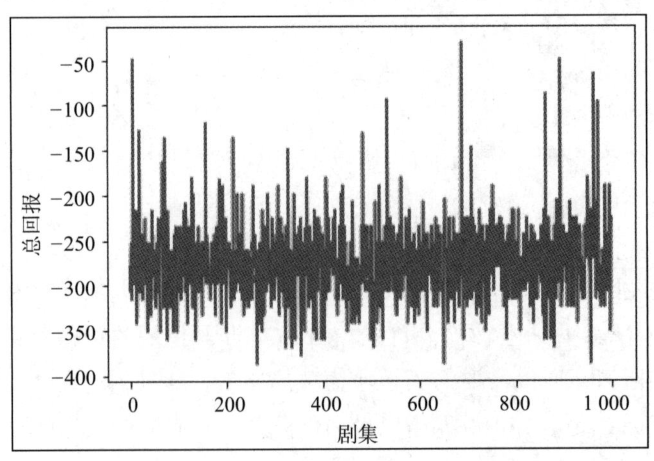

发生了什么？为什么神经网络无法学习，我们能否做得更好？

考虑一下出租车应当向西揽客的情况，智能体随机地选择向西行驶，可获得回报，网络将学习到，在目前的状态（由一个独热向量表示）下，向西走是有利的。接下来，考虑另一个与此类似的状态（相关状态空间）：智能体再次向西行走，但这次获得负面回报，所以现在智能体将忘记之前学到的东西。因此，类似的状态 – 动作而不同的目标迷惑了学习过程。这被称为**灾难性的遗忘**（catastrophic forgetting）。这里出现了问题，因为连续状态是高度相关的，因此，如果智能体按顺序学习（就像在这里一样），这个极端相关的输入状态空间将不会让智能体学习。

我们能否打破呈现给网络的输入之间的相关性？是的，答案是可以。我们可以构建一个**回放缓冲区**（replay buffer），首先在其中存储每个状态、相应的动作以及连续的回报与结果状态（状态、动作、回报、新状态）。在这种情况下，动作是完全随机选择的，从而能确保广泛的动作和结果状态。回放缓冲区最终将构成这些元组 (S,A,R,S') 的大型列表。接下来，我们随机（而不是顺序）地将这些元组呈现给网络，这种随机性将打破连续输入状态之间的相关性。这称为**经验回放**（experience replay）。它不仅解决了输入状态空间中的相关性问题，而且还允许我们不止一次地从相同的元组中学习，回顾罕见的事件，并且通常能更好地利用经验。在某种程度上，你可以说，通过使用回放缓冲区，我们减少了监督学习方面的问题（将回放缓冲区作为输入 – 输出数据集），其中输入的随机采样确保了网络能够泛化。

我们的方法的另一个问题是立即更新目标 Q 值。这可能导致有害的相关性。请记住，在 Q- 学习中，我们试图最小化 Q_{target} 与当前预测 Q 值之间的差异。这种差异称为**时域差分**（Temporal Difference，TD）误差（因此 Q- 学习是一种 **TD 学习**）。目前，我们立即更新目标 Q 值，因此目标与正在改变的参数之间存在相关性（由 Q_{pred} 加权）。这几乎就像追逐一个移动的目标，所以不会得到一个可泛化的方向。对此，可以使用**固定的目标 Q 值**来解决这个问题，也就是说，使用两个网络，一个用于更新预测 Q 值而另一个用于更新目标 Q 值。这两个网络的架构完全相同，预测 Q- 网络在每一步都改变权重，但是目标 Q- 网络会在经过一些固定的学习步之后更新权重。这提供了更稳定的学习环境。

最后，我们再做一个小改动：现在，ϵ 在整个学习过程中都有固定的值，但是，在现实生活中，情况并非如此。最初，当我们什么都不知道的时候，会经常探索，但是，随着对情况熟悉起来，我们倾向于采用学到的方法。ϵ - 贪婪算法也可以这样做，通过改变每个剧集中网络学习的 ϵ 的值，使 ϵ 随着时间的推移而减少。

掌握了这些技巧后，让我们开始建立一个 DQN 来玩 Atari 游戏。

6.4.2　用 DQN 玩 Atari 游戏

这里用到的 DQN 是以一篇 DeepMind 论文（见 https://web.stanford.edu/class/psych209/

Readings/MnihEtAlHassibis15NatureControlDeepRL.pdf）为基础的。DQN 的核心是一个深度卷积神经网络，它将游戏环境的原始像素作为输入（就像任何人类玩家所见），一次捕获一个屏幕图，并返回每个可能动作的值作为输出。具有最大值的动作是所选动作。

（1）导入所需的所有模块：

```
import gym
import sys
import random
import numpy as np
import tensorflow as tf
import matplotlib.pyplot as plt
from datetime import datetime
from scipy.misc import imresize
```

（2）从 OpenAI Atari 游戏列表中选择打砖块（Breakout）游戏——你可以尝试将下面的代码用于其他 Atari 游戏，对此，可能需要做的唯一更改是改变预处理步骤。打砖块游戏的输入空间——我们的输入空间——由 210 × 160 像素组成，每个像素有 128 种可能的颜色。这是一个非常大的输入空间。为了降低复杂度，我们将选择图像中的一个感兴趣的区域，将其转换为灰度图像，并将大小调整为 80 × 80 像素。使用 preprocess 函数执行此操作：

```
def preprocess(img):
    img_temp = img[31:195] # Choose the important area of the image
    img_temp = img_temp.mean(axis=2) # Convert to Grayscale#
    # Downsample image using nearest neighbour interpolation
    img_temp = imresize(img_temp, size=(IM_SIZE, IM_SIZE),
interp='nearest')
    return img_temp
```

下面的屏幕截图展示了预处理前后的环境——原始环境（大小为 210×160 像素，彩色图像）和处理后的环境（大小为 80×80 像素，灰度图像）。

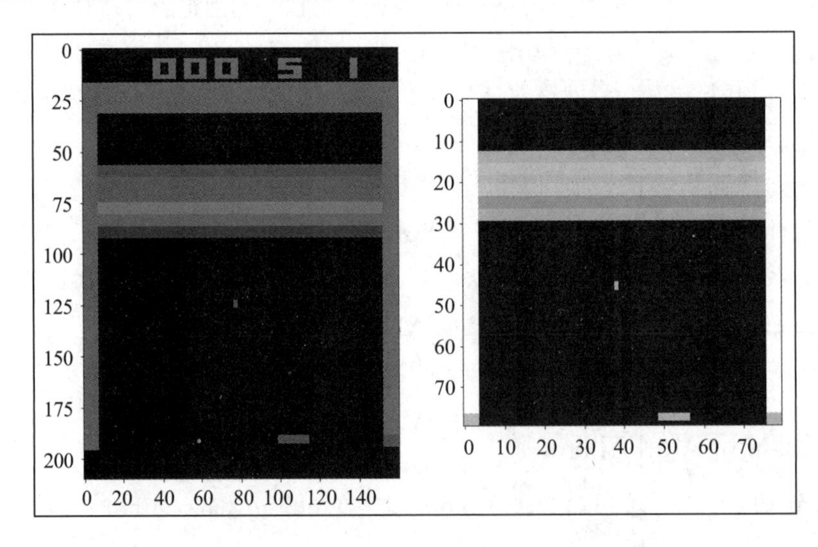

（3）从上图可以看出，无法确定球是正在下降还是上升。为了解决这个问题，我们将四个连续状态（由四个单独的动作产生）组合为一个输入。我们还定义了函数 update_state，它将对当前环境的观察结果附加给前一个状态数组：

```
def update_state(state, obs):
    obs_small = preprocess(obs)
    return np.append(state[1:], np.expand_dims(obs_small, 0),
axis=0)
```

该函数将处理后的新状态附加给切片状态，确保网络的最终输入包含四帧。在以下屏幕截图中，你可以看到这连续的四帧，它们是 DQN 的输入。

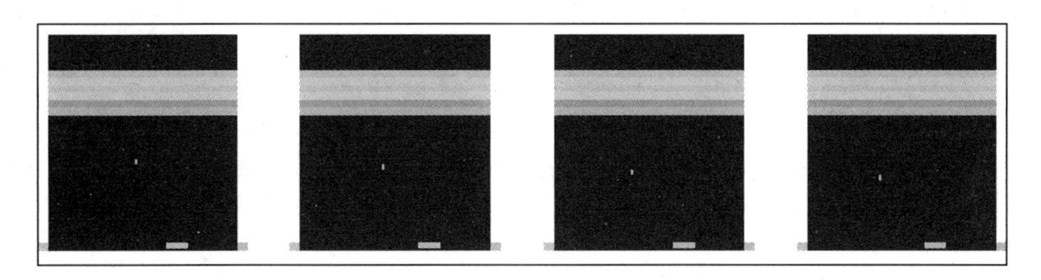

（4）在类 DQN 中创建了上面定义的 DQN，它包括三个卷积层，最后一个卷积层的输出被平坦化，然后是两个全连接层。与前面的示例一样，网络试图最小化 Q_{target} 和 $Q_{predicted}$ 之间的差异。在下面的代码中，我们使用了 RMSProp 优化器，你也可以使用其他的优化器：

```
def __init__(self, K, scope, save_path= 'models/atari.ckpt'):
    self.K = K
    self.scope = scope
    self.save_path = save_path
    with tf.variable_scope(scope):
        # inputs and targets
        self.X = tf.placeholder(tf.float32, shape=(None, 4,
IM_SIZE, IM_SIZE), name='X')
        # tensorflow convolution needs the order to be:
        # (num_samples, height, width, "color")
        # so we need to tranpose later
        self.Q_target = tf.placeholder(tf.float32, shape=(None,),
name='G')
        self.actions = tf.placeholder(tf.int32, shape=(None,),
name='actions')
        # calculate output and cost
        # convolutional layers
        Z = self.X / 255.0
        Z = tf.transpose(Z, [0, 2, 3, 1])
        cnn1 = tf.contrib.layers.conv2d(Z, 32, 8, 4,
activation_fn=tf.nn.relu)
        cnn2 = tf.contrib.layers.conv2d(cnn1, 64, 4, 2,
activation_fn=tf.nn.relu)
        cnn3 = tf.contrib.layers.conv2d(cnn2, 64, 3, 1,
activation_fn=tf.nn.relu)
        # fully connected layers
```

```
        fc0 = tf.contrib.layers.flatten(cnn3)
        fc1 = tf.contrib.layers.fully_connected(fc0, 512)
        # final output layer
        self.predict_op = tf.contrib.layers.fully_connected(fc1, K)
        Qpredicted = tf.reduce_sum(self.predict_op *
tf.one_hot(self.actions, K),
     reduction_indices=[1])
        self.cost = tf.reduce_mean(tf.square(self.Q_target -
Qpredicted))
        self.train_op = tf.train.RMSPropOptimizer(0.00025, 0.99,
0.0, 1e-6).minimize(self.cost)
```

该类需要的必要方法我们在下面的步骤中讨论。

（5）下面增加一个方法来返回预测的 Q 值：

```
def predict(self, states):
    return self.session.run(self.predict_op, feed_dict={self.X:
states})
```

（6）我们需要用一个方法来确定具有最大值的动作。在该方法中，我们也实现了 ϵ - 贪婪策略，同时在主代码中改变 ϵ 的值：

```
def sample_action(self, x, eps):
    """Implements epsilon greedy algorithm"""
    if np.random.random() < eps:
        return np.random.choice(self.K)
    else:
        return np.argmax(self.predict([x])[0])
```

（7）更新网络的权重以便最小化损失的函数定义如下：

```
def update(self, states, actions, targets):
    c, _ = self.session.run(
        [self.cost, self.train_op],
        feed_dict={
        self.X: states,
        self.Q_target: targets,
        self.actions: actions
        })
    return c
```

（8）将模型的权重复制到固定 Q 网络：

```
def copy_from(self, other):
    mine = [t for t in tf.trainable_variables() if
t.name.startswith(self.scope)]
    mine = sorted(mine, key=lambda v: v.name)
    theirs = [t for t in tf.trainable_variables() if
t.name.startswith(other.scope)]
    theirs = sorted(theirs, key=lambda v: v.name)
    ops = []
    for p, q in zip(mine, theirs):
        actual = self.session.run(q)
        op = p.assign(actual)
        ops.append(op)
    self.session.run(ops)
```

（9）除这些方法之外，还需要用一些辅助函数来保存学到的网络、加载保存的网络并设置 TensorFlow 会话：

```
def load(self):
    self.saver = tf.train.Saver(tf.global_variables())
    load_was_success = True
    try:
        save_dir = '/'.join(self.save_path.split('/')[:-1])
        ckpt = tf.train.get_checkpoint_state(save_dir)
        load_path = ckpt.model_checkpoint_path
        self.saver.restore(self.session, load_path)
    except:
        print("no saved model to load. starting new session")
        load_was_success = False
    else:
        print("loaded model: {}".format(load_path))
        saver = tf.train.Saver(tf.global_variables())
        episode_number = int(load_path.split('-')[-1])

def save(self, n):
    self.saver.save(self.session, self.save_path, global_step=n)
    print("SAVED MODEL #{}".format(n))

def set_session(self, session):
    self.session = session
    self.session.run(tf.global_variables_initializer())
    self.saver = tf.train.Saver()
```

（10）为了实现 DQN 算法，可使用 learn 函数，它从经验回放缓冲区中选择一个随机样本并使用 Q- 网络中的目标 Q 值更新 Q- 网络：

```
def learn(model, target_model, experience_replay_buffer, gamma,
batch_size):
    # Sample experiences
    samples = random.sample(experience_replay_buffer, batch_size)
    states, actions, rewards, next_states, dones = map(np.array,
zip(*samples))
    # Calculate targets
     next_Qs = target_model.predict(next_states)
     next_Q = np.amax(next_Qs, axis=1)
     targets = rewards +     np.invert(dones).astype(np.float32) *
gamma * next_Q
    # Update model
     loss = model.update(states, actions, targets)
     return loss
```

（11）好了，万事俱备，那么下面开始为 DQN 确定超参数并创建环境：

```
# Some Global parameters
MAX_EXPERIENCES = 500000
MIN_EXPERIENCES = 50000
TARGET_UPDATE_PERIOD = 10000
IM_SIZE = 80
K = 4 # env.action_space.n
```

```
# hyperparameters etc
gamma = 0.97
batch_sz = 64
num_episodes = 2700
total_t = 0
experience_replay_buffer = []
episode_rewards = np.zeros(num_episodes)
last_100_avgs = []
# epsilon for Epsilon Greedy Algorithm
epsilon = 1.0
epsilon_min = 0.1
epsilon_change = (epsilon - epsilon_min) / 700000

# Create Atari Environment
env = gym.envs.make("Breakout-v0")

# Create original and target Networks
model = DQN(K=K, scope="model")
target_model = DQN(K=K, scope="target_model")
```

（12）最后，下面的代码用于调用然后填充经验回放缓冲区、一步一步玩游戏、在每一步训练网络模型以及每四步后训练 target_model：

```
with tf.Session() as sess:
    model.set_session(sess)
    target_model.set_session(sess)
    sess.run(tf.global_variables_initializer())
    model.load()
    print("Filling experience replay buffer...")
    obs = env.reset()
    obs_small = preprocess(obs)
    state = np.stack([obs_small] * 4, axis=0)
    # Fill experience replay buffer
    for i in range(MIN_EXPERIENCES):
        action = np.random.randint(0,K)
        obs, reward, done, _ = env.step(action)
        next_state = update_state(state, obs)
        experience_replay_buffer.append((state, action, reward,
next_state, done))
        if done:
            obs = env.reset()
            obs_small = preprocess(obs)
            state = np.stack([obs_small] * 4, axis=0)
        else:
            state = next_state
        # Play a number of episodes and learn
        for i in range(num_episodes):
            t0 = datetime.now()
            # Reset the environment
            obs = env.reset()
            obs_small = preprocess(obs)
            state = np.stack([obs_small] * 4, axis=0)
            assert (state.shape == (4, 80, 80))
            loss = None
            total_time_training = 0
            num_steps_in_episode = 0
```

```
            episode_reward = 0
            done = False
            while not done:
                # Update target network
                if total_t % TARGET_UPDATE_PERIOD == 0:
                    target_model.copy_from(model)
                    print("Copied model parameters to target
network. total_t = %s, period = %s" % (total_t,
TARGET_UPDATE_PERIOD))
                # Take action
                action = model.sample_action(state, epsilon)
                obs, reward, done, _ = env.step(action)
                obs_small = preprocess(obs)
                next_state = np.append(state[1:],
np.expand_dims(obs_small, 0), axis=0)
                episode_reward += reward
                # Remove oldest experience if replay buffer is full
                if len(experience_replay_buffer) ==
MAX_EXPERIENCES:
                    experience_replay_buffer.pop(0)
                    # Save the recent experience
                    experience_replay_buffer.append((state, action,
reward, next_state, done))

                # Train the model and keep measure of time
                t0_2 = datetime.now()
                loss = learn(model, target_model,
experience_replay_buffer, gamma, batch_sz)
                dt = datetime.now() - t0_2
                total_time_training += dt.total_seconds()
                num_steps_in_episode += 1
                state = next_state
                total_t += 1
                epsilon = max(epsilon - epsilon_change,
epsilon_min)
                duration = datetime.now() - t0
                episode_rewards[i] = episode_reward
                time_per_step = total_time_training /
num_steps_in_episode
                last_100_avg = episode_rewards[max(0, i - 100):i +
1].mean()
                last_100_avgs.append(last_100_avg)
                print("Episode:", i,"Duration:", duration, "Num
steps:", num_steps_in_episode, "Reward:", episode_reward, "Training
time per step:", "%.3f" % time_per_step, "Avg Reward (Last 100):",
"%.3f" % last_100_avg,"Epsilon:", "%.3f" % epsilon)
                if i % 50 == 0:
                    model.save(i)
                sys.stdout.flush()

#Plots
plt.plot(last_100_avgs)
plt.xlabel('episodes')
plt.ylabel('Average Rewards')
plt.show()
env.close()
```

从下图可以看到，现在，回报随着剧集而增加，到最后，平均回报为 20，虽然它可以更高，并且网络只学习了几千集，回放缓冲区大小在 50 000 到 5 000 000 之间。

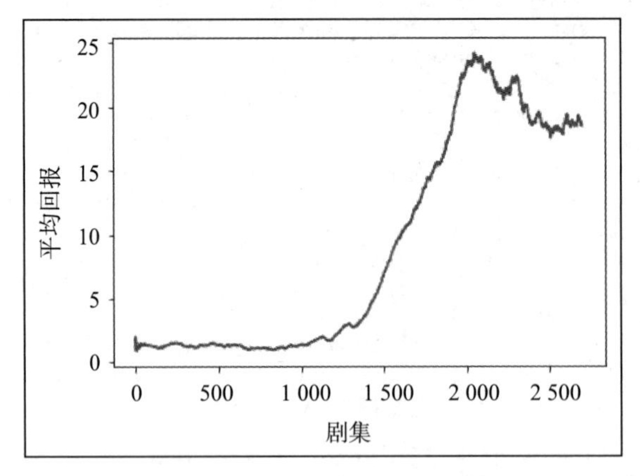

（13）在学习了大约 2700 集之后，让我们看看智能体是如何玩游戏的：

```
env = gym.envs.make("Breakout-v0")
frames = []
with tf.Session() as sess:
    model.set_session(sess)
    target_model.set_session(sess)
    sess.run(tf.global_variables_initializer())
    model.load()
    obs = env.reset()
    obs_small = preprocess(obs)
    state = np.stack([obs_small] * 4, axis=0)
    done = False
    while not done:
        action = model.sample_action(state, epsilon)
        obs, reward, done, _ = env.step(action)
        frames.append(env.render(mode='rgb_array'))
        next_state = update_state(state, obs)
        state = next_state
```

你可以在网址 https://www.youtube.com/watch?v=rPy-3NodgCE 上观看学到的智能体的视频。

很酷，对吧？不需要告诉它任何事情，它在仅仅 2700 集内就学会了玩儿现代的游戏。

有些事情可以帮助你更好地训练智能体：

- 由于训练需要花费大量时间，除非你拥有强大的计算资源，否则最好能保存模型并能重启它。
- 在代码中，我们使用了 Breakout-v0 和 OpenAI gym，在这种情况下，在环境中可对连续（随机选择 1、2、3 或 4）帧重复相同的步骤。你可以选择使用 BreakoutDeterministic-v4（DeepMind 团队使用过），它可对四个连续帧重复上述步骤。因此，智能体在每第四帧之后会找到并选择目标动作。

6.4.3　双 DQN

现在，回想一下，我们正在用最大算子来选择和评估动作，这可能导致过高估计一个并非最理想动作的值。这个问题可以通过解耦选择与评估来解决。使用双 DQN，我们有两个具有不同权重的 Q- 网络，两者都是通过随机经验学习的，但是一个使用 ϵ - 贪婪策略确定动作，另一个确定动作的值（即计算目标 Q 值）。

为了讲清楚，让我们首先解释一下 DQN 的数学原理。选择能最大化 Q 值的动作，令 W 成为 DQN 的权重，则

$$Q_{\text{target}} = r + \gamma \max_{a} Q^{W}(s_{t+1}, \arg\max_{a} Q^{W}(s_t))$$

上标 W 表示用于近似 Q 值的权重。在双 DQN 中，上式变为以下形式：

$$Q_{\text{target}} = r + \gamma \max_{a} Q^{W'}(s_{t+1}, \arg\max_{a} Q^{W}(s_t))$$

注意这一改变：现在使用具有权重 W 的 Q- 网络来选择动作，而使用具有权重 W' 的 Q- 网络来预测最大 Q 值。这降低了高估水平并能帮助我们快速且可靠地训练智能体。你可以在网址 https://www.aaai.org/ocs/index.php/AAAI/AAAI16/paper/download/12389/11847 上查阅论文“Deep Reinforcement Learning with Double Q-Learning”。

6.4.4　决斗 DQN

决斗 DQN 将 Q- 函数解耦为值函数和优势函数。值函数与前面讨论的相同，代表了独立于行动的状态值。另一方面，优势函数提供状态 s 中动作 a 的效用（优势 / 益处）的相对度量：

$$Q(s,a) = V^{\pi}(s) + A(s,a)$$

在决斗 DQN 中，相同的卷积层用于提取特征，但在后期阶段，它被分成两个独立的网络，一个提供值，另一个提供优势。之后，使用聚合层重新组合这两个阶段以估计 Q 值。这确保网络对值函数和优势函数产生单独的估计。这种值和优势解耦背后的直觉是，对于许多状态来说，没有必要估计每个动作选择的值。例如，在赛车中，如果前方没有车，则不需要有左转或右转动作，因此无须估计这些动作在给定状态下的值。这使得它可以了解哪些状态是有价值的，而无须确定每个状态的每个动作的影响。

在聚合层，值和优势被组合以便可以从给定的 Q 值唯一地恢复 V 和 A 。这是通过在所选动作上令优势函数估计器为零来实现的：

$$Q(s,a;\theta,\alpha,\beta) = V(s;\theta,\beta) + A(s,a;\theta,\alpha) - \max_{a' \in |A|} A(s,a';\theta,\alpha)$$

这里，θ是公共卷积特征提取器的参数，α和β是优势和值估计器网络的参数。决斗 DQN 也是由谷歌的 DeepMind 团队提出的。可以在网址 https://arxiv.org/abs/1511.06581 上阅读完整的论文。该论文的作者发现，使用平均值运算符更改前面的 max 运算符可以提高网络的稳定性。在这种情况下，优势的变化仅与平均值变化一样快。因此，在这篇论文中，使用由下式给出的聚合层：

$$Q(s,a;\theta,\alpha,\beta)=V(s;\theta,\beta)+A(s,a;\theta,\alpha)-\frac{1}{|A|}\sum_{a'}A(s,a';\theta,\alpha)$$

以下屏幕截图显示了决斗 DQN 的基本架构。

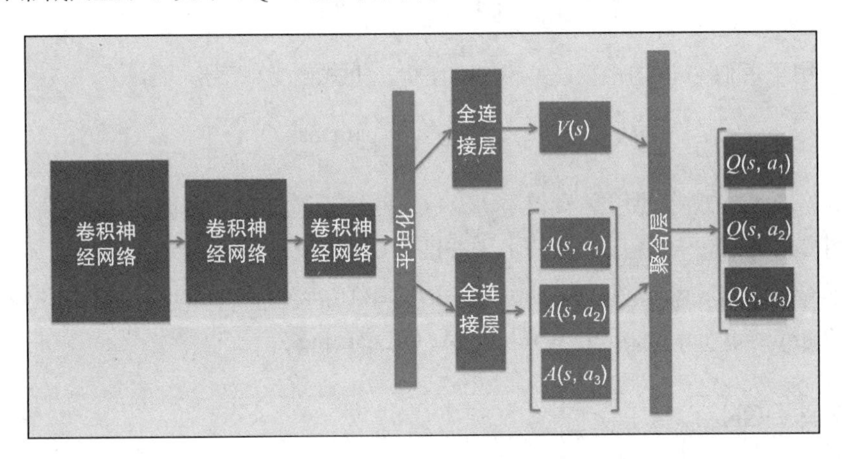

6.5　策略梯度

在基于 Q- 学习的方法中，我们在估计值或 Q- 函数后生成策略。在基于策略的方法中，如策略梯度，我们直接近似策略。

像前面一样，在这里，我们用神经网络来近似策略。在最简单的形式下，神经网络使用最速梯度上升调整权重来学习使回报最大化的动作选择策略，故得名策略梯度。

在策略梯度中，策略表示为神经网络，其输入为状态表示，输出为动作选择概率。网络的权重是我们需要学习的策略参数。一个问题就自然出现了：我们应当如何更新这个网络的权重？因为我们的目标是最大化回报，所以我们的网络尝试最大化每集的期望回报是有道理的：

$$J(\theta)=E[R\,|\,\pi(a\,|\,s,\theta)]$$

这里，我们采用了一个参数化的随机策略π，即，该策略确定在给定状态s下选择动作a的概率，神经网络的参数为θ，R表示一集中所有回报之和。网络参数随后使用梯度上升法更新：

$$\theta_{t+1}=\theta_t+\eta\nabla_\theta J_\theta\,|_{\theta=\theta_t}$$

这里，η是学习率。使用策略梯度定理，可得到下式：

$$\nabla_{\theta}J(\theta)\approx E\left[\sum_{t=0}^{T-1}r_t\sum_{t=0}^{T-1}\nabla_{\theta}\log\pi(a_t\mid s_t,\theta)\right]$$

因此，不是最大化期望返回值，我们使用损失函数作为对数损失（期望动作与预测动作分别作为标签和 logits）以及使用折扣回报作为权重来训练网络。为了获得更好的稳定性，人们发现增加基线有助于减小方差。基线的最常见形式是折扣回报之和，由它导出了下面的公式：

$$\nabla_{\theta}J(\theta)\approx E\left[\sum_{t=0}^{T-1}\nabla_{\theta}\log\pi(a_t\mid s_t,\theta)\left(\sum_{t'=t}^{T-1}\gamma^{t'-t}r^{t'}-b(s_t)\right)\right]$$

基线 $b(s_t)$ 如下：

$$b(s_t)\approx E\left[r_t+\gamma r_{t+1}+\gamma^2 r_{t+2}+\cdots+\gamma^{T-1-t}r_{T-1}\right]$$

这里，γ是折扣因子。

6.5.1　为何使用策略梯度

首先，与其他基于策略的方法一样，策略梯度直接估计最优策略，而无须存储额外数据（经验回放缓冲）。因此，它实现起来很简单。其次，我们可以训练它来学习真正的随机策略。最后，它非常适合连续动作空间。

6.5.2　使用策略梯度玩 Pong 游戏

让我们尝试用策略梯度来玩 Pong 游戏。Andrej Karpathy 的博客 http://karpathy.github.io/2016/05/31/rl/ 启发了这里的实现。回顾在打砖块游戏中，我们使用堆叠在一起的四个游戏帧作为输入使得智能体了解游戏的动态。这里，我们使用两个连续游戏帧的差异作为网络的输入。因此，我们的智能体有它的当前状态与前一状态的信息。

（1）导入必要的模块。这里导入 TensorFlow、NumPy、Matplotlib 和用于创建环境的 gym：

```
import numpy as np
import gym
import matplotlib.pyplot as plt
import tensorflow as tf
from gym import wrappers
%matplotlib inline
```

（2）构建神经网络 PolicyNetwork，它以游戏的状态作为输入，将动作选择概率作为输出。这里，我们建立一个简单的两层感知器，没有偏置项。weights 使用 Xavier 初始化方法被随机初始化。隐藏层使用 ReLU 激活函数，输出层使用 softmax 激活函数，基线使用后面定义的 tf_discount_rewards 方法来计算。最后，我们使用 TensorFlow 的 tf.losses.log_loss 计算的动作概率作为预测，把独热动作向量作为标签，并把由方差修正的折扣回报作为权重：

```
class PolicyNetwork(object):
    def __init__(self, N_SIZE, h=200, gamma=0.99, eta=1e-3,
decay=0.99, save_path = 'models1/pong.ckpt' ):
        self.gamma = gamma
        self.save_path = save_path
        # Placeholders for passing state....
        self.tf_x = tf.placeholder(dtype=tf.float32, shape=[None,
N_SIZE * N_SIZE], name="tf_x")
        self.tf_y = tf.placeholder(dtype=tf.float32, shape=[None,
n_actions], name="tf_y")
        self.tf_epr = tf.placeholder(dtype=tf.float32, shape=[None,
1], name="tf_epr")

        # Weights
        xavier_l1 = tf.truncated_normal_initializer(mean=0,
stddev=1. / N_SIZE, dtype=tf.float32)
        self.W1 = tf.get_variable("W1", [N_SIZE * N_SIZE, h],
initializer=xavier_l1)
        xavier_l2 = tf.truncated_normal_initializer(mean=0,
stddev=1. / np.sqrt(h), dtype=tf.float32)
        self.W2 = tf.get_variable("W2", [h, n_actions],
initializer=xavier_l2)

        #Build Computation
        # tf reward processing (need tf_discounted_epr for policy
gradient wizardry)
        tf_discounted_epr = self.tf_discount_rewards(self.tf_epr)
        tf_mean, tf_variance = tf.nn.moments(tf_discounted_epr,
[0], shift=None, name="reward_moments")
        tf_discounted_epr -= tf_mean
        tf_discounted_epr /= tf.sqrt(tf_variance + 1e-6)

        #Define Optimizer, compute and apply gradients
        self.tf_aprob = self.tf_policy_forward(self.tf_x)
        loss = tf.losses.log_loss(labels = self.tf_y,
        predictions = self.tf_aprob,
weights = tf_discounted_epr)
optimizer = tf.train.AdamOptimizer()
self.train_op = optimizer.minimize(loss)
```

（3）下面用 tf_policy_forward 与 predict_UP 方法来计算动作的概率，用 tf_discount_rewards 计算基线，用 update 更新网络的权重，用 set_session 设置会话，然后加载和保存模型：

```
def set_session(self, session):
    self.session = session
    self.session.run(tf.global_variables_initializer())
    self.saver = tf.train.Saver()

def tf_discount_rewards(self, tf_r): # tf_r ~ [game_steps,1]
    discount_f = lambda a, v: a * self.gamma + v;
    tf_r_reverse = tf.scan(discount_f, tf.reverse(tf_r, [0]))
```

```
        tf_discounted_r = tf.reverse(tf_r_reverse, [0])
        return tf_discounted_r


    def tf_policy_forward(self, x): #x ~ [1,D]
        h = tf.matmul(x, self.W1)
        h = tf.nn.relu(h)
        logp = tf.matmul(h, self.W2)
        p = tf.nn.softmax(logp)
        return p


    def update(self, feed):
        return self.session.run(self.train_op, feed)


    def load(self):
        self.saver = tf.train.Saver(tf.global_variables())
        load_was_success = True
        try:
            save_dir = '/'.join(self.save_path.split('/')[:-1])
            ckpt = tf.train.get_checkpoint_state(save_dir)
            load_path = ckpt.model_checkpoint_path
            print(load_path)
            self.saver.restore(self.session, load_path)
        except:
            print("no saved model to load. starting new session")
            load_was_success = False
        else:
            print("loaded model: {}".format(load_path))
            saver = tf.train.Saver(tf.global_variables())
            episode_number = int(load_path.split('-')[-1])


    def save(self):
        self.saver.save(self.session, self.save_path, global_step=n)
        print("SAVED MODEL #{}".format(n))

    def predict_UP(self,x):
        feed = {self.tf_x: np.reshape(x, (1, -1))}
        aprob = self.session.run(self.tf_aprob, feed);
        return aprob
```

（4）现在构建好了 PolicyNetwork，下面建立一个处理游戏状态的 preprocess 函数。我们不处理完整的 210×160 状态空间，而是将它缩小为二值的 80×80 的状态空间，最后平坦化它：

```
# downsampling
def preprocess(I):
    """
    prepro 210x160x3 uint8 frame into 6400 (80x80) 1D float vector
    """
    I = I[35:195] # crop
    I = I[::2,::2,0] # downsample by factor of 2
    I[I == 144] = 0 # erase background (background type 1)
    I[I == 109] = 0 # erase background (background type 2)
    I[I != 0] = 1 # everything else (paddles, ball) just set to 1
    return I.astype(np.float).ravel()
```

（5）下面定义一些需要用来保持状态、标签、回报和动作空间大小的变量，然后初始化游戏状态并创建策略网络：

```
# Create Game Environment
env_name = "Pong-v0"
env = gym.make(env_name)
env = wrappers.Monitor(env, '/tmp/pong', force=True)
n_actions = env.action_space.n # Number of possible actions
# Initializing Game and State(t-1), action, reward, state(t)
states, rewards, labels = [], [], []
obs = env.reset()
prev_state = None

running_reward = None
running_rewards = []
reward_sum = 0
n = 0
done = False
n_size = 80
num_episodes = 2500

#Create Agent
agent = PolicyNetwork(n_size)
```

（6）现在开始构建策略梯度算法。对于每一集，智能体首先玩游戏，存储状态、回报以及选择的动作。一旦游戏终结，它使用所有的存储数据来训练自己（就像监督学习做的那样）。它不断重复直到达到期望的集数：

```
with tf.Session() as sess:
    agent.set_session(sess)
    sess.run(tf.global_variables_initializer())
    agent.load()
    # training loop
    done = False
    while not done and n< num_episodes:
        # Preprocess the observation
        cur_state = preprocess(obs)
        diff_state = cur_state - prev_state if prev_state isn't
None else np.zeros(n_size*n_size)
        prev_state = cur_state

        #Predict the action
        aprob = agent.predict_UP(diff_state) ; aprob = aprob[0,:]
        action = np.random.choice(n_actions, p=aprob)
        #print(action)
        label = np.zeros_like(aprob) ; label[action] = 1

        # Step the environment and get new measurements
        obs, reward, done, info = env.step(action)
        env.render()
        reward_sum += reward

        # record game history
        states.append(diff_state) ; labels.append(label) ;
```

```
rewards.append(reward)

        if done:
            # update running reward
            running_reward = reward_sum if running_reward is None
else          running_reward * 0.99 + reward_sum * 0.01
            running_rewards.append(running_reward)
            #print(np.vstack(rs).shape)
            feed = {agent.tf_x: np.vstack(states), agent.tf_epr:
np.vstack(rewards), agent.tf_y: np.vstack(labels)}
            agent.update(feed)
            # print progress console
            if n % 10 == 0:
                print ('ep {}: reward: {}, mean reward:
{:3f}'.format(n, reward_sum, running_reward))
            else:
                print ('\tep {}: reward: {}'.format(n, reward_sum))

            # Start next episode and save model
            states, rewards, labels = [], [], []
            obs = env.reset()
            n += 1 # the Next Episode

            reward_sum = 0
            if n % 50 == 0:
                agent.save()
            done = False

plt.plot(running_rewards)
plt.xlabel('episodes')
plt.ylabel('Running Averge')
plt.show()
env.close()
```

（7）在训练了 7500 集后，它开始赢得一些游戏。在 1200 集之后，胜率提高，且能够在 50% 的时间里获胜。在 20 000 集之后，智能体能够在多数游戏中获胜。完整的代码在本书 GitHub 的 Policy gradients.ipynb 文件里。你也可以在网址 https://youtu.be/hZo7kAco8is 上查看智能体在学习了 20 000 集之后玩游戏的表现。注意，该智能体学会了在其位置附近晃动，也学会了将动作产生的力量传递给球以及要打败其他玩家只能发起攻击性击球。

6.5.3 演员 - 评论家算法

在策略梯度算法中，我们引入基线来减少方差，但是动作与基线两者（仔细观察：方差是预期的回报之和，换句话说，是状态的良好程度或它的值函数）仍然同时改变。将策略评估与值评估分开不是更好吗？这就是演员 – 评论家背后的想法。它由两个神经网络组成，一个用于近似策略，称为**演员网络**，另一个用于近似值函数，称为**评论家网络**。策略评估与策略改进交替进行，从而使得学习更加稳定。评论家使用状态和动作值来估计值函数，然后使用该值函数更新演员的策略网络参数，从而提高整体网络的性能。下图展示了演员 – 评论家网络的基本架构。

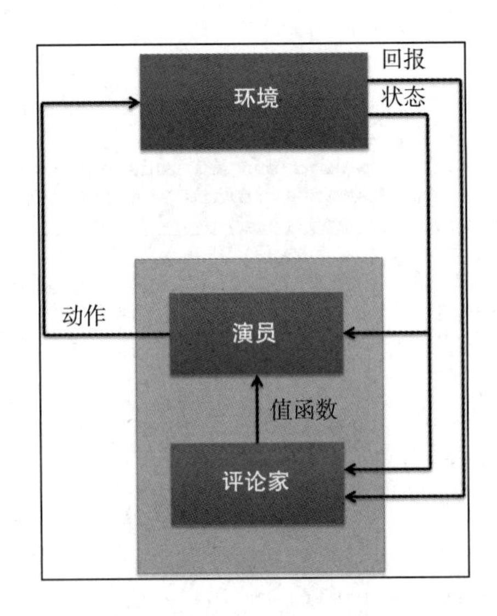

6.6 小结

在本章中，我们了解了强化学习以及它与监督学习和无监督学习的区别。本章的重点是深度强化学习，其中深度神经网络用于近似策略函数或值函数，甚至两者。本章还介绍了 OpenAI gym，它是一个提供大量用于训练强化学习智能体的库。我们了解了基于值的方法，例如 Q- 学习，并用它训练一个智能体去帮助出租车接送乘客。我们还使用 DQN 训练一个智能体去玩 Atari 游戏。之后本章转向介绍基于策略的方法，特别是策略梯度，涵盖策略梯度背后的直觉，并使用该算法训练了一个能够玩 Pong 游戏的强化学习智能体。

在下一章中，我们将探索生成式模型并学习生成对抗网络背后的秘密。

CHAPTER 7 · 第 7 章

用于物联网的生成式模型

机器学习和**人工智能**几乎触及与人类相关的所有领域，农业、音乐、医疗、国防——找不到人工智能没有涉足的单一领域。除了计算能力提升之外，人工智能 / 机器学习的巨大成功还取决于大量数据的产生。生成的大部分数据都是未标记的，因此理解数据的固有分布是一项重要的机器学习任务。正因如此，生成式模型引起了人们的注意。

在过去几年，深度生成式模型在理解数据分布方面取得了巨大成功，并已应用在各个领域。两种最流行的生成式模型是**变分自编码器**（Variational Autoencoder，VAE）和**生成对抗网络**（Generative Adversarial Network，GAN）。

在本章中，我们将学习 VAE 和 GAN，并使用它们生成图像。阅读完本章后，你将了解到以下内容：

- 生成式网络和判别式网络之间的区别
- VAE
- GAN 的直观功能
- 如何实现 vanilla GAN 并使用它来生成手写数字
- 最流行的 GAN 变体，即深度卷积 GAN
- 在 TensorFlow 中实现深度卷积 GAN 并使用它来生成人脸图像
- GAN 的进一步改进和应用

7.1　引言

生成式模型是通过无监督方式学习的、一个令人振奋的深度学习模型的新分支。其主要思想是生成与给定训练数据具有相同分布的新样本。例如，在手写数字集上训练的网络可以创建不在数据集中但类似的新数字。形式上，我们可以说，如果训练数据遵循分布 $P_{data}(x)$，则生成式模型的目标是估计概率密度函数 $P_{model}(x)$，其类似于 $P_{data}(x)$。

生成式模型可分为两类：

- ❑ **显式生成式模型**。此处，明确定义并求解概率密度函数 $P_{model}(x)$。密度函数可以像 PixelRNN/CNN 那样易于处理，或者像 VAE 那样是密度函数的近似值。
- ❑ **隐式生成式模型**。在这些模型中，网络学习从 $P_{model}(x)$ 生成样本但不明确定义它。GAN 是这种生成式模型的一个典型示例。

在本章中，我们将探讨一种显式生成式模型 VAE 和一种隐式生成式模型 GAN。生成式模型可以用于生成真实样本，并且可以用来执行有关超分辨率、着色等操作。对于时间序列数据，我们甚至可以将它们用于仿真和规划。最后，它们还可以帮助我们理解数据的隐表示。

7.2　用 VAE 生成图像

通过学习第 4 章，你应该熟悉了自编码器及其功能。VAE 是一种自编码器，这里，我们保留（训练过的）**解码器**部分，其可以通过馈送随机隐特征 z 来生成类似于训练数据的数据。目前，在自编码器中，**编码器**会生成低维特征 z。

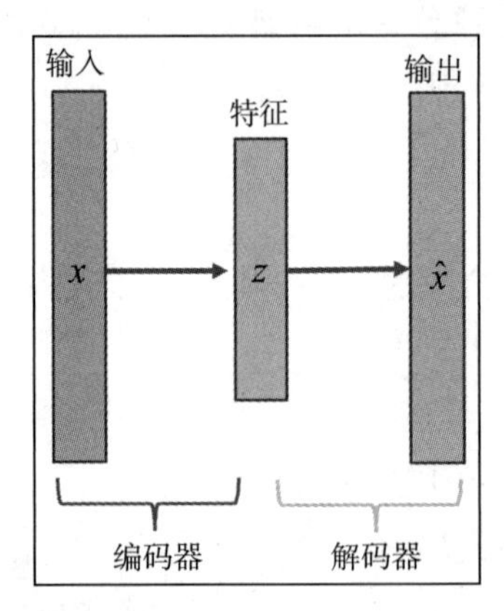

VAE 关注从隐特征 z 中找到似然函数 $p\ (x)$：

$$p_\theta(x)=\int p_\theta(z)p_\theta(x\mid z)\mathrm{d}z$$

这是一个难以处理的密度函数，不可能直接对其进行优化。相反，我们通过使用简单的高斯先验 $p\ (z)$ 获得下界，并使**编码器**和**解码器**网络概率化。

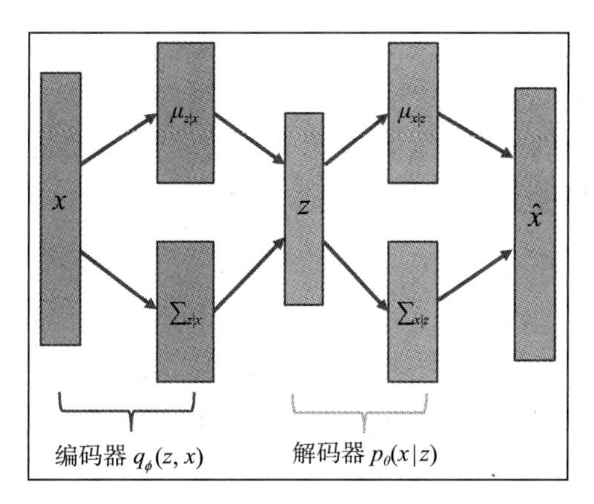

这允许我们在对数似然上定义一个易处理的下界，由下式给出：

$$\log p_\theta(x^{(i)}) \geqslant \mathcal{L}(x^{(i)}, \theta, \phi) = E_z[\log p_\theta(x^{(i)} \mid z)] - D_{KL}(q_\phi(z \mid x^{(i)}) \parallel p_\theta(z \mid x^{(i)}))$$

式中，θ 表示解码器网络参数，ϕ 表示编码器网络参数。可通过最大化此下界来训练网络：

$$\theta^*, \phi^* = \arg\max_{\theta,\phi} \sum_{i=1}^{N} \mathcal{L}(x^{(i)}, \theta, \phi)$$

下界的第一项负责输入数据的重构，第二项用于近似后验分布，使其接近先验。一旦经过训练，编码器网络就作为识别或推理网络工作，同时解码器网络充当生成器。

可以从发表于 ICLR 2014（https://arxiv.org/abs/1312.6114）上 Diederik P. Kingma 和 Max Welling 的题为“Auto-Encoding Variational Bayes”的文章中找到详细的推导过程。

7.2.1 在 TensorFlow 中实现 VAE

现在让我们实践一下 VAE。在示例代码中，我们将使用标准 MNIST 数据集并训练 VAE 来生成手写数字。由于 MNIST 数据集很简单，编码器和解码器网络将仅由全连接层组成，这将使我们能够专注于 VAE 架构。如果你计划生成复杂图像（例如 CIFAR-10），那么需要将编码器和解码器网络修改为卷积网络和反卷积网络。

（1）导入所有必要的模块。在这里，我们将使用 TensorFlow 高级 API（tf.contrib）来创建全连接层。请注意，这使我们免于为每个层独立声明权重和偏置：

```
import numpy as np
import tensorflow as tf

import matplotlib.pyplot as plt
%matplotlib inline

from tensorflow.contrib.layers import fully_connected
```

（2）读入数据。TensorFlow 教程中提供 MNIST 数据集，因此我们将直接从其中获取：

```
# Load MNIST data in a format suited for tensorflow.
from tensorflow.examples.tutorials.mnist import input_data
mnist = input_data.read_data_sets('MNIST_data', one_hot=True)
n_samples = mnist.train.num_examples
n_input = mnist.train.images[0].shape[0]
```

（3）定义 VariationalAutoencoder 类，这个类是核心代码。它包含用于定义编码器和解码器网络的方法。编码器分别将隐特征 z 的均值和方差生成为 z_mu 和 z_sigma。使用这些来获取样本 Z，然后将隐特征 z 传递到解码器网络以生成 x_hat。网络使用 Adam 优化器最小化重构损失和隐空间损失之和。该类还定义了重构、生成、转换（到隐空间）和训练单个步骤的方法：

```
class VariationalAutoencoder(object):
    def __init__(self,n_input, n_z,
        learning_rate=0.001, batch_size=100):
        self.batch_size = batch_size
        self.n_input = n_input
        self.n_z = n_z

        # Place holder for the input
        self.x = tf.placeholder(tf.float32, shape = [None,
n_input])


        # Use Encoder Network to determine mean and
        # (log) variance of Gaussian distribution in the latent
space
        self.z_mean, self.z_log_sigma_sq = self._encoder_network()
        # Draw a sample z from Gaussian distribution
        eps = tf.random_normal((self.batch_size, n_z), 0, 1,
dtype=tf.float32)
        # z = mu + sigma*epsilon
        self.z =
tf.add(self.z_mean,tf.multiply(tf.sqrt(tf.exp(self.z_log_sigma_sq))
, eps))
        # Use Decoder network to determine mean of
        # Bernoulli distribution of reconstructed input
        self.x_hat = self._decoder_network()


        # Define loss function based variational upper-bound and
        # corresponding optimizer
        # define generation loss
        reconstruction_loss = \
            -tf.reduce_sum(self.x * tf.log(1e-10 + self.x_hat)
            + (1-self.x) * tf.log(1e-10 + 1 - self.x_hat), 1)
        self.reconstruction_loss =
tf.reduce_mean(reconstruction_loss)

        latent_loss = -0.5 * tf.reduce_sum(1 + self.z_log_sigma_sq
            - tf.square(self.z_mean)- tf.exp(self.z_log_sigma_sq),
1)
        self.latent_loss = tf.reduce_mean(latent_loss)
        self.cost = tf.reduce_mean(reconstruction_loss +
latent_loss)
```

```
        # average over batch
        # Define the optimizer
        self.optimizer =
tf.train.AdamOptimizer(learning_rate).minimize(self.cost)


        # Initializing the tensor flow variables
        init = tf.global_variables_initializer()
        # Launch the session
        self.sess = tf.InteractiveSession()
        self.sess.run(init)


    # Create encoder network
    def _encoder_network(self):
        # Generate probabilistic encoder (inference network), which
        # maps inputs onto a normal distribution in latent space.
        layer_1 =
fully_connected(self.x,500,activation_fn=tf.nn.softplus)
        layer_2 = fully_connected(layer_1, 500,
activation_fn=tf.nn.softplus)
        z_mean = fully_connected(layer_2,self.n_z,
activation_fn=None)
        z_log_sigma_sq = fully_connected(layer_2, self.n_z,
activation_fn=None)
        return (z_mean, z_log_sigma_sq)

    # Create decoder network
    def _decoder_network(self):
        # Generate probabilistic decoder (generator network), which
        # maps points in the latent space onto a Bernoulli
distribution in the data space.
        layer_1 =
fully_connected(self.z,500,activation_fn=tf.nn.softplus)
        layer_2 = fully_connected(layer_1, 500,
activation_fn=tf.nn.softplus)
        x_hat = fully_connected(layer_2, self.n_input,
activation_fn=tf.nn.sigmoid)

        return x_hat
    def single_step_train(self, X):
        _,cost,recon_loss,latent_loss =
self.sess.run([self.optimizer,
self.cost,self.reconstruction_loss,self.latent_loss],feed_dict={sel
f.x: X})
        return cost, recon_loss, latent_loss

    def transform(self, X):
        """Transform data by mapping it into the latent space."""
        # Note: This maps to mean of distribution, we could
alternatively
        # sample from Gaussian distribution
        return self.sess.run(self.z_mean, feed_dict={self.x: X})

    def generate(self, z_mu=None):
        """ Generate data by sampling from latent space.

        If z_mu isn't None, data for this point in latent space is
```

```
        generated. Otherwise, z_mu is drawn from prior in latent
        space.
        """
        if z_mu is None:
            z_mu = np.random.normal(size=n_z)
            # Note: This maps to mean of distribution, we could
alternatively
            # sample from Gaussian distribution
        return self.sess.run(self.x_hat,feed_dict={self.z: z_mu})

    def reconstruct(self, X):
        """ Use VAE to reconstruct given data. """
        return self.sess.run(self.x_hat, feed_dict={self.x: X})
```

（4）下面来训练 VAE，可在 train 函数的帮助下完成这项工作：

```
def train(n_input,n_z, learning_rate=0.001,
    batch_size=100, training_epochs=10, display_step=5):
    vae = VariationalAutoencoder(n_input,n_z,
        learning_rate=learning_rate,
        batch_size=batch_size)
    # Training cycle
    for epoch in range(training_epochs):
        avg_cost, avg_r_loss, avg_l_loss = 0., 0., 0.
        total_batch = int(n_samples / batch_size)
        # Loop over all batches
        for i in range(total_batch):
            batch_xs, _ = mnist.train.next_batch(batch_size)
            # Fit training using batch data
            cost,r_loss, l_loss = vae.single_step_train(batch_xs)
            # Compute average loss
            avg_cost += cost / n_samples * batch_size
            avg_r_loss += r_loss / n_samples * batch_size
            avg_l_loss += l_loss / n_samples * batch_size
        # Display logs per epoch step
        if epoch % display_step == 0:
            print("Epoch: {:4d} cost={:.4f} Reconstruction loss =
{:.4f} Latent Loss =
{:.4f}".format(epoch,avg_cost,avg_r_loss,avg_l_loss))
     return vae
```

（5）在下面的屏幕截图中，你可以看到大小为 10 的隐空间中的 VAE 重构的数字（左）和生成的手写数字（右）：

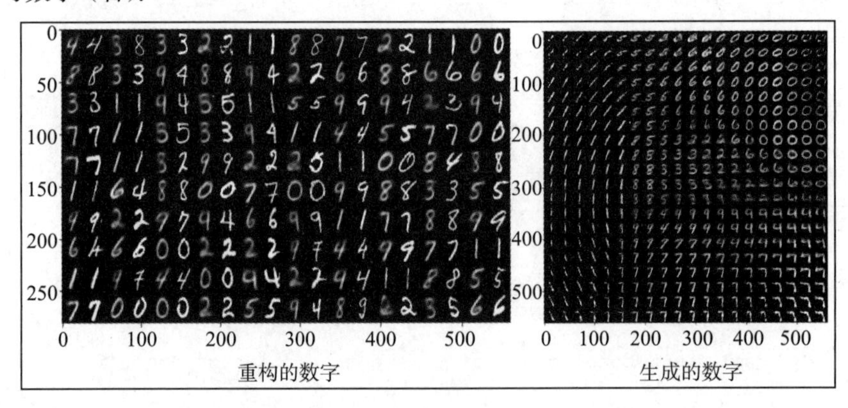

（6）如前所述，编码器网络降低了输入空间的维度。为了更清楚地展示，我们将隐空间的维度降低到 2。在下图中，你可以看到每个标签在二维 z 空间中被分开了。

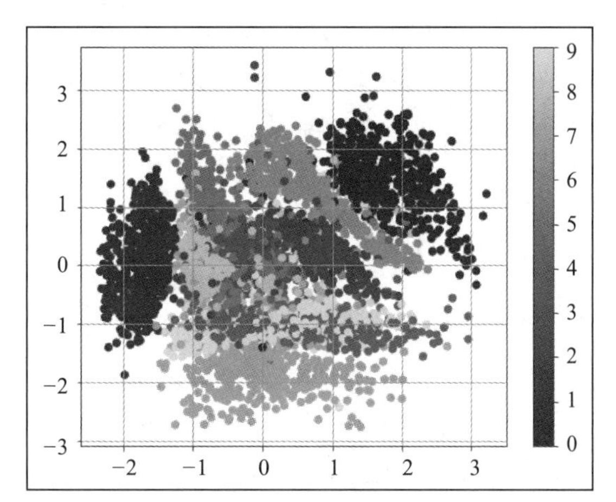

（7）来自维度为 2 的隐空间中的 VAE 重构和生成的数字如下图所示。

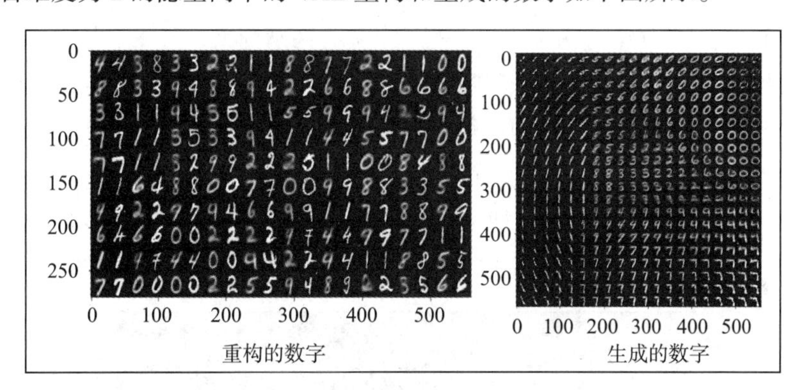

从前面的屏幕截图（右）中会发现一件有趣的事情，更改二维 z 的值会导致不同的笔划和不同的数字。完整的代码在本书 GitHub 中的 Chapter 07 中，文件名为 VariationalAutoEncoders_MNIST.ipynb：

```
tf.contrib.layers.fully_connected(
    inputs,
    num_outputs,
    activation_fn=tf.nn.relu,
    normalizer_fn=None,
    normalizer_params=None,
    weights_initializer=intializers.xavier_intializer(),
    weights_regularizer= None,
    biases_initializer=tf.zeros_intializer(),
    biases_regularizer=None,
    reuse=None,
    variables_collections=None,
    outputs_collections=None,
    trainable=True,
    scope=None
)
```

层（contrib）是 TensorFlow 中包含的更高级别的包，它提供了构建神经网络层、正则化项、摘要等操作。在前面的代码中，我们使用了 tensorflow/contrib/layers/python/layers/layers.py 中定义的 tf.contrib.layers.fully_connected() 操作，它添加了一个全连接层。默认情况下，它会创建表示全连接的互连矩阵的权重，并使用 Xavier 方法初始化，它还会将偏置初始化为零，并提供了选择归一化和激活函数的选项。

7.3 GAN

GAN 是隐式生成网络。在 Quora 会议期间，兼任 Facebook 的 AI 研究院主任和纽约大学教授的 Yann LeCun 认为 GAN 是过去 10 年里 ML 领域内最有趣的想法。目前，大量研究正在 GAN 上进行。过去几年举行的主要 AI/ML 会议报告的论文大多数与 GAN 相关。

GAN 由 Ian J. Goodfellow 和 Yoshua Bengio 在 2014 年的“Generative Adversarial Networks”论文（https://arxiv.org/abs/1406.2661）中提出。他们受到双人游戏场景的启发。就像游戏中的两个玩家一样，在 GAN 中，两个网络——一个称为**判别网络**，另一个称为**生成网络**——相互竞争。生成网络尝试生成类似于输入数据的数据，而判别网络必须识别它所看到的数据是真实的还是假的（即由生成器生成的）。每当判别器发现真实输入和伪造数据的分布之间存在差异时，生成器就会调整其权重以减小差异。总之，判别网络试图学习伪造数据和真实数据之间的边界，而生成网络则试图学习训练数据的分布。训练结束时，生成器学会产生与输入数据分布完全相同的图像，并且判别器不再能够区分这两者。GAN 的一般架构如下图所示。

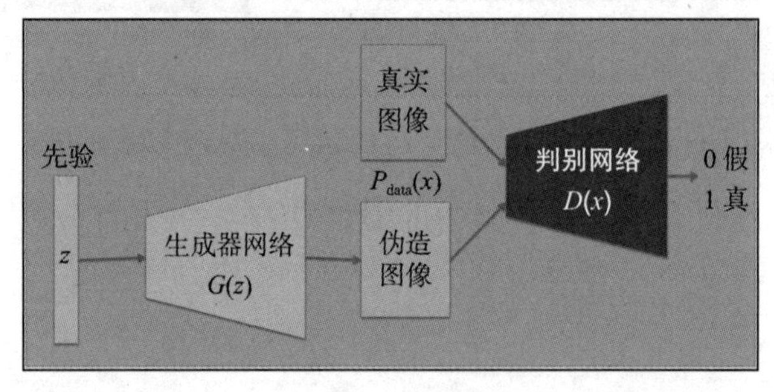

现在让我们深入研究 GAN 是如何学习的。判别器和生成器两者轮流学习，可分为两个步骤：

（1）**判别器** $D(x)$ 学习。**生成器** $G(z)$ 用于从随机噪声 z（其遵循一些**先验**分布 $P(z)$）生成**伪图像**。来自生成器的**伪图像**和来自训练数据集的**真实图像**都被馈送到**判别器**，使其进行监督学习，以试图将假的与真的分开。如果 $P_{data}(x)$ 是训练数据集分布，则**判别网络**尝试最大化其目标函数，使得当输入数据为真实数据时 $D(x)$ 接近 1，而当输入数据为假时 $D(x)$ 接近 0。这可以通过在以下目标函数上执行梯度上升算法来实现：

$$\theta_d^{\max}[E_{x\sim P_{\text{data}}}\log D_{\theta_d}(x)+E_{z\sim P(z)}\log(1-D_{\theta_d}(G_{\theta_g}(z)))]$$

（2）**生成网络**学习。它的目标是欺骗**判别网络**，使其认为生成的 $G(z)$ 是真实的，也就是，使 $D(G(z))$ 接近 1。为了实现这一点，生成网络最小化以下目标函数：

$$\theta_d^{\min}[E_{z\sim P(z)}\log(1-D_{\theta_d}(G_{\theta_g}(z)))]$$

按顺序重复这两步。一旦训练结束，判别器不再能区分真实数据与伪造数据，而生成器变成产生类似于训练数据的数据的专家。好吧，说起来容易，做起来难：练习 GAN 时，你将会发现训练不是非常稳定的。这是一个开放的研究问题，许多 GAN 变体因此被提出以缓解该问题。

7.3.1　在 TensorFlow 中实现 vanilla GAN

在本节中，我们将编写 TensorFlow 代码来实现一个 GAN，正如我们在前面章节中学到的。我们将使用简单的 MLP 网络作为判别器和生成器。简单起见，我们将使用 MNIST 数据集。

（1）添加所有必要的模块。因为我们将需要交替访问和训练生成器和判别器，为清晰起见，我们将在现有代码中定义权重与偏置。最好使用 Xavier 初始化方法初始化权重并将偏置全部设置为零。因此，我们从 TensorFlow 导入一个方法来执行 Xavier 初始化，即 from tensorflow.contrib.layers import xavier_initializer：

```
# import the necessaey modules
import tensorflow as tf
import numpy as np
import matplotlib.pyplot as plt
import matplotlib.gridspec as gridspec
import os
from tensorflow.contrib.layers import xavier_initializer
%matplotlib inline
```

（2）加载数据并定义超参数：

```
# Load data
from tensorflow.examples.tutorials.mnist import input_data
data = input_data.read_data_sets('MNIST_data', one_hot=True)

# define hyperparameters
batch_size = 128
Z_dim = 100
im_size = 28
h_size=128
learning_rate_D = .0005
learning_rate_G = .0006
```

（3）为生成器与判别器定义参数。下面也定义了输入 X 和隐变量 Z 的占位符：

```
#Create Placeholder for input X and random noise Z
X = tf.placeholder(tf.float32, shape=[None, im_size*im_size])
Z = tf.placeholder(tf.float32, shape=[None, Z_dim])
initializer=xavier_initializer()

# Define Discriminator and Generator training variables
#Discriminiator
D_W1 = tf.Variable(initializer([im_size*im_size, h_size]))
D_b1 = tf.Variable(tf.zeros(shape=[h_size]))

D_W2 = tf.Variable(initializer([h_size, 1]))
D_b2 = tf.Variable(tf.zeros(shape=[1]))

theta_D = [D_W1, D_W2, D_b1, D_b2]

#Generator
G_W1 = tf.Variable(initializer([Z_dim, h_size]))
G_b1 = tf.Variable(tf.zeros(shape=[h_size]))

G_W2 = tf.Variable(initializer([h_size, im_size*im_size]))
G_b2 = tf.Variable(tf.zeros(shape=[im_size*im_size]))

theta_G = [G_W1, G_W2, G_b1, G_b2]
```

（4）现在有了占位符和权重，那么定义函数从 Z 生成随机噪声。这里，我们使用均匀分布来产生噪声，有的人也尝试使用高斯噪声，要这样做的话，你仅需要把随机函数从 uniform 改变为 normal：

```
def sample_Z(m, n):
    return np.random.uniform(-1., 1., size=[m, n])
```

（5）构造判别器与生成器网络：

```
def generator(z):
    """ Two layer Generator Network Z=>128=>784 """
    G_h1 = tf.nn.relu(tf.matmul(z, G_W1) + G_b1)
    G_log_prob = tf.matmul(G_h1, G_W2) + G_b2
    G_prob = tf.nn.sigmoid(G_log_prob)
    return G_prob


def discriminator(x):
    """ Two layer Discriminator Network X=>128=>1 """
    D_h1 = tf.nn.relu(tf.matmul(x, D_W1) + D_b1)
    D_logit = tf.matmul(D_h1, D_W2) + D_b2
    D_prob = tf.nn.sigmoid(D_logit)
    return D_prob, D_logit
```

（6）我们也需要用辅助函数来绘制生成的手写数字。下面的函数在 5×5 的网格上画出 25 个生成的样本：

```
def plot(samples):
    """function to plot generated samples"""
    fig = plt.figure(figsize=(10, 10))
    gs = gridspec.GridSpec(5, 5)
```

```
    gs.update(wspace=0.05, hspace=0.05)
    for i, sample in enumerate(samples):
        ax = plt.subplot(gs[i])
        plt.axis('off')
        ax.set_xticklabels([])
        ax.set_yticklabels([])
        ax.set_aspect('equal')
        plt.imshow(sample.reshape(28, 28), cmap='gray')
    return fig
```

（7）现在，我们定义 TensorFlow 操作以便由生成器产生样本并由判别器预测输入数据是真实的还是伪造的：

```
G_sample = generator(Z)
D_real, D_logit_real = discriminator(X)
D_fake, D_logit_fake = discriminator(G_sample)
```

（8）接下来，我们为生成器和判别器网络定义交叉熵损失，同时交替地最小化它们，并保持其他权重参数不变：

```
D_loss_real =
tf.reduce_mean(tf.nn.sigmoid_cross_entropy_with_logits(logits=D_log
it_real, labels=tf.ones_like(D_logit_real)))
D_loss_fake =
tf.reduce_mean(tf.nn.sigmoid_cross_entropy_with_logits(logits=D_log
it_fake, labels=tf.zeros_like(D_logit_fake)))
D_loss = D_loss_real + D_loss_fake
G_loss =
tf.reduce_mean(tf.nn.sigmoid_cross_entropy_with_logits(logits=D_log
it_fake, labels=tf.ones_like(D_logit_fake)))

D_solver =
tf.train.AdamOptimizer(learning_rate=learning_rate_D).minimize(D_lo
ss, var_list=theta_D)
G_solver =
tf.train.AdamOptimizer(learning_rate=learning_rate_G).minimize(G_lo
ss, var_list=theta_G)
```

（9）最后在一个 TensorFlow 会话中执行训练：

```
sess = tf.Session()
sess.run(tf.global_variables_initializer())
GLoss = []
DLoss = []
if not os.path.exists('out/'):
    os.makedirs('out/')

for it in range(100000):
    if it % 100 == 0:
        samples = sess.run(G_sample, feed_dict={Z: sample_Z(25,
Z_dim)})
        fig = plot(samples)
        plt.savefig('out/{}.png'.format(str(it).zfill(3)),
bbox_inches='tight')
        plt.close(fig)
```

```
    X_mb, _ = data.train.next_batch(batch_size)
    _, D_loss_curr = sess.run([D_solver, D_loss], feed_dict={X:
X_mb, Z: sample_Z(batch_size, Z_dim)})
    _, G_loss_curr = sess.run([G_solver, G_loss], feed_dict={Z:
sample_Z(batch_size, Z_dim)})
    GLoss.append(G_loss_curr)
    DLoss.append(D_loss_curr)
    if it % 100 == 0:
        print('Iter: {} D loss: {:.4} G_loss:
{:.4}'.format(it,D_loss_curr, G_loss_curr))

print('Done')
```

（10）在下面的屏幕截图中，你可以看到生成网络与判别网络的损失如何变化。

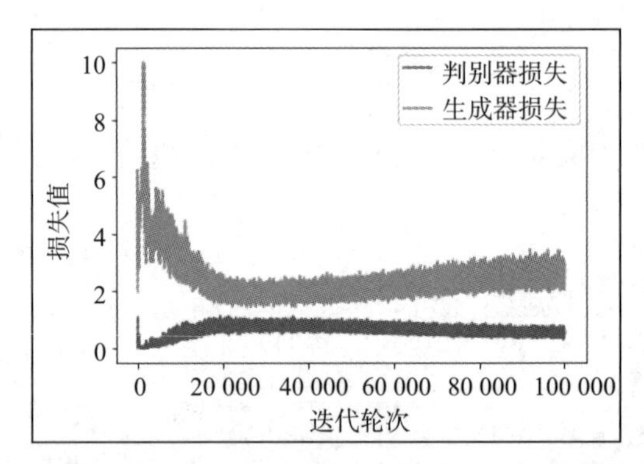

（11）下图展示了在不同迭代轮次中生成的手写数字。

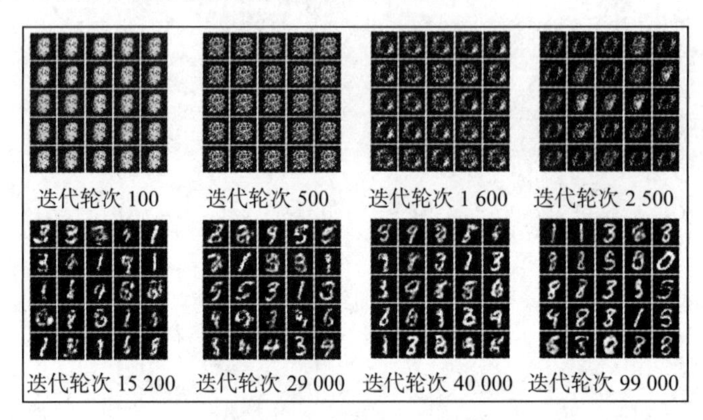

尽管输出的手写数字足够好，但仍然还有许多值得改进的地方。研究人员稳定性能的一些方法如下：

- 把输入图像归一化范围从 (0,1) 改为 (−1,1)。同时，对于生成器的最终输出不再使用 Sigmoid 激活函数，而是使用双曲正切激活函数。
- 可以最大化生成器的损失 $\log D$，而不是最小化生成器的损失 $\log(1-D)$，这能够在 TensorFlow 中训练生成器时通过简单的反转标签实现，例如将真实变为伪造，把伪造变为真实。

- 存储以前生成的图像并且从中随机选择来训练判别器。（是的，它与第 6 章介绍过的经验回放缓冲区的工作原理类似。）
- 人们也尝试了当损失高于某个特定阈值时仅更新生成器或判别器。
- 在判别器和生成器的隐藏层中，不使用 ReLU 激活函数，而是使用 Leaky ReLU。

7.3.2　深度卷积 GAN

2016 年，Alec Radford 等人提出了一种 GAN 变体，称为**深度卷积 GAN**（Deep Convolutional GAN，DCGAN）（见 https://arxiv.org/abs/1511.06434）。他们将 MLP 层替换为卷积层，并在生成器与判别器网络中各增加了批归一化。这里在名人图像数据集上实现 DCGAN。你可以从 http://mmlab.ie.cuhk.edu.hk/projects/CelebA.html 下载压缩文件 img_align_celeba.zip。下面使用第 2 章创建的 loader_celebA.py（在本书的 GitHub 库中）来解压和读取图像。

（1）导入所需要的所有模块：

```
import loader
import os
from glob import glob
import numpy as np
from matplotlib import pyplot
import tensorflow as tf
%matplotlib inline
```

（2）用 load_celebA.py 来解压 img_align_celeba.zip。因为图像非常多，所以可用该文件中定义的 get_batches 函数来生成批次以训练网络：

```
loader.download_celeb_a()

# Let's explore the images
data_dir = os.getcwd()
test_images = loader.get_batch(glob(os.path.join(data_dir,
'celebA/*.jpg'))[:10], 56, 56)
pyplot.imshow(loader.plot_images(test_images))
```

下面是该名人数据集中的一些图像示例。

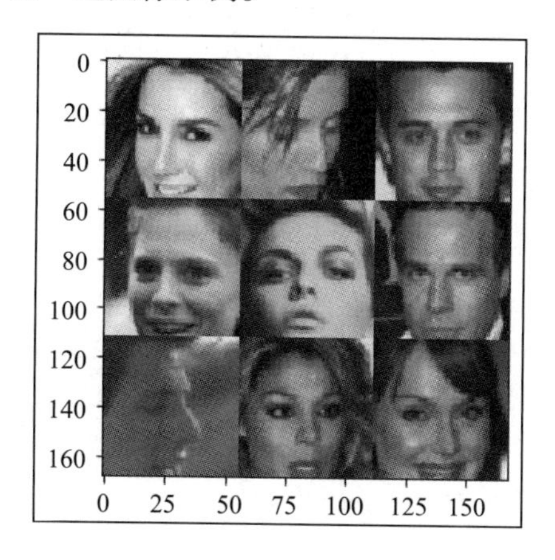

（3）定义判别器网络。它由三个卷积层组成，分别具有 64、128 和 256 个滤波器，每个滤波器的尺寸为 5×5 。前两个卷积层使用的步长为 2 而第三个卷积层使用的步长为 1。三个卷积层都使用 Leaky ReLU 作为激活函数。每个卷积层后也跟着一个批归一化层。第三个卷积层的结果被平坦化并传递给最后的使用 Sigmoid 激活函数的全连接（稠密）层：

```
def discriminator(images, reuse=False):
    """
    Create the discriminator network
    """
    alpha = 0.2

    with tf.variable_scope('discriminator', reuse=reuse):
        # using 4 layer network as in DCGAN Paper

        # First convolution layer
        conv1 = tf.layers.conv2d(images, 64, 5, 2, 'SAME')
        lrelu1 = tf.maximum(alpha * conv1, conv1)

        # Second convolution layer
        conv2 = tf.layers.conv2d(lrelu1, 128, 5, 2, 'SAME')
        batch_norm2 = tf.layers.batch_normalization(conv2,
training=True)
        lrelu2 = tf.maximum(alpha * batch_norm2, batch_norm2)
        # Third convolution layer
        conv3 = tf.layers.conv2d(lrelu2, 256, 5, 1, 'SAME')
        batch_norm3 = tf.layers.batch_normalization(conv3,
training=True)
        lrelu3 = tf.maximum(alpha * batch_norm3, batch_norm3)
        # Flatten layer
        flat = tf.reshape(lrelu3, (-1, 4*4*256))
        # Logits
        logits = tf.layers.dense(flat, 1)
        # Output
        out = tf.sigmoid(logits)
        return out, logits
```

（4）生成器是判别器的反转，即进入生成器的输入首先被馈送到一个有 2×2×512 个单元的稠密层。该稠密层的输出被整形以便能够馈送到卷积栈。我们使用 tf.layers.conv2d_transpose() 方法来获得卷积输出的转置。生成器有三个转置的卷积层。除了最后的卷积层，所有的层用 Leaky ReLU 作为激活函数。最后转置的卷积层使用双曲正切激活函数使得输出落入值域 (−1,1)：

```
def generator(z, out_channel_dim, is_train=True):
    """
    Create the generator network
    """
    alpha = 0.2
    with tf.variable_scope('generator', reuse=False if
is_train==True else True):
        # First fully connected layer
        x_1 = tf.layers.dense(z, 2*2*512)
```

```
        # Reshape it to start the convolutional stack
        deconv_2 = tf.reshape(x_1, (-1, 2, 2, 512))
        batch_norm2 = tf.layers.batch_normalization(deconv_2,
training=is_train)
        lrelu2 = tf.maximum(alpha * batch_norm2, batch_norm2)
        # Deconv 1
        deconv3 = tf.layers.conv2d_transpose(lrelu2, 256, 5, 2,
padding='VALID')
        batch_norm3 = tf.layers.batch_normalization(deconv3,
training=is_train)
        lrelu3 = tf.maximum(alpha * batch_norm3, batch_norm3)
        # Deconv 2
        deconv4 = tf.layers.conv2d_transpose(lrelu3, 128, 5, 2,
padding='SAME')
        batch_norm4 = tf.layers.batch_normalization(deconv4,
training=is_train)
        lrelu4 = tf.maximum(alpha * batch_norm4, batch_norm4)
        # Output layer
        logits = tf.layers.conv2d_transpose(lrelu4,
out_channel_dim, 5, 2, padding='SAME')
        out = tf.tanh(logits)
        return out
```

（5）定义计算模型损失的函数，具体定义为计算生成器与判别器两者的损失并返回其值：

```
def model_loss(input_real, input_z, out_channel_dim):
    """
    Get the loss for the discriminator and generator
    """
    label_smoothing = 0.9
    g_model = generator(input_z, out_channel_dim)
    d_model_real, d_logits_real = discriminator(input_real)
    d_model_fake, d_logits_fake = discriminator(g_model,
reuse=True)
    d_loss_real = tf.reduce_mean(
tf.nn.sigmoid_cross_entropy_with_logits(logits=d_logits_real,
labels=tf.ones_like(d_model_real) * label_smoothing))
    d_loss_fake = tf.reduce_mean(
tf.nn.sigmoid_cross_entropy_with_logits(logits=d_logits_fake,
labels=tf.zeros_like(d_model_fake)))
    d_loss = d_loss_real + d_loss_fake
    g_loss = tf.reduce_mean(
tf.nn.sigmoid_cross_entropy_with_logits(logits=d_logits_fake,
labels=tf.ones_like(d_model_fake) * label_smoothing))
    return d_loss, g_loss
```

（6）接下来定义优化器，以使判别器与生成器依序学习。为达到该目的，我们用 tf.trainable_variables() 来获得所有可训练变量的列表，然后首先仅优化判别器的可训练变量，其次优化生成器的可训练变量：

```
def model_opt(d_loss, g_loss, learning_rate, beta1):
    """
    Get optimization operations
    """
    t_vars = tf.trainable_variables()
```

```
    d_vars = [var for var in t_vars if
var.name.startswith('discriminator')]
    g_vars = [var for var in t_vars if
var.name.startswith('generator')]

    # Optimize
    with
tf.control_dependencies(tf.get_collection(tf.GraphKeys.UPDATE_OPS))
:
        d_train_opt = tf.train.AdamOptimizer(learning_rate,
beta1=beta1).minimize(d_loss, var_list=d_vars)
        g_train_opt = tf.train.AdamOptimizer(learning_rate,
beta1=beta1).minimize(g_loss, var_list=g_vars)

    return d_train_opt, g_train_opt
```

（7）现在，我们有了训练 DCGAN 的所有必要成分。密切注意生成器学得如何总是好的，所以我们定义一个辅助函数来显示生成器网络在学习时生成的图像：

```
def generator_output(sess, n_images, input_z, out_channel_dim):
    """
    Show example output for the generator
    """
    z_dim = input_z.get_shape().as_list()[-1]
    example_z = np.random.uniform(-1, 1, size=[n_images, z_dim])

    samples = sess.run(
        generator(input_z, out_channel_dim, False),
        feed_dict={input_z: example_z})

    pyplot.imshow(loader.plot_images(samples))
    pyplot.show()
```

（8）最后是训练部分。这里，我们用前面定义的 ops 来训练 DCGAN，图像按照批次馈送给网络：

```
def train(epoch_count, batch_size, z_dim, learning_rate, beta1,
get_batches, data_shape, data_files):
    """
    Train the GAN
    """
    w, h, num_ch = data_shape[1], data_shape[2], data_shape[3]
    X = tf.placeholder(tf.float32, shape=(None, w, h, num_ch),
name='input_real')
    Z = tf.placeholder(tf.float32, (None, z_dim), name='input_z')
    #model_inputs(data_shape[1], data_shape[2], data_shape[3],
z_dim)
    D_loss, G_loss = model_loss(X, Z, data_shape[3])
    D_solve, G_solve = model_opt(D_loss, G_loss, learning_rate,
beta1)
    with tf.Session() as sess:
        sess.run(tf.global_variables_initializer())
        train_loss_d = []
        train_loss_g = []
        for epoch_i in range(epoch_count):
```

```
            num_batch = 0
            lossD, lossG = 0,0
            for batch_images in get_batches(batch_size, data_shape,
data_files):
                # values range from -0.5 to 0.5 so we scale to
range -1, 1
                batch_images = batch_images * 2
                num_batch += 1
                batch_z = np.random.uniform(-1, 1,
size=(batch_size, z_dim))
                _,d_loss = sess.run([D_solve,D_loss], feed_dict={X:
batch_images, Z: batch_z})
                _,g_loss = sess.run([G_solve,G_loss], feed_dict={X:
batch_images, Z: batch_z})
                lossD += (d_loss/batch_size)
                lossG += (g_loss/batch_size)
                if num_batch % 500 == 0:
                    # After every 500 batches
                    print("Epoch {}/{} For Batch {} Discriminator
Loss: {:.4f} Generator Loss: {:.4f}".
                          format(epoch_i+1, epochs, num_batch,
lossD/num_batch, lossG/num_batch))
                    generator_output(sess, 9, Z, data_shape[3])
            train_loss_d.append(lossD/num_batch)
            train_loss_g.append(lossG/num_batch)
    return train_loss_d, train_loss_g
```

（9）现在，让我们定义数据的参数并训练它：

```
# Data Parameters
IMAGE_HEIGHT = 28
IMAGE_WIDTH = 28
data_files = glob(os.path.join(data_dir, 'celebA/*.jpg'))

#Hyper parameters
batch_size = 16
z_dim = 100
learning_rate = 0.0002
beta1 = 0.5
epochs = 2
shape = len(data_files), IMAGE_WIDTH, IMAGE_HEIGHT, 3
with tf.Graph().as_default():
    Loss_D, Loss_G = train(epochs, batch_size, z_dim,
learning_rate, beta1, loader.get_batches, shape, data_files)
```

在训练完每个批次的图像之后，可以看到生成器的输出效果在不断提升，如下图所示。

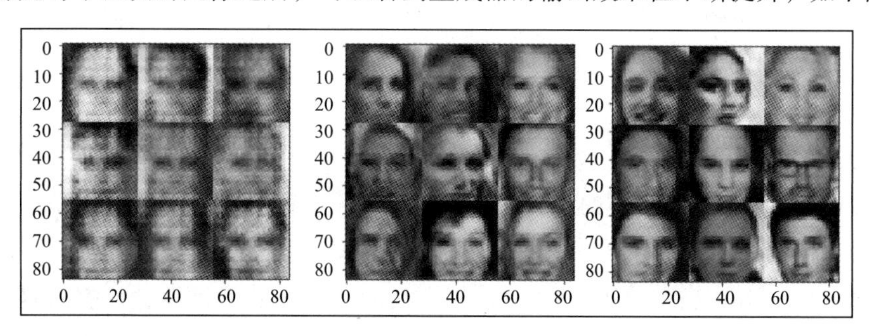

7.3.3 GAN 的变体及其应用

在过去几年，大量 GAN 的变体被提出。你可以在 GitHub 的 GAN Zoo 中（见 https://github.com/hindupuravinash/the-gan-zoo）访问不同 GAN 变体的完整列表。本节将列出部分较流行和成功的变体。

1. 循环 GAN

在 2018 年年初，伯克利 AI 研究实验室发表了一篇题为“ Unpaired Image-to-Image Translation using Cycle-Consistent Adversarial Networks”的论文（arXiv 链接：https://arxiv.org/pdf/1703.10593.pdf）。该论文的特殊之处在于，它不仅提出了一种可以提高稳定性的新架构 CycleGAN，还证实了该架构能用于处理复杂图像变换。下图展示了循环 GAN 的架构，划分为两部分，是为了强调**生成器**与**判别器**起到了计算两个对抗损失的作用。

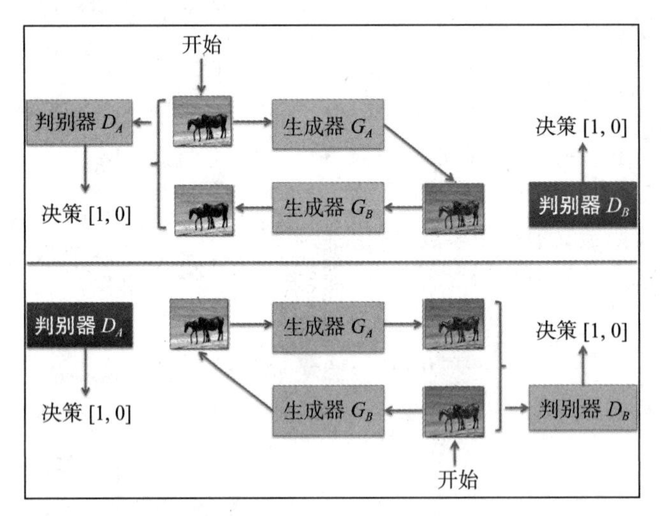

循环 GAN 包括两个 GAN。它们在两个不同的数据集 $x \sim P_{\text{data}}(x)$ 与 $y \sim P_{\text{data}}(y)$ 上被训练。（两个）生成器被训练来执行映射，名义上，分别是 $G_A: x \to y$ 和 $G_B: y \to x$。每个判别器被训练以使得能区分图像 x 和变换的图像 $G_B(y)$，从而导出两个变换的对抗损失函数，第一个定义如下：

$$\mathcal{L}(G_A, D_B, x, y) = E_{y\sim P_{\text{data}}(y)}[\log D_B(y)] + E_{x\sim P_{\text{data}}(x)}[\log(1 - D_B(G_A(x)))]$$

第二个定义如下：

$$\mathcal{L}(G_B, D_A, y, x) = E_{x\sim P_{\text{data}}(x)}[\log D_A(x)] + E_{y\sim P_{\text{data}}(y)}[\log(1 - D_A(G_B(y)))]$$

两个 GAN 的生成器以循环的方式相互连接，使得当一个的输出馈送给另一个而另一个的输出馈送回第一个时，能够给出相同的数据。下面用一个例子来解释。把一幅图像 x 输入**生成器** $A(G_A)$，故其输出为 $G_A(x)$。这幅变换后的图像然后被馈送给**生成器** $B(G_B)$，因

$G_B(G_A(x)) \approx x$，所以结果应当是初始图像 x。类似地，还应当有 $G_A(G_B(y)) \approx y$。以上可以通过引入循环损失项来实现：

$$\mathcal{L}_{\mathrm{cyc}}(G_A, G_B) = E_{x \sim P_{\mathrm{data}}(x)}[\| G_B(G_A(x)) - x \|_1] + E_{y \sim P_{\mathrm{data}}(y)}[\| G_A(G_B(y)) - y \|_1]$$

因此目标函数如下：

$$\mathcal{L}_{\mathrm{total}} = \mathcal{L}(G_B, D_A, y, x) + \mathcal{L}(G_A, D_B, x, y) + \lambda \mathcal{L}_{\mathrm{cyc}}(G_A, G_B)$$

这里，λ 控制两个目标的相对重要性。论文的作者也保留经验缓冲区中的先前图像来训练判别器。在下面的屏幕截图中，你可以看到该论文给出的由循环 GAN 获得的一些结果。

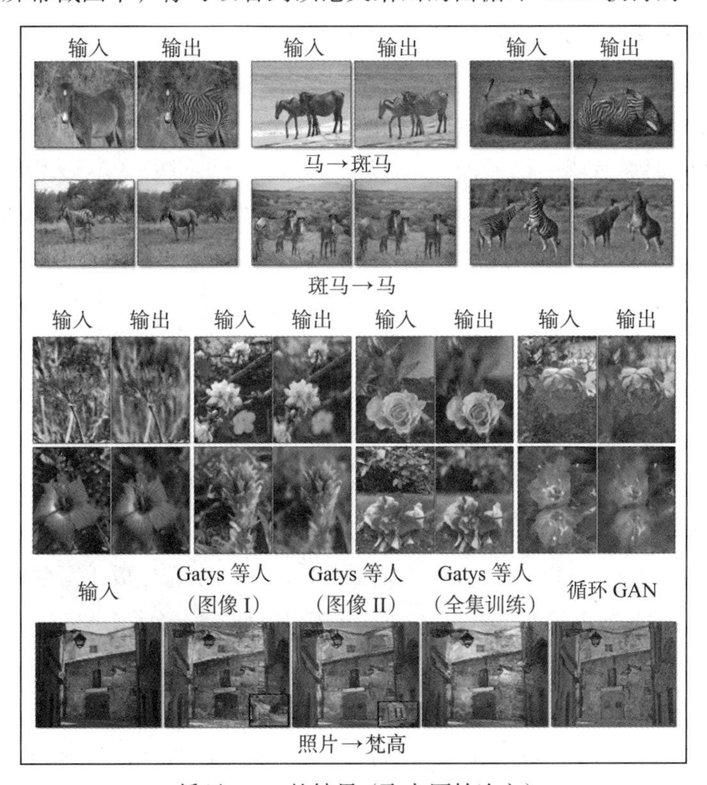

循环 GAN 的结果（取自原始论文）

论文的作者表明循环 GAN 能够用于以下方面：

- **图像变换**。如将马变换为斑马以及相反。
- **提升图像分辨率**。在一个包括低分辨率和超分辨率图像的数据集上训练时，循环 GAN 能够在输入低分辨图像时执行超分辨的操作。
- **风格变换**。给定一幅图像，它能够被变换为不同的绘画风格。

2. GAN 的应用

GAN 的确是有趣的网络，除了已经介绍的应用，GAN 还应用在一些其他地方。下面列举一些：

- **音乐生成**。MIDINet 是一种卷积 GAN，已经被证明能生成乐谱。可以参考 https://arxiv.org/pdf/1703.10847.pdf 上的论文。
- **医学异常检测**。AnoGAN 是 Thomas Schlegl 等人展示的 DCGAN，用于学习正常解剖的变异性流形。他们能够训练网络去标记视网膜的光学相干断层扫描图像中的异常。如果你对这项研究感兴趣，可以查看 arXiv 上的相关论文 https://arxiv.org/pdf/1703.05921.pdf。
- **使用 GAN 的人脸向量算术**。在 Indico Research 和 Facebook 的联合研究论文中，证明了使用 GAN 执行图像算术是可能的。例如，戴眼镜的男人 – 没戴眼镜的男人 + 没戴眼镜的女人 = 戴眼镜的女人。这是一篇有趣的论文，你可以在 arXiv 上阅读更多相关内容，见 https://arxiv.org/pdf/1511.06434.pdf。
- **基于文本的图像合成**。已经证实 GAN 可以从人类书写的文本描述中生成鸟类和花朵的图像。该模型使用了 DCGAN 以及混合字符级卷积递归网络。该研究的细节在论文“Generative Adversarial Text to Image Synthesis”中给出，见 https://arxiv.org/pdf/1605.05396.pdf。

7.4 小结

本章介绍的内容是目前的研究热点。本章介绍了生成式模型及其分类，即隐式生成式模型和显式生成式模型。介绍的第一个生成式模型是 VAE，其是显式的生成式模型，试图估计密度函数的下限。接着，在 TensorFlow 中实现了 VAE，并用它生成手写数字。

然后，本章转向介绍更流行的显式生成式模型 GAN，解释了 GAN 的架构，特别是判别网络和生成网络如何相互竞争，并使用 TensorFlow 实现了一个 GAN 来生成手写数字。之后，本章转向介绍更成功的 GAN 变体 DCGAN，实现了一个 DCGAN 来生成名人图像。最后，本章还介绍了最近提出的一种 GAN（即 CycleGAN）的架构细节，以及一些很酷的应用。

本章结束标志着本书的第一部分结束。到目前为止，本书专注于介绍不同的 ML 和 DL 模型，我们需要凭借这些模型来理解数据并将其用于预测 / 分类和其他任务。从下一章开始，将更多地讨论数据本身以及如何在当前的物联网驱动环境中处理数据。

下一章将转向分布式处理，它是处理大量数据的必要条件，并探索提供分布式处理的两个平台。

CHAPTER 8 · 第 8 章

面向物联网的分布式人工智能

随着分布式计算环境的进步和全球互联网的易用性，**分布式人工智能**（Distributed Artificial Intelligence，DAI）出现了。在本章，我们将学习两个框架，一个是 Apache **机器学习库**（MLlib），另一个是 H2O.ai，它们都可为大规模的流数据提供分布式、可扩展的**机器学习**方法。本章将首先介绍 Apache 的 Spark，实际上它是一个分布式数据处理系统。本章涉及的主题如下：

- Spark 及其在分布式数据处理中的重要性。
- 了解 Spark 架构。
- 了解 MLlib。
- 在深度学习过程中使用 MLlib。
- 对 H2O.ai 平台进行深入研究。

8.1 引言

物联网系统会产生大量数据。虽然在许多情况下可以在空闲时对数据进行分析，但是对于某些任务，例如安全、欺诈检测等，这样的延迟是不可接受的。在这种情况下，我们需要的是一种在指定时间内处理大数据的方法——解决方案就是 DAI，即用集群中的许多机器处理大数据（数据并行性）和 / 或分布式训练深度学习模型（模型并行性）。执行 DAI 的方法有很多，而且大多数都是基于 Apache Spark 或围绕 Apache Spark 构建的。基于 BSD 许可协议，Apache Spark 于 2010 年被发布，是当前大数据领域最大的开源项目，它可帮助用户创建一个快速和通用的集群计算系统。

Spark 在 Java 虚拟机上运行，因此可以运行在任何安装了 Java 的计算机上，无论是笔记本电脑还是集群。它支持多种编程语言，包括 Python、Scala 和 R。围绕 Spark 和 TensorFlow 构建的深度学习框架和 API 非常多，这使 DAI 的任务变得容易，例如，TensorFlowOnSpark（TFoS）、Spark MLlib、SparkDl 和 Hydrogen Sparkling（H2O.ai 和 Spark 的组合）。

8.1.1 Spark 组件

Spark 使用主从架构，有一个中央协调器（称为 **Spark 驱动器**）和许多分布式工作站（称为 **Spark 执行器**）。驱动器进程创建一个 SparkContext 对象，并将用户应用程序划分为更小的执行单元（任务）。这些任务由执行器来完成。**集群管理器**管理着工作站之间的资源。下图给出了 Spark 的工作原理。

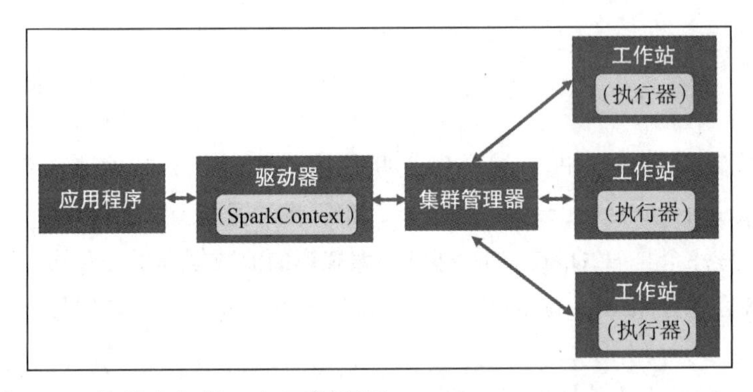

现在来看看 Spark 的基本组件，如下图所示。

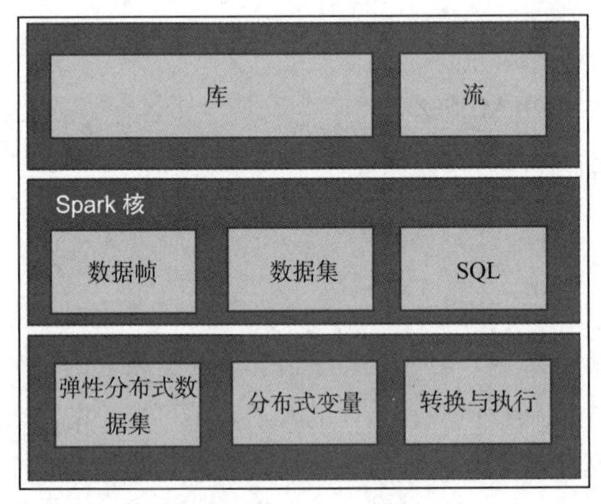

简而言之，本章将使用的一些组件如下：

- **弹性分布式数据集**（Resilient Distributed Dataset，RDD）。它是 Spark 中的主要 API，表示可以并行操作的、不可变的分区数据集合。高层的 API 数据帧和数据集构建在

RDD 之上。

- **分布式变量**。Spark 有两种分布式变量——广播变量和累加器。它们由用户定义的函数使用。累加器用于将所有的执行器的信息聚合到一个共享的结果中，而广播变量是集群中共享的变量。
- **数据帧**。它是一个分布式的数据集合，非常类似于 pandas 中的数据帧，可以读取各种文件格式，并使用一个命令对整个数据帧执行操作。它们分布在集群中。
- **库**。为使用 MLlib 和图形 (GraphX)，Spark 提供了内置库。在本章中，我们将使用基于 Spark 框架的 MLlib 和 SparkDl，并学习如何应用它们来做 ML 预测。

Spark 是一个很广泛的主题，关于 Spark 的详细信息超出了本书的介绍范围。感兴趣的读者查阅 Spark 文档：http://spark.apache.org/docs/latest/index.html。

8.2 Apache MLlib

Apache Spark MLlib 为 ML 提供了一个强大的计算环境，也提供了一个大规模的分布式架构，允许更快速有效地运行 ML 模型。并且它是开源的，不断发展、活跃的社区也不断致力于改进和提供最新功能。它还提供了流行 ML 算法的可扩展实现，涉及的算法如下：

- **分类**。逻辑回归、线性支持向量机、朴素贝叶斯。
- **回归**。广义线性回归。
- **协同过滤**。交替最小二乘。
- **聚类**。k 均值。
- **分解**。奇异值分解和主成分分析。

事实证明，它比 Hadoop MapReduce 的运行速度更快。我们可以用 Java、Scala、R 或 Python 编写应用程序。它也很容易与 TensorFlow 集成。

8.2.1 MLlib 中的回归

Spark MLlib 有内置的回归方法。为了能够使用 Spark 的内置方法，你必须在集群（独立集群或分布式集群）上安装 pyspark，可以使用以下方法完成安装：

```
pip install pyspark
```

MLlib 库中包含以下回归方法：

- **线性回归**。我们已经在前面的章节中学习了线性回归。对此，可以使用 pyspark.ml.regression 中定义的 LinearRegression 类来使用线性回归方法。缺省情况下，这一方法使用最小化的平方误差和正则化，支持 L1 和 L2 正则化，以及它们的组合。
- **广义线性回归**。Spark MLlib 具有指数族分布的子集，如 Gaussian、Poissons 等。可使用 GeneralizedLinearRegression 类来实例化回归。

- **决策树回归**。DecisionTreeRegressor 类可使用决策树回归进行预测。
- **随机森林回归**。一种流行的 ML 方法，是在 RandomForestRegressor 类中定义的。
- **梯度提升树回归**。可以通过 GBTRegressor 类来使用决策树集合。

此外，MLlib 还支持使用 AFTSurvivalRegression 和 IsotonicRegression 类进行的生存回归和保序回归。

利用这些类，可以通过不超过 10 行的代码来构建一个 ML 模型以实现回归（或分类，在下一节中进行展示），基本步骤概述如下：

（1）创建一个 Spark 会话。

（2）实现数据加载管道，以加载数据文件，指定数据格式，并将其读入 Spark 数据帧。

（3）确定要用作输入和目标的特征（视需要拆分为训练数据集和测试数据集）。

（4）实例化所需的类对象。

（5）将训练数据集作为参数，使用 fit() 方法。

（6）根据所选择的回归器，你可以看到所学习的参数，并评估所拟合的模型。

下面，我们将针对波士顿房价预测数据集（https://www.cs.toronto.edu/~delve/data/boston/bostonDetail.html）实现线性回归，其中数据集为 csv 格式。

（1）导入必要的模块。我们将使用 LinearRegressor 定义线性回归类，在训练后利用 RegressionEvaluator 类对模型进行评估，利用 VectorAssembler 类将特征组合为一个输入向量，使用 SparkSession 启动 Spark 会话：

```
from pyspark.ml.regression import LinearRegression as LR
from pyspark.ml.feature import VectorAssembler
from pyspark.ml.evaluation import RegressionEvaluator

from pyspark.sql import SparkSession
```

（2）接着使用 SparkSession 类启动一个 Spark 会话，如下所示：

```
spark = SparkSession.builder \
 .appName("Boston Price Prediction") \
 .config("spark.executor.memory", "70g") \
 .config("spark.driver.memory", "50g") \
 .config("spark.memory.offHeap.enabled",True) \
 .config("spark.memory.offHeap.size","16g") \
 .getOrCreate()
```

（3）现在来读取数据。首先从给定路径加载数据，定义要使用的格式，最后将其读入 Spark 数据帧，如下所示：

```
house_df = spark.read.format("csv"). \
    options(header="true", inferschema="true"). \
    load("boston/train.csv")
```

（4）现在数据帧已被加载到内存中，其结构如下面的屏幕截图所示。

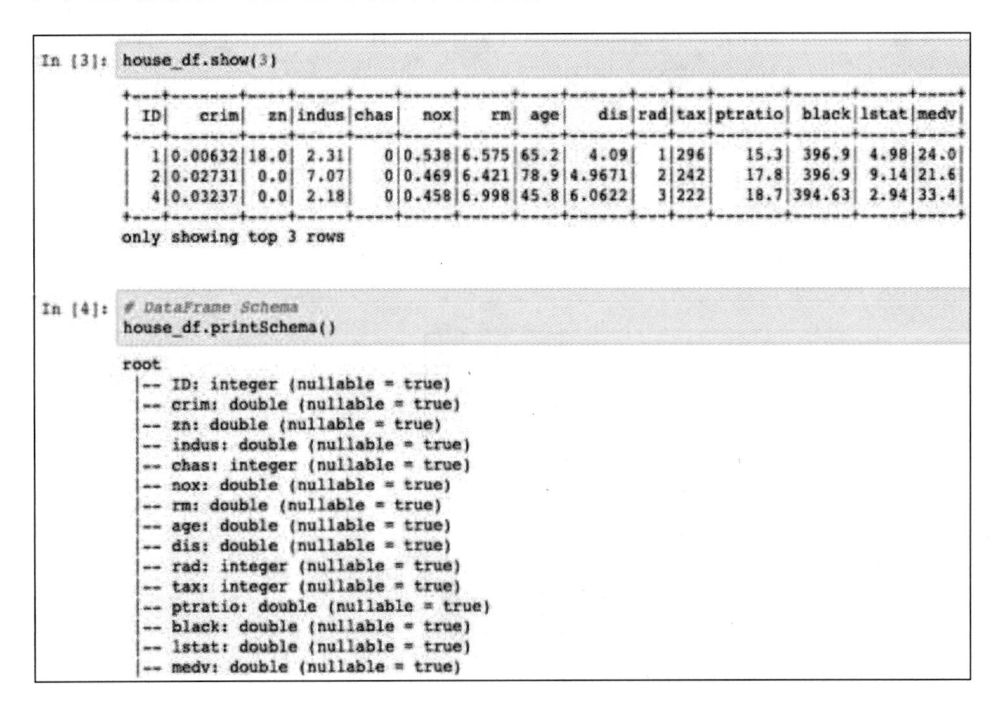

```
In [3]: house_df.show(3)

+---+-------+----+-----+----+-----+-----+----+------+---+---+-------+------+-----+----+
| ID|   crim|  zn|indus|chas|  nox|   rm| age|   dis|rad|tax|ptratio| black|lstat|medv|
+---+-------+----+-----+----+-----+-----+----+------+---+---+-------+------+-----+----+
|  1|0.00632|18.0| 2.31|   0|0.538|6.575|65.2|  4.09|  1|296|   15.3| 396.9| 4.98|24.0|
|  2|0.02731| 0.0| 7.07|   0|0.469|6.421|78.9|4.9671|  2|242|   17.8| 396.9| 9.14|21.6|
|  4|0.03237| 0.0| 2.18|   0|0.458|6.998|45.8|6.0622|  3|222|   18.7|394.63| 2.94|33.4|
+---+-------+----+-----+----+-----+-----+----+------+---+---+-------+------+-----+----+
only showing top 3 rows

In [4]: # DataFrame Schema
        house_df.printSchema()

root
 |-- ID: integer (nullable = true)
 |-- crim: double (nullable = true)
 |-- zn: double (nullable = true)
 |-- indus: double (nullable = true)
 |-- chas: integer (nullable = true)
 |-- nox: double (nullable = true)
 |-- rm: double (nullable = true)
 |-- age: double (nullable = true)
 |-- dis: double (nullable = true)
 |-- rad: integer (nullable = true)
 |-- tax: integer (nullable = true)
 |-- ptratio: double (nullable = true)
 |-- black: double (nullable = true)
 |-- lstat: double (nullable = true)
 |-- medv: double (nullable = true)
```

（5）与 pandas 数据帧类似，也可以通过一个命令处理 Spark 数据帧。观察下面的截图，我们可以进一步了解数据集。

```
In [5]: house_df.describe().toPandas().transpose()
```

Out[5]:

	0	1	2	3	4
summary	count	mean	stddev	min	max
ID	333	250.95195195195194	147.8594378018597	1	506
crim	333	3.3603414714714708	7.352271836781104	0.00632	73.5341
zn	333	10.68918918918919	22.674761796618217	0.0	100.0
indus	333	11.29348348348346	6.998123104477312	0.74	27.74
chas	333	0.06006006006006006	0.2379556428164483	0	1
nox	333	0.557144144144145	0.11495450830289312	0.385	0.871
rm	333	6.265618618618616	0.7039515757334471	3.561	8.725
age	333	68.22642642642641	28.13334360562338	6.0	100.0
dis	333	3.7099336336336335	1.9811230514407001	1.1296	10.7103
rad	333	9.633633633633634	8.742174349631064	1	24
tax	333	409.27927927927925	170.84198846058237	188	711
ptratio	333	18.448048048047994	2.1518213294390836	12.6	21.2
black	333	359.4660960960953	86.58456685718393	3.5	396.9
lstat	333	12.515435435435432	7.0677808035857845	1.73	37.97
medv	333	22.768768768768783	9.173468027315415	5.0	50.0

（6）接下来，定义要用于训练的特征。为此，我们使用 VectorAssembler 类。我们将 house_df 数据帧中的列组合在一起，定义为输入特征向量和相应的输出预测（与 X_train、Y_train 的定义类似），然后执行相应的转换，如下所示：

```
vectors = VectorAssembler(inputCols = ['crim', 'zn','indus','chas',
    'nox','rm','age','dis', 'rad', 'tax',
    'ptratio','black', 'lstat'],
    outputCol = 'features')
vhouse_df = vectors.transform(house_df)
vhouse_df = vhouse_df.select(['features', 'medv'])
vhouse_df.show(5)
```

```
+--------------------+----+
|            features|medv|
+--------------------+----+
|[0.00632,18.0,2.3...|24.0|
|[0.02731,0.0,7.07...|21.6|
|[0.03237,0.0,2.18...|33.4|
|[0.06905,0.0,2.18...|36.2|
|[0.08829,12.5,7.8...|22.9|
+--------------------+----+
only showing top 5 rows
```

（7）将数据集划分为训练数据集和测试数据集，如下面的代码所示：

```
train_df, test_df = vhouse_df.randomSplit([0.7,0.3])
```

（8）现在，我们已经准备好了数据集，可以实例化 LinearRegression 类了，并拟合它以训练数据集，如下所示：

```
regressor = LR(featuresCol = 'features', labelCol='medv',\
    maxIter=20, regParam=0.3, elasticNetParam=0.8)
model = regressor.fit(train_df)
```

（9）通过下面代码可以得到线性回归的结果系数：

```
print("Coefficients:", model.coefficients)
print("Intercept:", model.intercept)
```

```
Coefficients: [-0.010279413081980417,0.034113414577108085,0.0,5.6415385374198,-7.7832643486443
99,3.085680504353533,0.0,-0.8290283633263736,0.016467345168122184,0.0,-0.5849152858717687,0.00
9195354138663316,-0.5627105522578837]
Intercept: 24.28872820161242
```

（10）对训练数据集进行 21 次迭代后，该模型的 RMSE 值为 4.73，r2 值为 0.71：

```
modelSummary = model.summary
print("RMSE is {} and r2 is {}"\
   .format(modelSummary.rootMeanSquaredError,\
    modelSummary.r2))
print("Number of Iterations is ",modelSummary.totalIterations)
```

（11）接下来，在测试数据集上评估模型，得到的结果是，RMSE 为 5.55，r2 值为 0.68。

```
model_evaluator = RegressionEvaluator(predictionCol="prediction",\
    labelCol="medv", metricName="r2")
print("R2 value on test dataset is: ",\
    model_evaluator.evaluate(model_predictions))
print("RMSE value is",
model.evaluate(test_df).rootMeanSquaredError)
```

任务完成后，应使用 stop() 方法停止 Spark 会话。完整的代码可以在本书 GitHub 上的 Chapter08/Boston_Price_MLlib.ipynb 文件中找到。r2 值低、RMSE 值高的原因是，我们将训练数据集中的所有特征都作为一个输入特征向量来考虑，但其中很多特征在确定房价时没有起到重要作用。因此应尝试减少一些特征，只保留那些与房价高度相关的特征。

8.2.2　MLlib 中的分类

MLlib 还提供广泛的分类器，同时提供二项和多项逻辑回归器，也支持决策树分类器、随机森林分类器、梯度提升树分类器、多层感知分类器、线性支持向量机分类器、朴素贝叶斯分类器。每一个分类器都在其类中进行了定义，详情请参阅 https://spark.apache.org/docs/2.2.0/ml-classification-regression.html。实现分类的基本步骤与上一节实现回归的步骤相同，唯一的区别是，不再使用 RMSE 或 r2 度量，而是根据准确率来评估模型。

本节将使用 Spark MLlib 逻辑回归分类器解决葡萄酒的质量分类问题。

（1）对于这个分类问题，可使用 LogisticRegressor 类中的逻辑回归方法。与前面的示例一样，VectorAssembler 用于将输入特征组合为一个向量。在葡萄酒质量数据集（第 1 章介绍过）中，质量是一个待处理的介于 0 到 10 的整数。我们将使用 StringIndexer 对其进行处理。

Spark 的一个重要特性是，可将所有的预处理步骤都定义为管道（pipeline）。当有大量预处理步骤时，这样做非常有用。这里，我们只有两个预处理步骤，但是为了展示管道是如何形成的，将使用 pipeline 类。第一步，我们导入所有所需的模块，并创建一个 Spark 会话，如下面的代码所示：

```
from pyspark.ml.classification import LogisticRegression as LR
from pyspark.ml.feature import VectorAssembler
from pyspark.ml.feature import StringIndexer
from pyspark.ml import Pipeline

from pyspark.sql import SparkSession

spark = SparkSession.builder \
    .appName("Wine Quality Classifier") \
    .config("spark.executor.memory", "70g") \
    .config("spark.driver.memory", "50g") \
    .config("spark.memory.offHeap.enabled",True) \
    .config("spark.memory.offHeap.size","16g") \
    .getOrCreate()
```

（2）加载并读取 winequality-red.csv 数据文件，如下：

```
wine_df = spark.read.format("csv"). \
    options(header="true",\
    inferschema="true",sep=';'). \
    load("winequality-red.csv")
```

（3）在给定的数据集中处理 quality 标签，将其分为三个不同的类，并将其作为一个新的 quality_new 列添加到现有的 Spark 数据帧中，如下面的代码所示：

```
from pyspark.sql.functions import when
wine_df = wine_df.withColumn('quality_new',\
    when(wine_df['quality']< 5, 0 ).\
    otherwise(when(wine_df['quality']<8,1)\
    .otherwise(2)))
```

（4）虽然质量被修改了，但是 quality_new 是一个整数，可以直接将它作为标签。在本例中，我们添加了 StringIndexer（可用于将字符串标签转换为数字索引）将 quality_new 转换为数值索引，以便进行说明。同时，VectorAssembler 用于将所有的列组合成一个特征向量。最后，利用管道将这两个阶段组合在一起，如下所示：

```
string_index = StringIndexer(inputCol='quality_new',\
    outputCol='quality'+'Index')
vectors = VectorAssembler(inputCols = \
    ['fixed acidity','volatile acidity',\
    'citric acid','residual sugar','chlorides',\
    'free sulfur dioxide', 'total sulfur dioxide', \
    'density','pH','sulphates', 'alcohol'],\
    outputCol = 'features')

stages = [vectors, string_index]

pipeline = Pipeline().setStages(stages)
pipelineModel = pipeline.fit(wine_df)
pl_data_df = pipelineModel.transform(wine_df)
```

（5）将管道输出的数据划分为训练数据集和测试数据集，如以下代码所示：

```
train_df, test_df = pl_data_df.randomSplit([0.7,0.3])
```

（6）将 LogisticRegressor 类实例化，并使用 fit 方法在训练数据集中进行训练，具体如下：

```
classifier= LR(featuresCol = 'features', \
    labelCol='qualityIndex',\
    maxIter=50)
model = classifier.fit(train_df)
```

（7）在下面的截图中，我们可以看到学习到的模型参数。

```
In [12]: print("Beta Coefficients:", model.coefficientMatrix)
         print("Interceptors: ", model.interceptVector)

         Beta Coefficients: DenseMatrix([[-3.53097049e-02, -1.25709923e+00, -1.270
         86275e+00,
                          -8.55944290e-02, -4.85804489e-01,  1.46697237e-02,
                           3.27206803e-03,  8.87358597e+00, -6.98378596e-01,
                          -4.19883998e-01, -4.15213016e-01],
                         [-1.84038640e-03,  2.97769739e+00, -3.08531351e-01,
                           8.04546607e-02,  5.70434666e+00, -1.80503443e-02,
                          -3.20013995e-03, -4.47205103e+00,  2.46506380e+00,
                          -1.47617653e+00, -4.08041588e-01],
                         [ 3.71500913e-02, -1.72059816e+00,  1.57939410e+00,
                           5.13976829e-03, -5.21854217e+00,  3.38062055e-03,
                          -7.19280761e-05, -4.40153494e+00, -1.76668521e+00,
                           1.89606053e+00,  8.23254604e-01]])
         Interceptors:  [2.5177699762432026,-0.5458267035288586,-1.971943272714343
         8]
```

（8）该模型的准确率为 94.75%。我们还可以在下面的代码中看到其他的评价指标，如精度（precision）和召回率（recall）、F 测度、真阳性率、假阳性率：

```
modelSummary = model.summary

accuracy = modelSummary.accuracy
fPR = modelSummary.weightedFalsePositiveRate
tPR = modelSummary.weightedTruePositiveRate
fMeasure = modelSummary.weightedFMeasure()
precision = modelSummary.weightedPrecision
recall = modelSummary.weightedRecall
print("Accuracy: {} False Positive Rate {} \
    True Positive Rate {} F {} Precision {} Recall {}"\
    .format(accuracy, fPR, tPR, fMeasure, precision, recall))
```

完整的代码可以在本书的 GitHub 代码库中找到，路径是 Chapter08/Wine_Classification_MLlib.pynb。

8.2.3　使用 SparkDL 的迁移学习

前几节详细说明了如何使用 Spark 框架及其 MLlib 来解决 ML 问题。然而，在大多数复杂的任务中，深度学习模型可以提供更好的性能。Spark 支持在 MLlib 上工作的高级 API——SparkDL。它在后端使用 TensorFlow，还需要使用 TensorFrame、Keras 和 TFoS 模块。

在本节中，读者通过使用 SparkDL 对图像进行分类，可熟悉图像的 Spark 支持。对于图像，正如第 4 章介绍的，**卷积神经网络**（CNN）是实际的选择。在第 4 章中，我们从零开始构建 CNN，并学习了一些流行的 CNN 架构。CNN 的一个非常有趣的特性是，每一个卷积层作为特征提取器都学会了从图像中识别不同的特征。较低的卷积层过滤掉了像线和圆这样的基本形状，而较高的卷积层过滤掉了更抽象的形状。此属性可用来使用训练过的 CNN 对一组图像进行分类，且只需更改该 CNN 最后的全连接层即可对另一组类似领域的图像进行分类。这种方法叫作**迁移学习**。根据新图像数据集的可用性和两个领域之间的相似性，迁移学习可以显著地帮助减少训练时间和对大型数据集的需求。

在 NIPS 2016 教程中，人工智能领域的关键人物之一吴恩达表示，迁移学习将是商业成功的下一个驱动力。在图像领域，利用在 ImageNet 数据集上训练过的 CNN 对其他领域的图像进行分类的迁移学习取得了很大的成功。将迁移学习应用于其他数据领域的研究正在进行中。你可以从由 Sebastian Ruder 撰写的博客文章（见 http://ruder.io/transferlearning/）中获得关于迁移学习的入门知识。

下面将使用由谷歌提出的 CNN 架构——InceptionV3（见 https://arxiv.org/pdf/1409.4842. pdf），在 ImageNet 数据集（http://www.image-net.org）上训练过——识别出道路上的车辆（目前只针对公共汽车和小汽车）。

在开始之前，请确保在工作环境中安装了以下模块：

- PySpark
- TensorFlow
- Keras
- TFoS
- TensorFrames
- Wrapt
- Pillow
- pandas
- Py4J
- SparkDL
- Kafka
- Jieba

可以使用 pip install 命令在单机或集群中的机器上安装这些模块。

接下来，将介绍如何使用 Spark 和 SparkDL 进行图像分类。我们使用谷歌图像搜索，并对两种不同的花（即雏菊和郁金香）进行截图。其中雏菊有 42 幅，郁金香有 65 幅。下面的截图显示了雏菊。

下面的截图显示了郁金香。

由于我们的数据集太小，因此如果从头开始构建 CNN，将无法实现任何有用的性能。在这种情况下，我们可以利用迁移学习。在类 DeepImageFeaturizer 的帮助下，SparkDL 模块提供了一种使用预训练模型的简便方法。它支持以下 CNN 模型（可在 ImageNet 数据集上进行预训练，见 http://www.image-net.org/）：

- InceptionV3
- Xception
- ResNet50
- VGG16
- VGG19

下面将使用谷歌的 InceptionV3 作为基本模型。完整的代码可以从本书 GitHub 库的 Chapter08/Transfer_Learning_Sparkdl.ipynb 文件中找到。

（1）为 SparkDL 库指定环境。这一步非常重要，若没有它，内核将不知道从何处加载 SparkDL 包：

```
import os
SUBMIT_ARGS = "--packages databricks:spark-deep-learning:1.3.0-
spark2.4-s_2.11 pyspark-shell"
os.environ["PYSPARK_SUBMIT_ARGS"] = SUBMIT_ARGS
```

TIP 即使在某些操作系统上使用 pip 安装 SparkDL，也需要指定 OS 环境或 SparkDL。

（2）启动一个 SparkSession，如下面的代码所示：

```
from pyspark.sql import SparkSession
spark = SparkSession.builder \
    .appName("ImageClassification") \
    .config("spark.executor.memory", "70g") \
    .config("spark.driver.memory", "50g") \
    .config("spark.memory.offHeap.enabled",True) \
    .config("spark.memory.offHeap.size","16g") \
    .getOrCreate()
```

（3）导入必要的模块，并读取图像数据。在读取图像路径的同时，为 Spark 数据帧中的每个图像分配标签，如下所示：

```
import pyspark.sql.functions as f
import sparkdl as dl
from pyspark.ml.image import ImageSchema
from sparkdl.image import imageIO
dftulips = ImageSchema.readImages('data/flower_photos/tulips').\
    withColumn('label', f.lit(0))
dfdaisy = ImageSchema.readImages('data/flower_photos/daisy').\
    withColumn('label', f.lit(1))
```

（4）你可以看到两个数据帧的前五行。第一列包含每个图像的路径，并且列中给出了图像的标签（无论是属于雏菊（标签为 1），还是属于郁金香（标签为 0））。

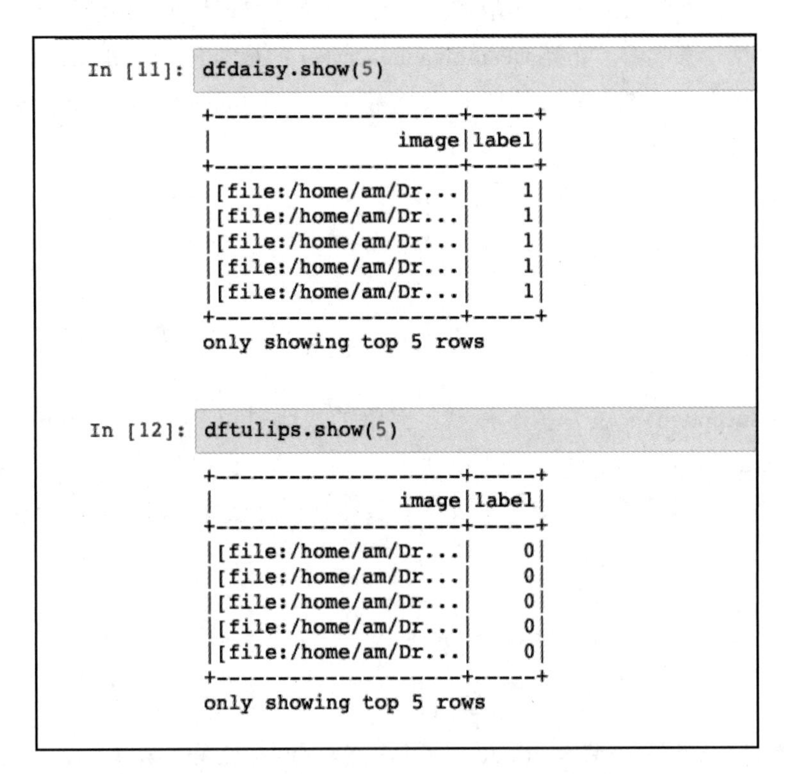

（5）使用 randomSplit 函数将两个图像数据集划分为训练集和测试集（这始终都是一个好方法）。通常选择测试集与训练集的比例为 60% 比 40%、70% 比 30% 或 80% 比 20%。这里选择了 70% 比 30%。为了进行训练，我们将 trainDF 数据帧中的两种花的训练图像与 testDF 数据帧中的测试数据集图像结合起来，如下所示：

```
trainDFdaisy, testDFdaisy = dfdaisy.randomSplit([0.70,0.30],\
        seed = 123)
trainDFtulips, testDFtulips = dftulips.randomSplit([0.70,0.30],\
        seed = 122)
trainDF = trainDFdaisy.unionAll(trainDFtulips)
testDF = testDFdaisy.unionAll(testDFtulips)
```

（6）使用 InceptionV3 构建管道以作为特征提取器，后跟逻辑回归分类器，并使用 trainDF 数据帧来训练模型：

```
from pyspark.ml.classification import LogisticRegression
from pyspark.ml import Pipeline

vectorizer = dl.DeepImageFeaturizer(inputCol="image",\
        outputCol="features", modelName="InceptionV3")
logreg = LogisticRegression(maxIter=20, labelCol="label")
pipeline = Pipeline(stages=[vectorizer, logreg])
pipeline_model = pipeline.fit(trainDF)
```

（7）现在，在测试数据集中评估训练好的模型。可以看到，在测试数据集上，使用以下代码得到的准确率为 90.32%：

```
predictDF = pipeline_model.transform(testDF) #predict on test
dataset

from pyspark.ml.evaluation import MulticlassClassificationEvaluator
as MCE
scoring = predictDF.select("prediction", "label")
accuracy_score = MCE(metricName="accuracy")
rate = accuracy_score.evaluate(scoring)*100
print("accuracy: {}%" .format(round(rate,2)))
```

（8）下面是这两个类的混淆矩阵：

```
In [17]: predictDF.crosstab('prediction', 'label').show()

         +----------------+---+---+
         |prediction_label|  0|  1|
         +----------------+---+---+
         |             1.0|  0| 12|
         |             0.0| 16|  3|
         +----------------+---+---+
```

在不足 20 行代码内，我们就可以训练好模型并获得 90.32% 的良好准确率。请记住，这里使用的是原始数据集，通过增加图像数据集，并过滤掉低质量的图像，可以提高模型的性能。读者可以从官方 GitHub 库（见 https://github.com/databricks/spark-deep-learning）中了解更多有关深度学习库 SparkDL 的信息。

8.3　H2O.ai 简介

H2O 是一个快速可扩展的 ML 和深度学习框架，由 H2O.ai 开发，在开源 Apache 许可下发布。根据其公司提供的详细信息，超过 9000 个组织和 80 000 多名数据科学家使用 H2O 来满足其 ML/ 深度学习需求。通过使用内存压缩技术，即使是一个小的机器集群，也可以在内存中处理大量数据。它有一个用于 R、Python、Java、Scala 和 JavaScript 的接口，甚至还有一个内置的 Web 接口。H2O 可以在单机模式下运行，也可以在 Hadoop 或 Spark 集群上运行。

H2O 内含大量的 ML 算法，如广义线性建模、朴素贝叶斯、随机森林、梯度提升和深度学习算法。H2O 的最佳部件可以用于构建数千个模型，并比较结果，甚至可以使用几行代码进行超参数调整。H2O 还具有更好的数据预处理工具。

H2O 需要 Java 的支持，因此，使用它时请确保系统中安装了 Java。可以利用 PyPi 安装能在 Python 中使用的 H2O，如下面的代码所示：

```
pip install h2o
```

8.3.1 H2O AutoML

H2O 最令人兴奋的特性之一是 AutoML，即自动 ML，它试图开发一个用户友好的 ML 接口，可供非专家用户使用。H2O AutoML 可使大量候选模型的训练和调优过程自动化。它的接口只要求用户指定数据集、输入和输出特征，以及对训练模型总数的任何约束或者时间约束。剩下的工作由 AutoML 自动完成。在指定的时间限制内，它确定了性能最佳的模型，并提供一个排行榜。观察发现，通常情况下，Stacked Ensemble 模型（所有先前训练的模型的集合）占据排行榜首位。高级用户可以使用大量选项，有关这些选项及其各种功能的详细信息，请参阅 http://docs.h2o.ai/h2o/latest-stable/h2o-docs/automl.html。

想了解更多关于 H2O 的信息，可以访问网站 https://www.h2o.ai/。

8.3.2 H2O 中的回归

首先，我们将展示如何在 H2O 中执行回归方法。这里将使用之前 MLlib 使用的相同数据集（即波士顿房价），对房价进行预测。完整的代码可以在本书 GitHub 上找到，文件名是 Chapter08/boston_price_h2o.ipynb：

（1）导入必要模块：

```
import h2o
import time
import seaborn
import itertools
import numpy as np
import pandas as pd
import seaborn as sns
import matplotlib.pyplot as plt
from h2o.estimators.glm import H2OGeneralizedLinearEstimator as GLM
from h2o.estimators.gbm import H2OGradientBoostingEstimator as GBM
from h2o.estimators.random_forest import H2ORandomForestEstimator
as RF
%matplotlib inline
```

（2）启动 h2o 服务器。这里使用 h2o.init() 命令来执行此操作。它首先检查所有现有的 h2o 实例，如果没有可用的实例，那么它将启动一个实例。通过将 IP 地址和端口号指定为 init() 函数的参数，还可以连接到现有集群上。在下面的屏幕截图中，可以看到在单机系统中执行 init() 的结果：

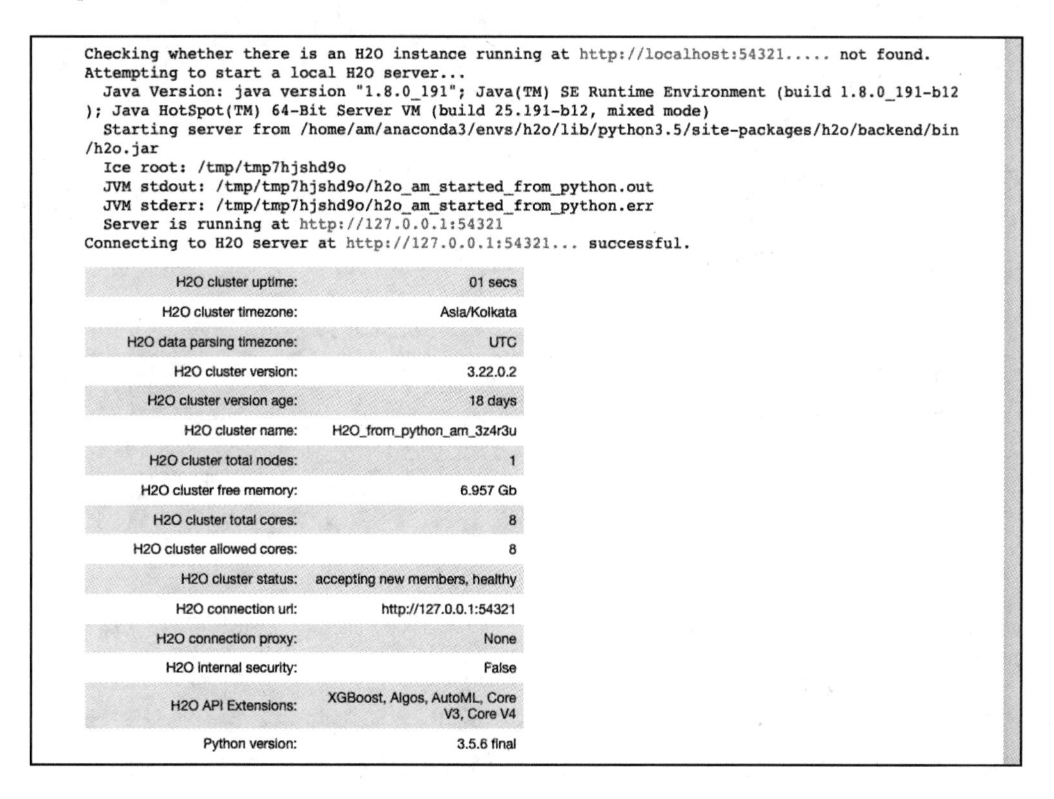

```
Checking whether there is an H2O instance running at http://localhost:54321..... not found.
Attempting to start a local H2O server...
  Java Version: java version "1.8.0_191"; Java(TM) SE Runtime Environment (build 1.8.0_191-b12
); Java HotSpot(TM) 64-Bit Server VM (build 25.191-b12, mixed mode)
  Starting server from /home/am/anaconda3/envs/h2o/lib/python3.5/site-packages/h2o/backend/bin
/h2o.jar
  Ice root: /tmp/tmp7hjshd9o
  JVM stdout: /tmp/tmp7hjshd9o/h2o_am_started_from_python.out
  JVM stderr: /tmp/tmp7hjshd9o/h2o_am_started_from_python.err
  Server is running at http://127.0.0.1:54321
Connecting to H2O server at http://127.0.0.1:54321... successful.
```

H2O cluster uptime:	01 secs
H2O cluster timezone:	Asia/Kolkata
H2O data parsing timezone:	UTC
H2O cluster version:	3.22.0.2
H2O cluster version age:	18 days
H2O cluster name:	H2O_from_python_am_3z4r3u
H2O cluster total nodes:	1
H2O cluster free memory:	6.957 Gb
H2O cluster total cores:	8
H2O cluster allowed cores:	8
H2O cluster status:	accepting new members, healthy
H2O connection url:	http://127.0.0.1:54321
H2O connection proxy:	None
H2O internal security:	False
H2O API Extensions:	XGBoost, Algos, AutoML, Core V3, Core V4
Python version:	3.5.6 final

（3）使用 h2o import_file 函数读取数据文件。它将数据加载到一个 H2O 数据帧中，像 pandas 的数据帧一样，可以轻松地处理该数据帧。使用 cor() 方法可以很轻松地找到 h2o 数据帧中不同输入特征之间的相关性：

```
boston_df = h2o.import_file("../Chapter08/boston/train.csv",
destination_frame="boston_df")

plt.figure(figsize=(20,20))
corr = boston_df.cor()
corr = corr.as_data_frame()
corr.index = boston_df.columns
#print(corr)
sns.heatmap(corr, annot=True, cmap='YlGnBu',vmin=-1, vmax=1)
plt.title("Correlation Heatmap")
```

下图是波士顿房价数据集不同特征之间的相关性输出。

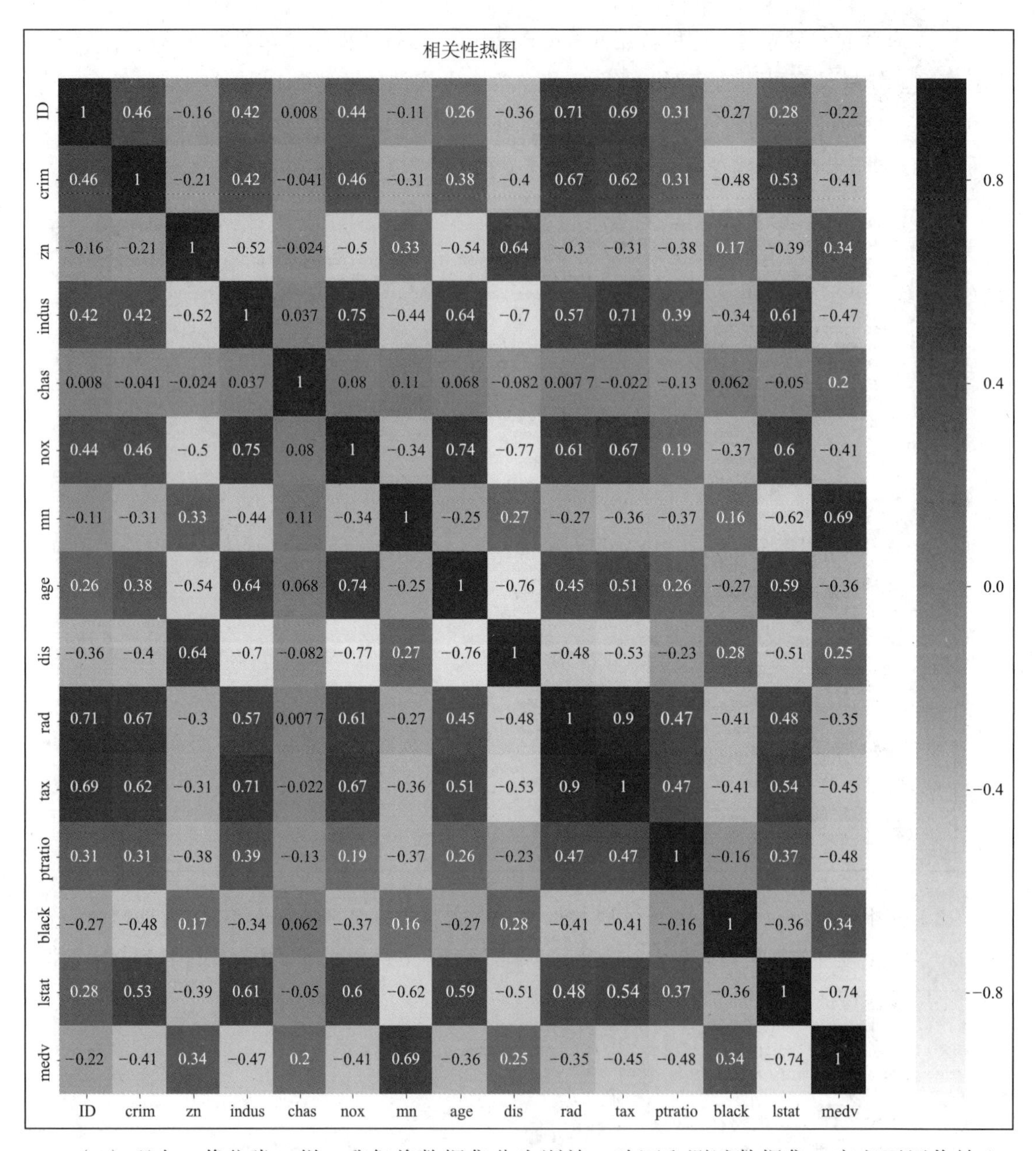

（4）现在，像往常一样，我们将数据集分为训练、验证和测试数据集。定义要用作输入特征 (x) 的特征：

```
train_df,valid_df,test_df = boston_df.split_frame(ratios=[0.6,
0.2],\
        seed=133)
features =  boston_df.columns[:-1]
```

（5）完成这项工作后，之后的过程非常简单。我们只需将 H2O 库提供的回归模型类实例化，并将训练和验证数据集作为参数来使用函数 train()。在 train() 函数中，还指定了输入特征 (x) 和输出特征 (y)，在本例中，将所有可用的特征作为输入特征，将房价 medv 作为输出特征。可以通过使用 print 语句来查看训练后模型的特征。接下来，你可以看到一个广义线性回归模型的声明，以及其在训练和验证数据集上的训练结果：

```
model_glm = GLM(model_id='boston_glm')
model_glm.train(training_frame= train_df,\
        validation_frame=valid_df, \
        y = 'medv', x=features)
print(model_glm)
```

```
glm Model Build progress: |████████████████████████████████████████| 100%
Model Details
to expand output; double click to hide output
=============

H2OGeneralizedLinearEstimator :  Generalized Linear Modeling
Model Key:  boston_glm


ModelMetricsRegressionGLM: glm
** Reported on train data. **

MSE: 25.29061565365854
RMSE: 5.028977595263131
MAE: 3.5119806236622573
RMSLE: 0.21879597717063684
R^2: 0.6585836959508422
Mean Residual Deviance: 25.29061565365854
Null degrees of freedom: 199
Residual degrees of freedom: 188
Null deviance: 14815.118876113953
Residual deviance: 5058.123130731708
AIC: 1239.662094110731

ModelMetricsRegressionGLM: glm
** Reported on validation data. **

MSE: 29.45943429400654
RMSE: 5.427654584994014
MAE: 3.9827620428290818
RMSLE: 0.23155132773489584
R^2: 0.6075220878659529
Mean Residual Deviance: 29.45943429400654
Null degrees of freedom: 57
Residual degrees of freedom: 46
Null deviance: 4379.649896571945
Residual deviance: 1708.6471890523794
AIC: 386.81169393537243
```

（6）训练结束后，下一步是检查模型在测试数据集上的性能，这可以使用 model_performance() 函数轻松完成。我们还可以将它用于任何其他数据集：训练集、验证集、测试集或一些新的类似数据集：

```
test_glm = model_glm.model_performance(test_df)
print(test_glm)
```

```
ModelMetricsRegressionGLM: glm
** Reported on test data. **

MSE: 58.79022368779993
RMSE: 7.667478313487423
MAE: 4.535525812229012
RMSLE: 0.2716211906586539
R^2: 0.4911310682143256
Mean Residual Deviance: 58.79022368779993
Null degrees of freedom: 74
Residual degrees of freedom: 63
Null deviance: 8748.76368890764
Residual deviance: 4409.266776584995
AIC: 544.388948275823
```

（7）如果想使用梯度提升估计器回归模型或随机森林回归模型，可以实例化各自的类对象，后续步骤保持不变。发生改变的是输出参数，在梯度提升估计器回归模型和随机森林模型的使用场景中，我们还将学习不同输入特征的相对重要性：

```
#Gradient Boost Estimator
model_gbm = GBM(model_id='boston_gbm')
model_gbm.train(training_frame= train_df, \
        validation_frame=valid_df, \
        y = 'medv', x=features)

test_gbm = model_gbm.model_performance(test_df)

#Random Forest
model_rf = RF(model_id='boston_rf')
model_rf.train(training_frame= train_df,\
        validation_frame=valid_df, \
        y = 'medv', x=features)

test_rf = model_rf.model_performance(test_df)
```

（8）机器学习和深度学习中最难的部分是选择正确的超参数。在 H2O 中，借助 H2OGridSearch 类，这个任务变得非常简单。下面的代码片段在超参数的维度上执行网格搜索，以获得前面定义的梯度提升估计器：

```
from h2o.grid.grid_search import H2OGridSearch as Grid
hyper_params = {'max_depth':[2,4,6,8,10,12,14,16]}
grid = Grid(model_gbm, hyper_params, grid_id='depth_grid')
grid.train(training_frame= train_df,\
        validation_frame=valid_df,\
        y = 'medv', x=features)
```

（9）H2O 最突出的优点是可使用 AutoML 自动查找最好的模型。我们让它在 10 个模型中搜索，时间限制为 100 秒。AutoML 将使用这些参数构建 10 个不同的模型，但不包括 Stacked Ensemble 模型。在训练最终的 Stacked Ensemble 模型之前，它最多运行 100 秒：

```
from h2o.automl import H2OAutoML as AutoML
aml = AutoML(max_models = 10, max_runtime_secs=100, seed=2)
aml.train(training_frame= train_df, \
        validation_frame=valid_df, \
        y = 'medv', x=features)
```

（10）用于回归任务的模型排行榜如下图所示。

```
In [25]: print(aml.leaderboard)
```

model_id	mean_residual_deviance	rmse	mse	mae	rmsle
StackedEnsemble_AllModels_AutoML_20181210_223722	9.82793	3.13495	9.82793	2.13917	0.139589
StackedEnsemble_BestOfFamily_AutoML_20181210_223722	9.94461	3.15351	9.94461	2.14671	0.138903
GBM_3_AutoML_20181210_223722	10.2273	3.19802	10.2273	2.24126	0.14437
GBM_2_AutoML_20181210_223722	10.2627	3.20355	10.2627	2.23899	0.143894
GBM_1_AutoML_20181210_223722	10.2719	3.20498	10.2719	2.21991	0.147681
GBM_4_AutoML_20181210_223722	10.287	3.20734	10.287	2.24546	0.144326
XGBoost_2_AutoML_20181210_223722	10.3645	3.21939	10.3645	2.05124	0.143118
XGBoost_1_AutoML_20181210_223722	11.068	3.32686	11.068	2.16475	0.14958
XGBoost_3_AutoML_20181210_223722	11.3421	3.3678	11.3421	2.26389	0.147565
XRT_1_AutoML_20181210_223722	12.0748	3.47488	12.0748	2.31572	0.141624

可以使用各自的 model_id 访问排行榜中的不同模型。使用 leader 参数可访问最佳模型。在我们的案例中，aml.leader 代表了最好的模型，是所有模型的 Stacked Ensemble。可以使用二进制或 MOJO 格式的 h2o.save_model 函数保存最佳模型。

8.3.3　H2O 中的分类

同样的模型也可以用于 H2O 中的分类任务，仅一个变化，即需要使用 asfactor() 函数将输出特征从数值更改为分类值。我们将对红酒的品质进行分类，使用之前的红酒数据库（见第 3 章）。这里需要导入与上一小节相同的模块并启动 H2O 服务器，完整的代码在本书 GitHub 中的 Chapter08/wine_classification_h2o.ipynb 文件里。

（1）导入必要模块并启动 H2O 服务器：

```
import h2o
import time
import seaborn
import itertools
import numpy as np
import pandas as pd
import seaborn as sns
import matplotlib.pyplot as plt
from h2o.estimators.glm import H2OGeneralizedLinearEstimator as GLM
from h2o.estimators.gbm import H2OGradientBoostingEstimator as GBM
from h2o.estimators.random_forest import H2ORandomForestEstimator
as RF

%matplotlib inline

h2o.init()
```

（2）读取数据文件。首先修改输出特征以考虑两个类（好酒和坏酒），然后使用 asfactor() 函数将其转换为分类变量。这是 H2O 中的一个重要步骤。我们使用相同的类对象处理回归和分类任务，这要求输出标签在回归的情况下是数值，在分类的情况下是分类值，如下所示：

```
wine_df = h2o.import_file("../Chapter08/winequality-red.csv",\
        destination_frame="wine_df")
features = wine_df.columns[:-1]
print(features)
wine_df['quality'] = (wine_df['quality'] > 7).ifelse(1,0)
wine_df['quality'] = wine_df['quality'].asfactor()
```

（3）将数据拆分为训练、验证和测试数据集。把训练和验证数据集提供给广义线性估计器，仅做一个更改，即指定 family=binomial 参数，因为这里只有两个分类——好酒或坏酒。如果有两个以上的类，则使用 family=multinomial。请记住，指定参数是可选的，H2O 自动检测输出特征：

```
train_df,valid_df,test_df = wine_df.split_frame(ratios=[0.6, 0.2],\
        seed=133)

model_glm = GLM(model_id='wine_glm', family = 'binomial')
model_glm.train(training_frame= train_df, \
        validation_frame=valid_df,\
        y = 'quality', x=features)
print(model_glm)
```

（4）经过训练，你可以看到模型在所有性能指标上的表现，如准确率、精度、召回率、F1 度量和 AUC，甚至混淆度量。你可以在所有三个数据集（训练、验证和测试）上获取模型的以上性能指标。下面是由广义线性估计器得到的在测试数据集上的度量。

```
In [9]: test_glm = model_glm.model_performance(test_df)
        print(test_glm)

        ModelMetricsBinomialGLM: glm
        ** Reported on test data. **

        MSE: 0.017228193204603934
        RMSE: 0.1312562120610066
        LogLoss: 0.13988271775187358
        Null degrees of freedom: 317
        Residual degrees of freedom: 306
        Null deviance: 53.187557984070224
        Residual deviance: 88.96540849019598
        AIC: 112.96540849019598
        AUC: 0.6038338658146964
        pr_auc: 0.03346490361472496
        Gini: 0.2076677316293929
        Confusion Matrix (Act/Pred) for max f1 @ threshold = 0.17042651179749857:
```

	0	1	Error	Rate
0	308.0	5.0	0.016	(5.0/313.0)
1	4.0	1.0	0.8	(4.0/5.0)
Total	312.0	6.0	0.0283	(9.0/318.0)

```
Maximum Metrics: Maximum metrics at their respective thresholds
```

metric	threshold	value	idx
max f1	0.1704265	0.1818182	5.0
max f2	0.1704265	0.1923077	5.0
max f0point5	0.1704265	0.1724138	5.0
max accuracy	0.4984876	0.9811321	0.0
max precision	0.1704265	0.1666667	5.0
max recall	0.0000002	1.0	253.0
max specificity	0.4984876	0.9968051	0.0
max absolute_mcc	0.1704265	0.1682606	5.0
max min_per_class_accuracy	0.0006228	0.6	109.0
max mean_per_class_accuracy	0.0006228	0.6226837	109.0

```
Gains/Lift Table: Avg response rate:  1.57 %, avg score:  1.20 %
```

（5）在不更改前面代码中的任何其他内容的情况下，我们可以执行超调优，并使用 H2O 的 AutoML 获得更好的模型：

```
from h2o.automl import H2OAutoML as AutoML
aml = AutoML(max_models = 10, max_runtime_secs=100, seed=2)
aml.train(training_frame= train_df, \
        validation_frame=valid_df, \
        y = 'quality', x=features)
```

```
In [25]: print(aml.leaderboard)
```

model_id	mean_residual_deviance	rmse	mse	mae	rmsle
StackedEnsemble_AllModels_AutoML_20181210_223722	9.82793	3.13495	9.82793	2.13917	0.139589
StackedEnsemble_BestOfFamily_AutoML_20181210_223722	9.94461	3.15351	9.94461	2.14671	0.138903
GBM_3_AutoML_20181210_223722	10.2273	3.19802	10.2273	2.24126	0.14437
GBM_2_AutoML_20181210_223722	10.2627	3.20355	10.2627	2.23899	0.143894
GBM_1_AutoML_20181210_223722	10.2719	3.20498	10.2719	2.21991	0.147681
GBM_4_AutoML_20181210_223722	10.287	3.20734	10.287	2.24546	0.144326
XGBoost_2_AutoML_20181210_223722	10.3645	3.21939	10.3645	2.05124	0.143118
XGBoost_1_AutoML_20181210_223722	11.068	3.32686	11.068	2.16475	0.14958
XGBoost_3_AutoML_20181210_223722	11.3421	3.3678	11.3421	2.26389	0.147565
XRT_1_AutoML_20181210_223722	12.0748	3.47488	12.0748	2.31572	0.141624

我们发现，对于葡萄酒的品质分类，最佳模型是 XGBoost。

8.4 小结

随着物联网的普及，其所生成的数据呈指数级增长。这些数据大多是非结构化的，而且数量庞大，通常被称为大数据。目前已经出现了大量的可用来处理大量数据的框架和解决方案。DAI 是一种很有前途的解决方案，它将模型或数据分布在机器集群中。可以使用分布式 TensorFlow 或 TFoS 框架来执行分布式模型训练。近年来，有人提出了一些易于使用的开源解决方案。其中，两个最流行和最成功的解决方案是 Apache Spark 的 MLlib 和 H2O.ai 的 H2O。在本章，我们展示了如何在 MLlib 和 H2O 中训练 ML 模型以处理回归和分类任务。Apache Spark 的 MLlib 支持 SparkDL，其为图像分类和检测任务提供了出色的支持。本章使用 SparkDL 基于预训练的 InceptionV3 对花卉图像进行分类。另外，H2O.ai 的 H2O 也可处理数值和表格数据。H2O 还提供了一个有趣且有用的 AutoML 功能，即使是非专家，也可以在大量机器学习 / 深度学习模型中进行调优和搜索，而用户只需提供很少的细节。本章也介绍了如何使用 AutoML 处理回归和分类任务。

在集群机器上工作时，可以充分利用这些分布式平台的优势。随着计算和数据以可承受的速度转移到云上，将 ML 任务转移到云上是有意义的。因此，下一章将介绍不同的云平台，以及如何使用它们分析 IoT 设备生成的数据。

CHAPTER 9 · 第 9 章

个人物联网和家庭物联网

现在，你已经具备了机器学习和深度学习的知识，并学会了在大数据、图像任务、文本任务中使用这些知识，是时候去探索已掌握的算法和技术的一些实际使用了。本章和接下来的两章将集中讨论一些具体的案例研究。本章将关注个人物联网和家庭物联网用例，内容如下：

- 成功的物联网应用。
- 可穿戴设备及其在个人物联网中的作用。
- 如何使用 ML 监控心脏。
- 如何实现智能家居。
- 智能家居中的设备。
- 人工智能在人类活动识别预测中的应用。

9.1 个人物联网

个人物联网以可穿戴设备的使用为主导。可穿戴设备是一种可佩戴在身体上的技术设备，与智能手机上的应用程序一起使用。第一款可穿戴设备是由美国 Time Computer 公司（当时名为 Hamilton watch Company）生产的脉冲星计算器手表。它是一个独立的设备，没有连接到互联网。很快，随着互联网的发展，可穿戴设备成为一种时尚。可穿戴设备市场已从 2016 年估计的 3.25 亿美元跃升至 2020 年的 8.3 亿美元以上。

下图显示了 2016 年至 2021 年全球可穿戴设备的数量（数据来源：Statista）。随着如此多的设备在线连接，不断地生成数据，AI/ML 工具是分析这些数据并做出明智决策的自然选择。在本节，读者将了解到一些成功的个人物联网应用。

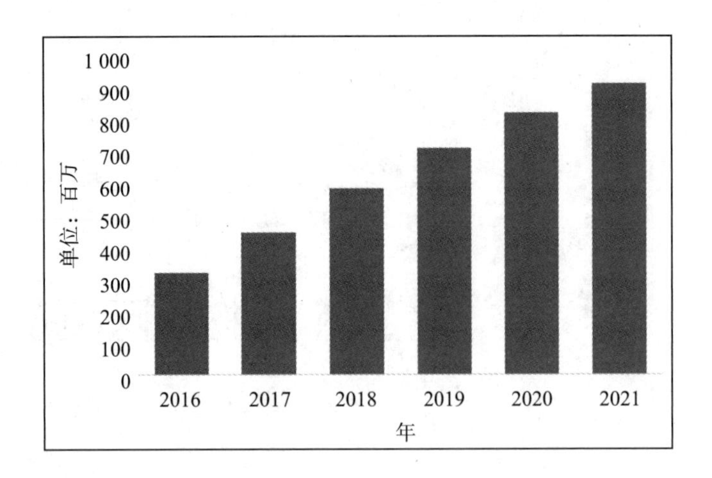

9.1.1 MIT 的超级鞋

一只手拿着手机，在谷歌地图的帮助下导航到目的地，你是否经常觉得这很麻烦？你有多少次希望拥有一双能把你带到任何想去的地方的神奇拖鞋呢？由 MIT 媒体实验室开发的超级鞋（https://www.media.mit.edu/projects/supershoes/overview/）与那些神奇的拖鞋非常相似，它们可让用户无须查看智能手机就能在人行道上穿行。

超级鞋有柔软的鞋垫，脚趾下嵌入振动电动机，可以无线连接到智能手机上的 APP。该 APP 不仅允许用户与超级鞋进行交互，还可以在云账户中存储喜欢 / 不喜欢的东西、爱好、商店、食物、人、兴趣等。振动的电动机产生与使用者沟通的触感。一旦用户在 APP 中输入一个目的地，鞋子就开始工作。如果左脚趾发痒，那么使用者应该向左转：如果右脚趾发痒，用户必须右转；当脚趾没有发痒时，用户必须继续直走；如果左右脚趾都反复发痒，用户就到达了目的地。

除了导航，超级鞋还可以推荐附近的名胜古迹。用户可在云上更新他们的好恶，根据用户的喜好，当用户接近推荐的感兴趣地点时，超级鞋还会给出一个提示（两个脚趾都会发痒一次）。超级鞋的另一个有趣的特点是，它还能提醒你附近是否有待处理的任务。

制作这种鞋所需的硬件非常简单，涉及以下几个元素：

- 用来挠脚趾的三个触感挠痒器。
- 一个感知行走的电容式触控板。
- 一个从 APP 中获取命令的微控制器，也能控制挠痒器。
- 一个与智能手机连接的蓝牙设备。
- 为整个系统供电的电池。

鞋子的功能是通过 APP 中的软件实现的。你可以在网站 http://dhairyadand.com/works/supershoes 上了解更多关于超级鞋的信息。

9.1.2 持续血糖监测

人工智能的一个主要应用出现在医疗保健领域的物联网中，其中最成功的商业应用之一是持续监测人体的葡萄糖水平。雅培的 FreeStyle CGM、DexCom CGM 和美敦力的 CGM 都是市面上可以买到的产品。

持续血糖监测（Continuous Glucose Monitoring，CGM）可以让糖尿病患者实时检测自己的血糖水平。它可以帮助患者在一段时间内监测读数，这些数据也可以用来预测患者未来的血糖水平，从而帮助他们应对低血糖等情况。

在 CGM 中，通常一个传感器要么被放在患者腹部皮肤下，要么被贴在患者手臂后面。传感器将读数发送到一个与其连接的寻呼机 / 智能手机 APP。该 APP 有额外的基于人工智能的算法，可以通知用户任何临床相关的血糖模式。这些数据的可用性不仅可以帮助用户主动管理自身的血糖水平，还可以洞察饮食、锻炼或疾病对一个人的血糖水平可能产生的影响。

传感器的寿命从 7 天到 14 天不等，这段时间通常足以让医生了解患者的生活方式，并据此提出建议。

利用 CGM 数据预测低血糖

一旦有了一个人的 CGM 数据，就可以使用 AI/ML 对数据进行分析，以收集更多信息或对低血糖进行预测。在本节，将使用前几章所讲的算法来构建葡萄糖预测系统。

下面将基于 Sparacino 等人的研究论文构建预测器，论文题目为“Glucose Concentration can be Predicted Ahead in Time From Continuous Glucose Monitoring sensor Time-Series”（见 https://doi.org/10.1109/TBME.2006.889774）。

该论文采用时间序列模型描述 CGM 时间序列葡萄糖数据。文中考虑了两种模型，一种是简单的一阶多项式模型，另一种是一阶自回归模型。根据以往的葡萄糖数据，在每次采样时间 t_s 拟合模型参数。在这里，我们将使用第 3 章介绍的 scikit 线性回归器实现简单的一阶多项式模型。

（1）导入 pandas 模块（用于读取 csv 文件）、NumPy 模块（用于数据处理）、Matplolib 模块（用于绘图）和 scikit-learn 模块（使用其中的线性回归函数），如下所示：

```
import pandas as pd
import numpy as np
import matplotlib.pyplot as plt
from sklearn.linear_model import LinearRegression
%matplotlib inline
```

（2）将从 CGM 获得的数据保存到 data 文件夹中并读取它。我们需要两个值：葡萄糖读数和时间。这里使用的数据保存在两个 CSV 文件中：ys.csv 和 ts.csv。第一个包含葡萄糖读数，第二个包含相应的时间，如下：

```
# Read the data
ys = pd.read_csv('data/ys.csv')
ts = pd.read_csv('data/ts.csv')
```

（3）参照论文，定义预测模型的两个参数：预测范围 ph 和遗忘因子 mu。关于这两个参数的详细信息，请参考之前提到的论文。

```
# MODEL FIT AND PREDICTION

# Parameters of the predictive model. ph is Prediction horizon, mu
is Forgetting factor.
ph = 10
mu = 0.98
```

（4）创建数组来保存预测值，如下所示：

```
n_s = len(ys)

# Arrays to hold predicted values
tp_pred = np.zeros(n_s-1)
yp_pred = np.zeros(n_s-1)
```

（5）现在读取模拟实时采集的 CGM 数据，并提前几分钟预测葡萄糖水平的 ph 值。所有的历史数据都用来确定模型参数，但是每个参数的贡献不同，具体取决于分配给它的单个权重 mu^k（对早于实际采样时间 k 个时间的样本）：

```
# At every iteration of the for loop a new sample from CGM is
acquired.
for i in range(2, n_s+1):
    ts_tmp = ts[0:i]
    ys_tmp = ys[0:i]
    ns = len(ys_tmp)

    # The mu**k assigns the weight to the previous samples.
    weights = np.ones(ns)*mu
    for k in range(ns):
        weights[k] = weights[k]**k
    weights = np.flip(weights, 0)
    # MODEL
    # Linear Regression.
    lm_tmp = LinearRegression()
    model_tmp = lm_tmp.fit(ts_tmp, ys_tmp, sample_weight=weights)
    # Coefficients of the linear model, y = mx + q
    m_tmp = model_tmp.coef_
    q_tmp = modeltmp.intercept

    # PREDICTION
    tp = ts.iloc[ns-1,0] + ph
    yp = m_tmp*tp + q_tmp

    tp_pred[i-2] = tp
    yp_pred[i-2] = yp
```

（6）可以看到，预测是落后于实际的。正常血糖水平为 70 ～ 180。在 70 以下，会出现低血糖，在 180 以上，可导致高血糖。让我们看看预测到的数据的图表：

```
# PLOT
# Hypoglycemia threshold vector.
t_tot = [l for l in range(int(ts.min()), int(tp_pred.max())+1)]
hypoglycemiaTH = 70*np.ones(len(t_tot))
#hyperglycemiaTH = 180*np.ones(len(t_tot))

fig, ax = plt.subplots(figsize=(10,10))
fig.suptitle('Glucose Level Prediction', fontsize=22,
fontweight='bold')
ax.set_title('mu = %g, ph=%g ' %(mu, ph))
ax.plot(tp_pred, yp_pred, label='Predicted Value')
ax.plot(ts.iloc[:,0], ys.iloc[:,0], label='CGM data')
ax.plot(t_tot, hypoglycemiaTH, label='Hypoglycemia threshold')
#ax.plot(t_tot, hyperglycemiaTH, label='Hyperglycemia threshold')
ax.set_xlabel('time (min)')
ax.set_ylabel('glucose (mg/dl)')
ax.legend()
```

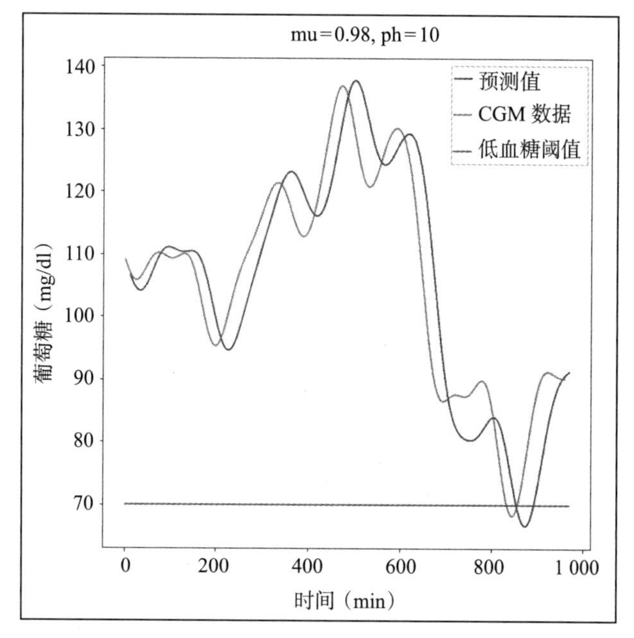

（7）通过以下代码，得到的 RMSE 误差为 27：

```
from sklearn.metrics import mean_squared_error as mse
print("RMSE is", mse(ys[1:],yp_pred))
```

完整代码见本书 GitHub 中的 Chapter09/Hypoglycemia_Prediction.ipynb 文件。葡萄糖预测系统可用于许多商业产品。基于上述模型，读者可以自己实现一个这样的系统，也可以使用人工神经网络做出类似的预测，得到更好的结果（参考 https://www.ncbi.nlm.nih.gov/pubmed/20082589）。

9.1.3　心律监测器

大量的可穿戴设备可以用来监测和记录心率。这些数据可以用来预测任何有害的心脏状况。在这里，我们将使用 AI/ML 工具来预测心律失常，即心率不规则的情况，可能是太快了（每分钟 100 拍以上），也可能是太慢了（每分钟 60 拍以下）。所使用的数据取自 UCI 机器学习库数据集（https://archive.ics.uci.edu/ml/datasets/heart+Disease）。该数据集包含 76 个属性，而并非所有属性都是预测疾病所必需的，数据集具有与每个数据行关联的目标字段，它有 5 个可能取值 0 ～ 4，值 0 表示心脏健康，任何其他值表示存在疾病。该问题可分解为二分类问题，以提高分类准确率。相关代码深受 Mohammed Rashad 的 GitHub 分享（见 https://github.com/MohammedRashad/Deep-Learning-and-Wearable-IoT-to-Monitor-and-Predict-Cardiac-Arrhytmia）启发，这篇文章拥有 GNU GPL 3.0 许可。完整的代码见本书 GitHub 库中的 Chapter09/Heart_Disease_Prediction.ipynb 文件。

（1）导入必要的模块。由于现在将患者分为患有或不患有心脏病，因此需要一个分类器。简单起见，我们使用 SVC 分类器。读者也可以使用 MLP 分类器进行实验，如下所示：

```
# importing required libraries
import numpy as np
import pandas as pd
import matplotlib.pyplot as plt

from sklearn.svm import SVC
from sklearn import metrics
from sklearn.metrics import confusion_matrix
from sklearn.model_selection import train_test_split
```

（2）读取数据集，对数据集进行预处理，以选择要考虑的属性。我们从 76 个属性中选择 13 个属性，然后将目标从多类值转换为二分类。最后，将数据划分为训练集和测试集，如下所示：

```
# reading csv file and extracting class column to y.
dataset = pd.read_csv("data.csv")
dataset.fillna(dataset.mean(), inplace=True)

dataset_to_array = np.array(dataset)
label = dataset_to_array[:,57] # "Target" classes having 0 and 1
label = label.astype('int')
label[label>0] = 1 # When it is 0 heart is healthy, 1 otherwise

# extracting 13 features
dataset = np.column_stack((
    dataset_to_array[:,4] , # pain location
    dataset_to_array[:,6] , # relieved after rest
    dataset_to_array[:,9] , # pain type
    dataset_to_array[:,11], # resting blood pressure
    dataset_to_array[:,33], # maximum heart rate achieve
    dataset_to_array[:,34], # resting heart rate
    dataset_to_array[:,35], # peak exercise blood pressure (first
of 2 parts)
    dataset_to_array[:,36], # peak exercise blood pressure (second
of 2 parts)
```

```
    dataset_to_array[:,38], # resting blood pressure
    dataset_to_array[:,39], # exercise induced angina (1 = yes; 0 =
no)
    dataset.age, # age
    dataset.sex , # sex
    dataset.hypertension # hyper tension
 ))

print ("The Dataset dimensions are : " , dataset.shape , "\n")

# dividing data into train and test data
X_train, X_test, y_train, y_test = train_test_split(dataset, label,
random_state = 223)
```

（3）现在，定义要使用的模型。这里使用支持向量分类器，使用 fit 函数来训练数据集：

```
model = SVC(kernel = 'linear').fit(X_train, y_train)
```

（4）观察模型在测试数据集上的性能：

```
model_predictions = model.predict(X_test)
# model accuracy for X_test
accuracy = metrics.accuracy_score(y_test, model_predictions)
print ("Accuracy of the model is :" ,
    accuracy , "\nApproximately : ",
    round(accuracy*100) , "%\n")
```

（5）可以看到，模型的准确率为 74%，可以使用 MLP 进一步提高它。但是在使用 MLP 分类器之前，请记住对所有的输入特征进行归一化。下面是训练好的支持向量分类器在测试数据集上的混淆矩阵：

```
#creating a confusion matrix
cm = confusion_matrix(y_test, model_predictions)

import pandas as pd
import seaborn as sn
import matplotlib.pyplot as plt
%matplotlib inline
df_cm = pd.DataFrame(cm, index = [i for i in "01"],
columns = [i for i in "01"])
plt.figure(figsize = (10,7))
sn.heatmap(df_cm, annot=True)
```

下面的输出显示了用于测试数据集的混淆矩阵。

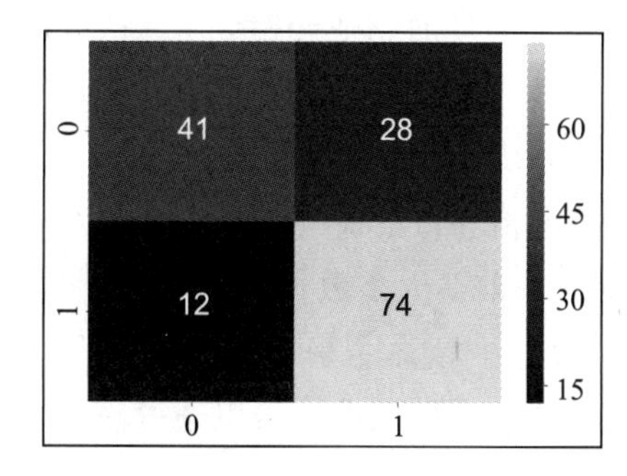

读者可以在相同的数据集中训练自己的模型，并使用训练过的模型对朋友、家人或客户的心脏状况进行预测。

9.1.4 数字助理

数字助理是最古老的人工智能应用之一。最初的数字助理尝试从未真正成功，但随着智能手机的出现和大规模普及，现在已有大量的数字助理可提供服务，比如拨打电话号码、写短信、安排约会，甚至为用户搜索互联网。用户可以让数字助理推荐附近的餐馆、酒吧或其他类似的地方。

以下是一些流行的数字助理：

- **Siri**。由苹果公司开发，它允许用户发送接听 / 拨打电话，在日历中添加约会，播放音乐或视频，甚至发送短信。如今，几乎所有的苹果产品都有语音激活界面。
- **Cortana**。由微软公司开发，它可以根据时间、地点甚至是人来提醒你日程，从而帮助你按时完成任务。你可以让 Cortana 为你点午餐，或者使用任何其他与它合作的 APP。它与 Edge 集成，并调用一个以 Cortana 为特色的声控扬声器。
- **Alexa**。由亚马逊公司开发，通过亚马逊 Echo 智能音箱供人使用。它可以播放音乐，制作待办事项列表，为你设置闹钟，播放有声书籍，提供股票、天气等实时信息。它还提供语音交互功能。
- **谷歌助手**。这是一个由语音控制的智能助手。它能提供持续的对话，也就是说，你不必为了任何请求说“嘿，谷歌”，一旦你开始说话，它就会侦听响应，而不需要触发短语。它还可以识别不同人的语音资料，并根据个人喜好来调整响应。它不仅可以在 Android 智能手机上使用，也可以在谷歌智能家居设备中使用。

在 2018 年，谷歌进一步推出了谷歌 Duplex，它是一个可以为你打电话和预约事务的助手。它可以像人一样说话，也能理解说话的语境。

9.2 物联网和智能家居

我的一个好朋友总是担心他年迈的母亲，当他、他的妻子和孩子外出时，他的母亲一个人在家。当他母亲的身体状况开始变坏时，他开始寻求解决办法，很简单，他在所有的房间里都安装了闭路电视摄像头，并连接一个移动 APP。这些摄像头都与互联网相连，现在，无论他在哪里，他都可以登录家居系统，确保他母亲安全。

闭路电视、智能照明、智能音箱等与互联网相连，可帮助人们自动完成家中的许多任务，用户所体验到的就是智能家居。目前，大多数智能家居系统都是通过语音命令接口工作的，在语音命令接口中，用户可以使用一组命令来控制特定的设备。例如，在 Amazon 的 Echo Dot 中，用户可以让它搜索或播放特定的歌曲；可以通过简单的语音界面，让苹果的 Siri 用你的手机给朋友打电话。这些设备大多以某种形式使用 AI/ML，但是通过使用 AI/ML 可以进一步提高家居自动化。例如，在我朋友的例子中，一个人工智能系统可以通过训练来识别视频中的活动，或者检测家中的入侵。可能性是无限的，有了正确的数据和足够的计算力，一切只受限于想象力。

在本节，我们将看到一些现有的家居自动化产品，并了解如何进一步使用 AI 来增强自动化。

9.2.1 人类活动识别

人类活动识别（Human Activity Recognition，HAR）是目前被研究最多的智能家居应用之一。很多公司都在尝试开发一些 APP 来跟踪体育活动及相应的卡路里消耗情况。保健和健身无疑是利润丰厚的商业项目。除了在健身和保健方面的应用，HAR 还可以用于老年人护理或康复中心项目。可以用来执行 HAR 的方法很多，其中两种如下：

- 使用摄像机（或雷达、类似设备）来记录人类活动，并使用 DL 方法对其进行分类。
- 使用可穿戴传感器（类似于智能手机中的加速度计），传感器的数据被记录下来，并用于预测活动。

这两种方法都有其优缺点。接下来，让我们详细讨论它们。

1. 使用可穿戴传感器的 HAR

很多商家都提供带健身追踪器的可穿戴手表和手环。这些手表和手环有 GPS、加速度计、陀螺仪、心率传感器和环境光传感器。利用传感器融合技术，将这些传感器的输出结合起来，可以对活动进行预测。根据数据的时序特性可知，这是一项具有挑战性的时间序列分类任务。

Fitbit（见 https://www.fitbit.com/smarttrack）是健身追踪器领域首屈一指的公司，它使用一种名为 SmartTrack 的技术，可以识别出包括连续运动或轻微运动在内的活动。依据运动的强度和模式对活动进行分类，可得到以下 7 类：

- 散步
- 跑步
- 有氧运动
- 椭圆机运动
- 户外自行车
- 运动
- 游泳

Apple Watch（见 https://www.apple.com/in/apple-watch-series-4/workout/）与 Fitbit 形成了激烈竞争。前者在 ios 操作系统上工作，带有跌倒检测功能，以及许多其他的健康跟踪功能。

通过分析手腕的运动轨迹和碰撞加速度，它可以检测出这个人是否跌倒了，还可以拨打紧急电话。默认情况下，Apple Watch 将活动分为三组：走路、锻炼和站立。锻炼被进一步分类为室内跑步、室外跑步、滑雪、滑雪板、瑜伽，甚至徒步旅行。

如果用户尝试用智能手机传感器制作一个类似的应用，首先需要的是数据。接下来，我们展示了一个使用随机森林模型的 HAR 实现，代码改编自罗切斯特大学的数据科学家 Nilesh Patil 的 GitHub 分享，见 https://github.com/nilesh-patil/human-activity-recognition-smartphone-sensors。

所用数据集来自以下文献：*Davide Anguita, Alessandro Ghio, Luca Oneto, Xavier Parra and Jorge L. Reyes-Ortiz. A Public Domain Dataset for Human Activity Recognition Using Smartphones. 21th European Symposium on Artificial Neural Networks, Computational Intelligence and Machine Learning, ESANN 2013. Bruges, Belgium 24-26 April 2013.* 详情可在 UCI ML 网站上找到：https://archive.ics.uci.edu/ml/datasets/Human+Activity+Recognition+Using+Smartphones#。

该数据集中的每条记录包含了以下数据：

- 加速度计的三轴加速度（总加速度）以及所估计的体加速度。
- 陀螺仪的三轴角速度。
- 一个具有时频域变量的 561- 特征向量。
- 活动标签。
- 实验对象的标识符。

数据被分为 6 类：

- 躺着
- 坐着
- 站着
- 走路
- 向下走
- 向上走

（1）使用 sciKit 的随机森林分类器来对数据进行分类，在这里，导入所需的模块：

```
import pandas as pd
import numpy as np
import seaborn as sns
import matplotlib.pyplot as plt

from sklearn.ensemble import RandomForestClassifier as rfc
from sklearn.metrics import confusion_matrix
from sklearn.metrics import accuracy_score
%matplotlib inline
```

（2）读取数据并将其划分为训练集和测试集，如下所示：

```
data = pd.read_csv('data/samsung_data.txt',sep='|')
train = data.sample(frac=0.7,
        random_state=42)
test = data[~data.index.isin(train.index)]

X = train[train.columns[:-2]]
Y = train.activity
```

（3）数据由 561 个特征组成，但并非所有的特征都同等重要，可以通过一个简单的随机森林分类器来选择更重要的特征，并且只选择最重要的特征。可通过两个步骤完成这一过程。首先，获取重要特征的列表，并按重要性降序排列它们；然后通过网格超调找到数字和特征。超调的结果如下图所示，可以看到，在大约 20 个特征之后，使用以下代码没有显著的 OOB（Out of Bag）准确率改进：

```
randomState = 42
ntree = 25

model0 = rfc(n_estimators=ntree,
random_state=randomState,
n_jobs=4,
warm_start=True,
oob_score=True)
model0 = model0.fit(X, Y)

# Arrange the features in ascending order
model_vars0 = pd.DataFrame(
    {'variable':X.columns,
    'importance':model0.feature_importances_})

model_vars0.sort_values(by='importance',
    ascending=False,
    inplace=True)

# Build a feature vector with most important 25 features

n = 25
cols_model = [col for col in model_vars0.variable[:n].values]
```

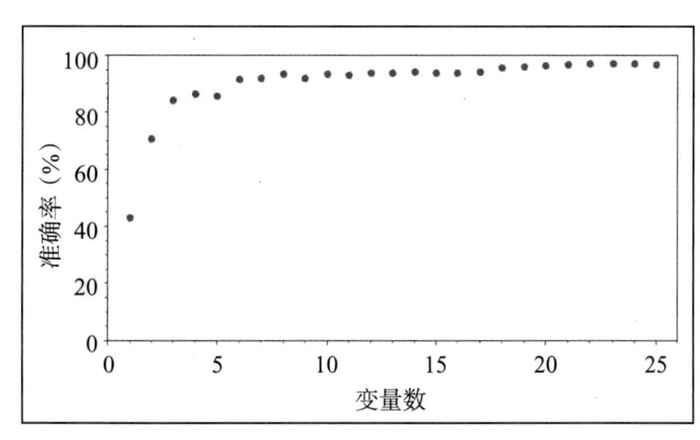

（4）在下面的图表中，还可以看到前 25 个特征的平均重要性。

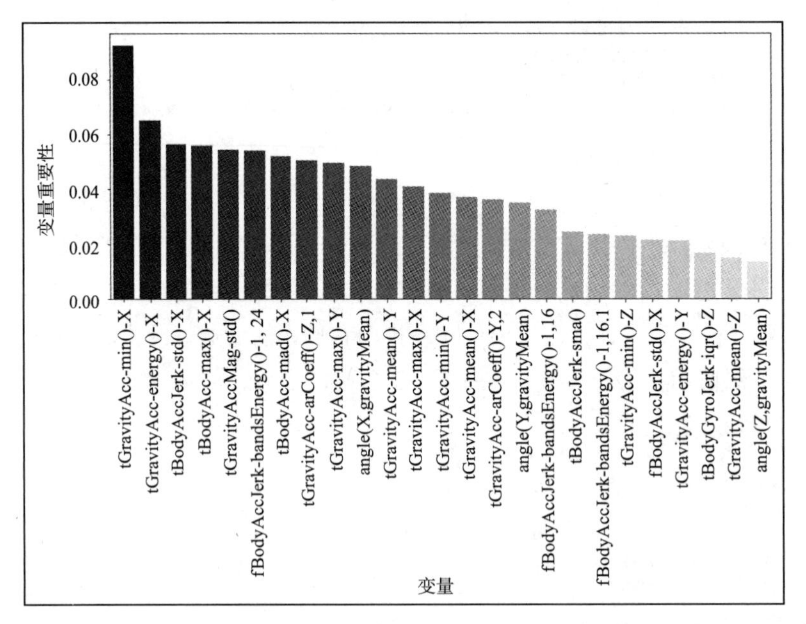

（5）同样，我们可以对树参数的个数进行超调。这里，我们限制在 4 个重要特征上：

```
n_used = 4
cols_model = [col for col in model_vars0.variable[:n_used].values]\
     + [model_vars0.variable[6]]
X = train[cols_model]
Y = train.activity

ntree_determination = {}
for ntree in range(5,150,5):
    model = rfc(n_estimators=ntree,
        random_state=randomState,
        n_jobs=4,
        warm_start=False,
        oob_score=True)
model = model.fit(X, Y)
ntree_determination[ntree]=model.oob_score_
```

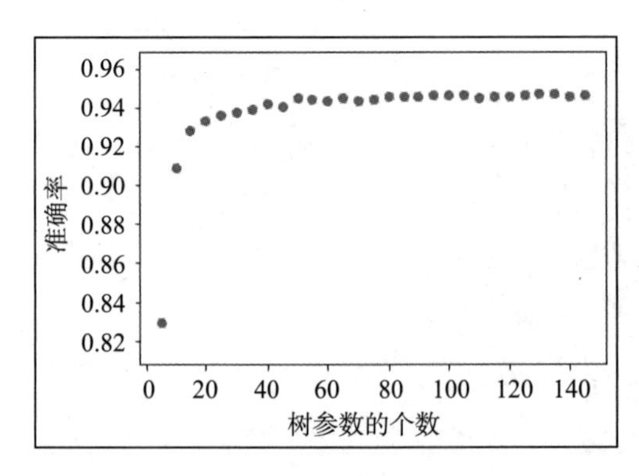

（6）可以看到，一个随机森林大约有 4 个重要的特征和 50 棵树，可以提供一个良好的 OOB 准确率。因此，最终模型如下：

```
model2 = rfc(n_estimators=50,
    random_state=randomState,
    n_jobs=4,
    warm_start=False,
    oob_score=True)
model2 = model2.fit(X, Y)
```

（7）测试数据的准确率达到 94%。测试数据集的混淆矩阵如下图所示。

```
test_actual = test.activity
test_pred = model2.predict(test[X.columns])
cm = confusion_matrix(test_actual,test_pred)
sns.heatmap(data=cm,
     fmt='.0f',
     annot=True,
     xticklabels=np.unique(test_actual),
     yticklabels=np.unique(test_actual))
```

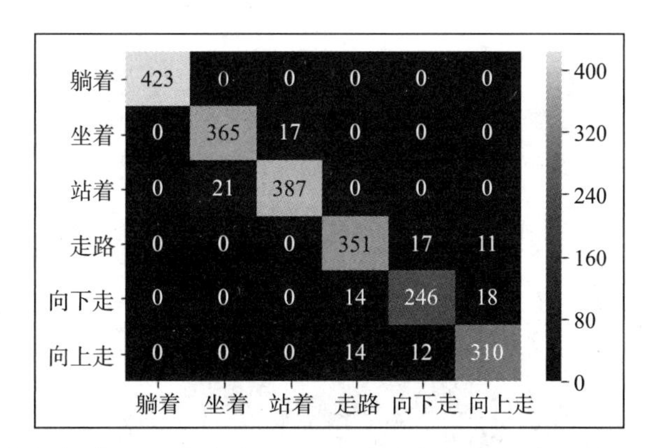

完整的代码以及数据探索可以在本书 GitHub 库中的 Chapter09/Human_activity_recognition_using_accelerometer.ipynb 文件里找到。使用加速度计数据的好处在于，它是从可穿戴设备收集的，因此不需要安装在场地上。另一个优点是，它是文本数据，因此比视频数据需要更少的计算资源。

2. 视频中的人体活动识别

另一种检测人类活动的方法是利用视频。在这种情况下，我们将不得不使用像 CNN 这样的 DL 模型来获得良好的结果。Ivan Laptev 和 Barbara Caputo 提供了一个很好的分类视频数据集（见 http://www.nada.kth.se/cvap/actions/）。它包含 6 种不同的动作：在不同的场景中走路、慢跑、快跑、拳击、挥手和拍手。每段视频都是用每秒 25 帧的摄像机录制的，空间分辨率为 160 × 120，平均长度为 4 秒。该数据集中总共有 599 个视频，这 6 个类别各有 100 个左右。

视频数据的一个问题是计算开销大，因此缩小数据集是很重要，可以采用以下几种方法：

- 由于颜色不起作用，因此可以将三通道彩色图像转换为二维灰度图像。
- 视频是 4 秒，每秒 25 帧，其中大部分帧包含的是冗余数据，因此，对应于一个数据行，可以将帧数减少到每秒 5 帧，从而只保留 20 帧，而不是保留（25 × 4=100）帧。（最好是从每个视频提取的帧数是固定的。）
- 降低 160 × 120 的单帧空间分辨率。

接下来，使用三维卷积层建模。假设每个视频只有 20 帧，将每帧的大小减至 128 × 128，那么一个样本将是 20 × 128 × 128 × 1 大小，这相当于一个通道的 20 × 128 × 128 大小。

9.2.2 智能照明

谈到智能家居，首先想到的家居自动化应用是智能灯。现有的大多数智能照明系统都提供一个选项，即可以通过智能手机上的 APP 或互联网来控制灯的开关和亮度。有些还允许用户改变灯的颜色 / 色调。运动感应灯在检测到任何运动后会自动打开，是当今几乎所有家庭的一部分。

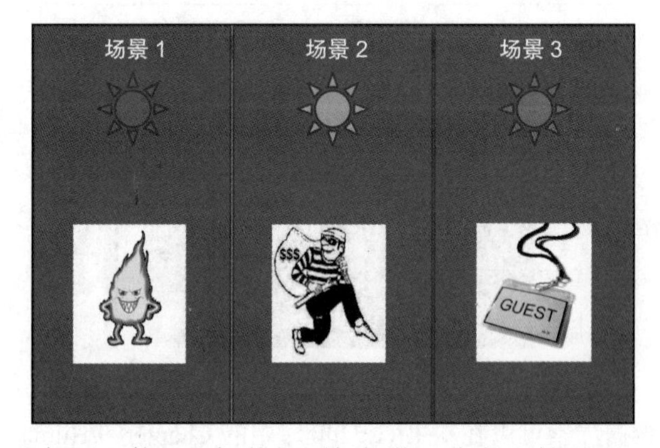

使用人工智能，我们可以使这些智能灯更加智能。在紧急情况下，可以对它们编程来进行协同工作，指引用户找到正确的出口。对于有听力障碍的人来说，智能灯可以代替警报器，例如，当火灾警报响起时，红灯亮；当有窃贼时，橙色灯亮；当有人按门铃时，绿色欢迎灯亮。在 IFTTT（If This Then That）等服务的帮助下，可以建立更智能、更复杂的支持系统。

> IFTTT 提供控制用户设备的免费服务。一个设备（或服务）的动作可以触发一个或多个其他设备。IFTTT 的使用非常简单，你只需在其网站 https://ifttt.com/ 上创建一个小程序，选择要用作触发器的设备（点击按钮）或服务，并将其链接到 IFTTT 账户。接下来，选择（点击）要在激活触发器时执行的服务或设备。该网站包含数千个预先制作的小程序，可使用户的工作更加容易。

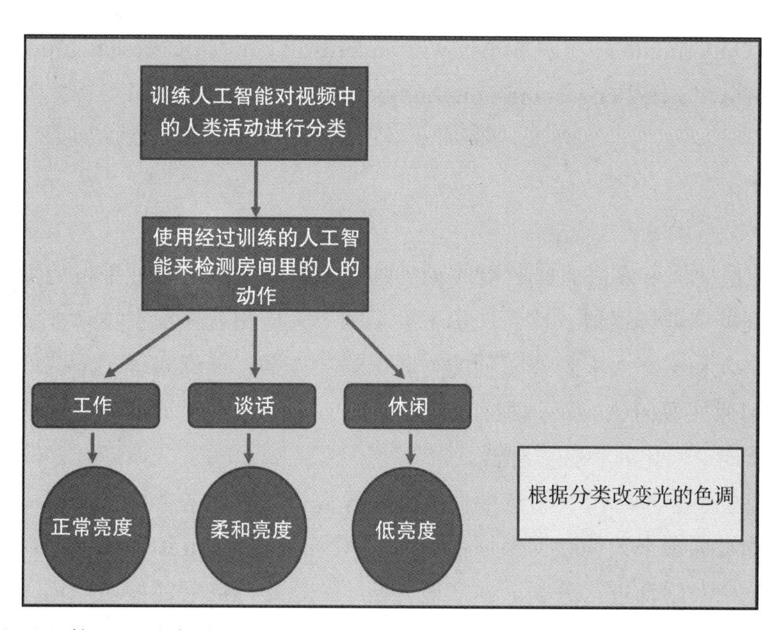

这些只是可以使用现有智能灯的一些示例，但是，如果你具有冒险精神，准备用这些智能灯连接新的传感器，那么可以为自己打造一盏个性化的灯，以根据人的精神活动来改变色调/强度。当用户感到困倦的时候，灯就会变暗；当用户工作的时候，灯就会变亮；但是当用户和朋友聊天的时候，它会散发一种令人愉快的色调。听起来牵强吗？不完全是，用户可以首先使用人工智能算法通过视频（或可穿戴健身追踪器）检测人类活动，并将活动分为三类——工作、休闲和睡眠，然后利用算法输出来控制智能灯的色调/强度。

9.2.3 家庭监控

家庭监控是一个非常有用和被迫切需要的应用。随着单亲家长和老年人数量的增加，不仅需要对外部场所，而且需要对室内进行安保和监控。许多公司正试图利用视频提供家庭监控服务。其中一个成功的案例是由 DeepSight AILabs 公司（见 http://deepsightlabs.com）实现的。其开发了专有的超级安全软件 Super Secure，提出了一个普遍兼容的改造解决方案，该解决方案可与任何闭路电视系统、摄像机、分辨率配合使用，并转化为人工智能监控解决方案，以高准确率检测潜在威胁，并触发即时警报，以挽救生命和保护财产。

当读者尝试自己实现家庭监控时，之前在使用视频实现 HAR 中讨论的要点在这里也会很有用。

智能家居仍处于起步阶段，主要原因是，它们涉及高成本和互联设备不灵活。通常，一个特定的系统完全由一家公司管理，如果该公司倒闭，那么消费者就会陷入困境。对应解决方案将是允许开源智能家居的硬件和软件。微软研究院（Microsoft Research）的一篇文章对智能家居领域的挑战和机遇进行了有趣的解读，标题为“Home Automation in the Wild:

Challenges and Opportunities”（见 https://www.microsoft.com/en-us/research/publication/home-automation-in-the-wild-challenges-and-opportunities/）。

9.3 小结

本章的重点是个人和家庭人工智能驱动的物联网解决方案。智能手机的大规模使用使每个人都能接触到可穿戴传感器，从而产生了大量的个人应用程序。在本章，我们探索并实现了一些成功的个人和家庭人工智能驱动的物联网解决方案，如麻省理工学院的超级鞋，使用这种鞋可以找到通往目的地的路；还有 CGM 系统，基于它实现了预测高血糖的代码；另外还演示了如何实现个性化的心脏监测器。

智能家居仍处于起步阶段，本章探讨了一些最流行和有用的智能家居解决方案，介绍了一种应用于智能家居和个人物联网领域的 HAR。我们使用 scikit 编写了一些代码，从使用加速计获得的数据中对活动进行分类。本章还介绍了一些很酷的智能照明应用，并讨论了使用视频的家庭监控。

在下一章，我们将研究一些使用从物联网传感器获得的数据提高工业生产力和效率的案例研究。

CHAPTER 10 · **第 10 章**

人工智能用于工业物联网

今天，不同背景的公司正在认识到**人工智能**的重要性，并因此将其纳入自己的生态系统。本章重点介绍一些成功的人工智能**工业物联网**解决方案。在本章，读者将学习以下内容：

- ❑ 人工智能驱动的物联网解决方案如何改变行业。
- ❑ 不同的行业为其数据提供人工智能分析，以增加生产、优化物流和改善客户体验。
- ❑ 预测性维护。
- ❑ 实现一种基于飞机发动机传感器数据的预测性维护代码。
- ❑ 电力负荷预测。
- ❑ 实现 TensorFlow 代码来执行短期负荷预测。

10.1 人工智能工业物联网简介

物联网、机器人、大数据和机器学习的融合为工业企业创造了巨大的机遇，也带来了巨大的挑战。

低成本传感器、多个云平台和强大的边缘基础设施的可用性，正使工业更容易采用人工智能，从而实现盈利。这种人工智能驱动的工业物联网正在改变企业提供产品和服务或与客户和合作伙伴互动的方式。

人工智能工业物联网中一个有前途的领域是**预测性维护**。到目前为止，工业企业在维护方面一直是被动的，因为它们要么是在固定的时间进行维护，比如每六个月一次，或者只有在某些设备停止工作时才进行维护。例如，物流公司可能对其车队中的每辆车进行两年一次的服务检查，并在规定的时间内更换某些部件或整个车辆。这种被动维护通常会浪费时间，而且可能很昂贵。在异常和错误发生之前应用人工智能算法进行预测可以节省大量时间。

人工智能驱动的工业物联网能够实现奇迹的另一个领域是：人类和机器人之间的协作。机器人已经成为工业物联网生态系统的一部分，在装配线和仓库中工作，它们执行的任务对人类来说特别重复或危险。目前属于采矿业的半自动卡车、火车和装载机通常由预先编程的程序、固定轨道和 / 或远程操作人员引导。

在许多行业场景中，云计算带来的延迟可能是不可接受的，在这种情况下，需要边缘计算基础设施。

为了让读者了解人工智能驱动的工业物联网的传播和使用，下面列出了一些提供工业物联网服务和解决方案的热门人工智能创业企业：

- Uptake Technologies Inc。一家总部位于芝加哥的创业公司，由 Brad Keywell 于 2014 年联合创立，生产监控和分析工业设备产生的实时数据的软件，以用来提高机器的性能和维护。该公司计划将业务范围扩大到能源、铁路、石油和天然气、采矿、风力发电等重点行业（https://www.uptake.com/）。
- C3.ai。由 Thomas Siebel 领导的一家领先的大数据、物联网和人工智能应用程序提供商，被《Forrester Research 2018 年工业物联网浪潮报告》宣布为物联网平台的领导者。该公司成立于 2009 年，在能源管理、网络效率、欺诈检测、库存优化等领域成功提供行业服务（https://c3.ai/）。
- Alluvium。*Machine Learning for Hackers* 一书的作者 Drew Conway 于 2015 年创办了 Alluvium，利用 ML 和 AI 帮助工业企业实现运营稳定，提高生产水平。其旗舰产品 Primer 帮助公司从传感器的原始数据和提取数据中识别出有用的见解，以便能够在发生操作故障之前对故障进行预测（https://alluvium.io/）。
- Arundo Analytics。由 Jakob Ramsøy 领导，成立于 2015 年，它提供将实时数据连接到 ML 和其他分析模型的服务。该公司提供可扩展部署模型、创建和管理实时数据管道的产品（https://www.arundo.com/）。
- Canvass Analytics。它使用基于实时运营数据的预测分析帮助行业做出关键业务决策。Canvass 人工智能平台对工业机器、传感器和操作系统生成的数百万个数据点进行分解，并识别数据中的模式和相关性，从而产生新的见解。由 Humera Malik 领导的 Canvass 分析公司成立于 2016 年（https://www.canvass.io/）。

这并不是亚马逊和谷歌等软件技术巨头在工业物联网领域投入大量资金和基础设施的最终目的。谷歌使用预测模型来降低自身数据中心的成本，PayPal 使用 ML 来发现欺诈交易。

10.1.1 一些有趣的用例

许多不同背景的公司正认识到将数据分析和人工智能融入其生态系统的重要性和影响。

从提高运营、供应链和维护效率到提高员工生产力，再到创建新的业务模型、产品和服务，所有方面都探索过人工智能。下面，我们列出一些工业中人工智能驱动物联网的有趣用例：

- **预测性维护**。在预测性维护中，人工智能算法用于在设备发生故障之前预测设备未来的故障。这使得公司可以提前进行维护，从而减少停机时间。在接下来的章节中，我们将详细介绍预测性维护对工业的帮助，以及可以采用哪些不同的方式进行维护。
- **资产跟踪**。其也称为**资产管理**，这是跟踪关键物理资产的方法。跟踪关键资产，公司可以优化物流，保持库存水平，并发现任何低效之处。传统上，资产跟踪仅限于将 RFID 或条形码添加到资产中，保留它们的位置标签，然而，通过我们仔细阅读的人工智能算法，现在可以进行更主动的资产跟踪。例如，一个风车电站可以感知风速、风向甚至温度的变化，并利用这些参数来调整单个风车的最佳方向，最大限度地发电。
- **车队管理及维修**。运输行业使用人工智能进行车队管理、优化路线已有大约十年的历史。许多低成本传感器的可用性和边缘计算设备的进步现在使运输公司能够收集和使用从这些传感器接收到的数据，从而不仅通过更好的车到车通信和预测性维护来优化物流，而且还可以增加安全性。安装睡意检测等系统，可以检测司机疲劳或分心引起的危险行为，并可以要求司机采取对策。

10.2　使用人工智能进行预测性维护

重型机械和设备是所有行业的支柱，与所有的实物一样，它们会退化、老化和失效。最初，公司习惯于进行被动维护，即一旦得到设备出故障的报告，就进行维护。这通常会导致计划外停机。对于任何行业来说，计划外的停机都可能导致严重的资源短缺，并极大地降低效率、生产和利润。为了解决这些问题，工业转向预测性维护。

在预测性维护中，定期的例行检查是在预定的时间间隔内进行的。预测性维护要求保存设备及其定期维护记录。第三次工业革命中，计算机被引入工业，使得维护和更新这些记录变得很容易。尽管预测性维护可以使行业避免大多数计划外停机，但它仍然不是最佳选择，因为定期检查可能是不必要的支出。下图概述了四次工业革命的不同示例。

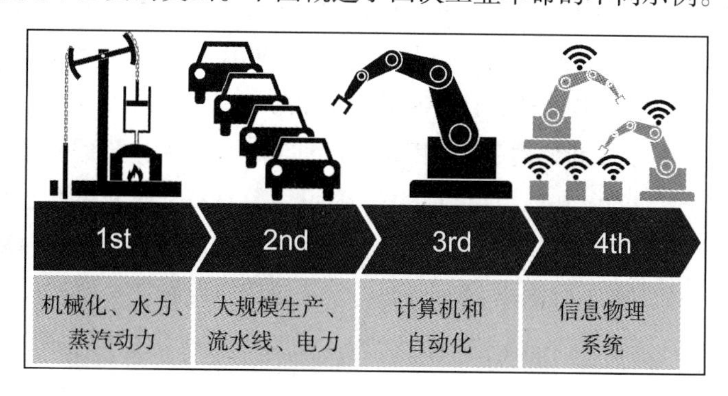

当前的自动化和数字化趋势导致了第四次工业革命，也被称为**工业 4.0**。其使得公司能够部署机器对机器（M2M）和机器对人（M2H）通信，以及人工智能分析算法，从而实现预测性维护，即使用过去的数据在设备出现故障之前预测故障。预测性维护策略极大地简化了公司的维护和管理资源。

预测性维护的主要思想是，根据条件监测数据预测设备何时可能发生故障。传感器用于监测设备在正常运行过程中的条件和性能，根据设备的不同，可以使用不同类型的传感器。一些常见的条件监测参数 / 传感器如下：

- 振动传感器，主要用于检测泵和电动机的错位、不平衡、机械松动或磨损。
- 电流 / 电压传感器，用于测量提供给电动机的电流和电压。
- 超声波分析，用于检测管道系统或储罐的泄漏，或可移动部件的机械故障和电气设备的故障。
- 红外热成像，用于识别温度波动。
- 用于检测液体质量的传感器（例如，葡萄酒传感器，用于检测葡萄酒中不同元素的存在）。

为了实现预测性维护，最重要的是确定需要监测的条件，然后部署用于监测这些条件的传感器，最后收集传感器的数据来建立模型。

10.2.1 使用长短时记忆网络的预测性维护

为了演示预测性维护，我们将使用 Azure ML 中提供的模拟数据（https://gallery.azure.ai/Collection/Predictive-Maintenance-Template-3）。该数据集由以下三个文件组成：

- **训练数据集**。包含飞机引擎运行到出现故障时的数据。数据的下载链接是 http://azuremlsamples.azureml.net/templatedata/PM_train.txt。
- **测试数据集**。包含飞机引擎运行数据，未记录故障事件。数据的下载链接是 http://azuremlsamples.azureml.net/templatedata/PM_test.txt。
- **真实数据**。包含测试数据中每个引擎的真正剩余周期信息。真实数据的下载链接是 http://azuremlsamples.azureml.net/templatedata/PM_truth.txt。

根据数据源提供的数据描述，训练数据（train_FD001.txt）由多个多变量时间序列组成，其中周期为时间单位，每个周期有 21 个传感器读数。可以假设每个时间序列是从相同类型的不同引擎生成的。再假设起始时每个引擎具有不同的初始磨损程度和制造差异，并且这些信息对于用户来说是未知的。在该模拟数据中，假设引擎在每个时间序列开始时正常运行。在一系列操作周期中，引擎在某一点开始退化。当达到预定阈值时，则认为引擎对于进一步操作是不安全的。换句话说，每个时间序列中的最后一个周期可以被认为是相应引擎的故障点。以样本训练数据为例，id=1 的引擎在周期 192 处发生故障，id=2 的引擎在周期 287 处发生故障。

测试数据（test_FD001.txt）具有与训练数据相同的数据模式，唯一的区别是，测试数据没有指出故障发生的时间（换句话说，最后一个时间段不代表故障点）。以样例测试数据为例，id=1 的引擎从第 1 个周期运行到第 31 个周期，这并没有说明这个引擎在发生故障前还能再运行多少个周期。

真实数据（RUL_FD001.txt）提供测试数据中引擎的剩余工作周期数。以样例真实数据为例，测试数据中 id=1 的引擎可以在发生故障前再运行 112 个周期。

由于这是一个时间序列数据，我们将使用长短时记忆网络来对引擎在某一时间段是否会发生故障进行分类。这里给出的代码是以 Umberto Griffo 的 GitHub 分享内容为基础的，链接是 https://github.com/umbertogriffo/Predictive-Maintenance-using-LSTM。

（1）导入实现预测性维护所需的模块，为随机计算设置种子，以便结果是可重复的：

```
import keras
import pandas as pd
import numpy as np
import matplotlib.pyplot as plt
import os

# Setting seed for reproducibility
np.random.seed(1234)
PYTHONHASHSEED = 0

from sklearn import preprocessing
from sklearn.metrics import confusion_matrix, recall_score,
precision_score
from keras.models import Sequential,load_model
from keras.layers import Dense, Dropout, LSTM
```

（2）读取数据并分配列名，如下面的代码所示：

```
# read training data - It is the aircraft engine run-to-failure
data.
train_df = pd.read_csv('PM_train.txt', sep=" ",
         header=None)
train_df.drop(train_df.columns[[26, 27]],
        axis=1,
        inplace=True)
train_df.columns = ['id', 'cycle', 'setting1',
         'setting2', 'setting3', 's1', 's2',
         's3', 's4', 's5', 's6', 's7', 's8',
         's9', 's10', 's11', 's12', 's13',
        's14', 's15', 's16', 's17', 's18',
        's19', 's20', 's21']

train_df = train_df.sort_values(['id','cycle'])

# read test data - It is the aircraft engine operating data without
failure events recorded.
test_df = pd.read_csv('PM_test.txt',
        sep=" ", header=None)
```

```
test_df.drop(test_df.columns[[26, 27]],
        axis=1,
        inplace=True)
test_df.columns = ['id', 'cycle', 'setting1',
        'setting2', 'setting3', 's1', 's2', 's3',
         's4', 's5', 's6', 's7', 's8', 's9',
        's10', 's11', 's12', 's13', 's14',
         's15', 's16', 's17', 's18', 's19',
        's20', 's21']

# read ground truth data - It contains the information of true
remaining cycles for each engine in the testing data.
truth_df = pd.read_csv('PM_truth.txt',
        sep=" ",
        header=None)
truth_df.drop(truth_df.columns[[1]],
        axis=1,
        inplace=True)
```

（3）首先预测引擎在这段时间内是否会失败，因此标签是 1 或 0，也就是说，这是一个二分类问题。为了创建二进制标签，需要对数据进行预处理，并创建一个新的标签“剩余使用寿命”（Remaining Useful Life，RUL）。然后，创建一个二进制 label1 变量，该变量指明了特定的引擎是否会在 w1 周期中发生故障。最后，对数据（非传感器）进行归一化，如下所示：

```
# Data Labeling - generate column RUL(Remaining Usefull Life or
Time to Failure)
rul = pd.DataFrame(train_df.groupby('id')
        ['cycle'].max()).reset_index()
rul.columns = ['id', 'max']
train_df = train_df.merge(rul,
        on=['id'],
        how='left')
train_df['RUL'] = train_df['max'] -     train_df['cycle']
train_df.drop('max',
        axis=1,
        inplace=True)

# Let us generate label columns for training data
# we will only use "label1" for binary classification,
# The question: is a specific engine going to fail within w1
cycles?
w1 = 30
w0 = 15
train_df['label1'] = np.where(train_df['RUL'] <= w1, 1, 0 )
# MinMax normalization (from 0 to 1)
train_df['cycle_norm'] = train_df['cycle']
cols_normalize = train_df.columns.difference
        (['id','cycle','RUL','label1'])
min_max_scaler = preprocessing.MinMaxScaler()
norm_train_df = pd.DataFrame(min_max_scaler.
        fit_transform(train_df[cols_normalize]),
        columns=cols_normalize,
        index=train_df.index)
join_df = train_df[train_df.columns.
        difference(cols_normalize)].
```

```
        join(norm_train_df)
train_df = join_df.reindex(columns = train_df.columns)

train_df.head()
```

Out[4]:

	id	cycle	setting1	setting2	setting3	s1	s2	s3	s4	s5	...	s15	s1
0	1	1	0.459770	0.166667	0.0	0.0	0.183735	0.406802	0.309757	0.0	...	0.363986	0.
1	1	2	0.609195	0.250000	0.0	0.0	0.283133	0.453019	0.352633	0.0	...	0.411312	0.
2	1	3	0.252874	0.750000	0.0	0.0	0.343373	0.369523	0.370527	0.0	...	0.357445	0.
3	1	4	0.540230	0.500000	0.0	0.0	0.343373	0.256159	0.331195	0.0	...	0.166603	0.
4	1	5	0.390805	0.333333	0.0	0.0	0.349398	0.257467	0.404625	0.0	...	0.402078	0.

5 rows × 29 columns

（4）对测试数据集进行类似的预处理，只需对真实数据进行一次更改，就可以获得RUL 值：

```
# MinMax normalization (from 0 to 1)
test_df['cycle_norm'] = test_df['cycle']
norm_test_df = pd.DataFrame(
        min_max_scaler.
        transform(test_df[cols_normalize]),
        columns=cols_normalize,
         index=test_df.index)
test_join_df = test_df[test_df.
        columns.difference(cols_normalize)].
        join(norm_test_df)
test_df = test_join_df.
        reindex(columns = test_df.columns)
test_df = test_df.reset_index(drop=True)
# We use the ground truth dataset to generate labels for the test
data.
# generate column max for test data
rul = pd.DataFrame(test_df.
        groupby('id')['cycle'].max()).
        reset_index()
rul.columns = ['id', 'max']
truth_df.columns = ['more']
truth_df['id'] = truth_df.index + 1
truth_df['max'] = rul['max'] + truth_df['more']
truth_df.drop('more',
        axis=1,
        inplace=True)

# generate RUL for test data
test_df = test_df.merge(truth_df,
        on=['id'], how='left')
test_df['RUL'] = test_df['max'] - test_df['cycle']
test_df.drop('max',
        axis=1,
        inplace=True)
```

```
# generate label columns w0 and w1 for test data
test_df['label1'] = np.where
        (test_df['RUL'] <= w1, 1, 0 )
test_df.head()
```

Out[5]:

	id	cycle	setting1	setting2	setting3	s1	s2	s3	s4	s5	...	s15	s1
0	1	1	0.632184	0.750000	0.0	0.0	0.545181	0.310661	0.269413	0.0	...	0.308965	0.
1	1	2	0.344828	0.250000	0.0	0.0	0.150602	0.379551	0.222316	0.0	...	0.213159	0.
2	1	3	0.517241	0.583333	0.0	0.0	0.376506	0.346632	0.322248	0.0	...	0.458638	0.
3	1	4	0.741379	0.500000	0.0	0.0	0.370482	0.285154	0.408001	0.0	...	0.257022	0.
4	1	5	0.580460	0.500000	0.0	0.0	0.391566	0.352082	0.332039	0.0	...	0.300885	0.

5 rows × 29 columns

（5）由于使用 LSTM 进行时间序列建模，因此创建了一个函数，该函数将根据窗口大小生成序列并将其提供给 LSTM。这里，选择了大小为 50 的窗口。同时还需要设置一个函数来生成相应的标签：

```
# function to reshape features into
# (samples, time steps, features)

def gen_sequence(id_df, seq_length, seq_cols):
    """ Only sequences that meet the window-length
    are considered, no padding is used. This
    means for testing we need to drop those which
    are below the window-length. An alternative
    would be to pad sequences so that
    we can use shorter ones """

    # for one id we put all the rows in a single matrix
    data_matrix = id_df[seq_cols].values
    num_elements = data_matrix.shape[0]
    # Iterate over two lists in parallel.
    # For example id1 have 192 rows and
    # sequence_length is equal to 50
    # so zip iterate over two following list of
    # numbers (0,112),(50,192)
    # 0 50 -> from row 0 to row 50
    # 1 51 -> from row 1 to row 51
    # 2 52 -> from row 2 to row 52
    # ...
    # 111 191 -> from row 111 to 191
    for start, stop in zip(range(0, num_elements-seq_length),
range(seq_length, num_elements)):
        yield data_matrix[start:stop, :]

def gen_labels(id_df, seq_length, label):
    # For one id we put all the labels in a
    # single matrix.
    # For example:
    # [[1]
```

```
    # [4]
    # [1]
    # [5]
    # [9]
    # ...
    # [200]]
    data_matrix = id_df[label].values
    num_elements = data_matrix.shape[0]
    # I have to remove the first seq_length labels
    # because for one id the first sequence of
    # seq_length size have as target
    # the last label (the previus ones are
    # discarded).
    # All the next id's sequences will have
    # associated step by step one label as target.
    return data_matrix[seq_length:num_elements, :]
```

（6）现在为数据生成训练序列和相应的标签，如下面的代码所示：

```
# pick a large window size of 50 cycles
sequence_length = 50

# pick the feature columns
sensor_cols = ['s' + str(i) for i in range(1,22)]
sequence_cols = ['setting1', 'setting2',
        'setting3', 'cycle_norm']
sequence_cols.extend(sensor_cols)

# generator for the sequences
seq_gen = (list(gen_sequence
        (train_df[train_df['id']==id],
        sequence_length, sequence_cols))
        for id in train_df['id'].unique())

# generate sequences and convert to numpy array
seq_array = np.concatenate(list(seq_gen)).
        astype(np.float32)
print(seq_array.shape)

# generate labels
label_gen = [gen_labels(train_df[train_df['id']==id],
        sequence_length, ['label1'])
        for id in train_df['id'].unique()]
label_array = np.concatenate(label_gen).
        astype(np.float32)
print(label_array.shape)
```

（7）用两个 LSTM 层和一个全连接层构建一个 LSTM 模型。该模型经过二分类训练，目标是降低二值交叉熵损失。Adam 优化器用于更新模型参数：

```
nb_features = seq_array.shape[2]
nb_out = label_array.shape[1]

model = Sequential()
```

```
model.add(LSTM(
     input_shape=(sequence_length, nb_features),
     units=100,
     return_sequences=True))
model.add(Dropout(0.2))
model.add(LSTM(
     units=50,
     return_sequences=False))
model.add(Dropout(0.2))

model.add(Dense(units=nb_out,
     activation='sigmoid'))
model.compile(loss='binary_crossentropy',
    optimizer='adam',
    metrics=['accuracy'])

print(model.summary())
```

```
Layer (type)                 Output Shape              Param #
=================================================================
lstm_1 (LSTM)                (None, 50, 100)           50400
_________________________________________________________________
dropout_1 (Dropout)          (None, 50, 100)           0
_________________________________________________________________
lstm_2 (LSTM)                (None, 50)                30200
_________________________________________________________________
dropout_2 (Dropout)          (None, 50)                0
_________________________________________________________________
dense_1 (Dense)              (None, 1)                 51
=================================================================
Total params: 80,651
Trainable params: 80,651
Non-trainable params: 0
```

（8）对模型进行训练，如下所示：

```
history = model.fit(seq_array, label_array,
        epochs=100, batch_size=200,
        validation_split=0.05, verbose=2,
         callbacks = [keras.callbacks.
            EarlyStopping(monitor='val_loss',
            min_delta=0, patience=10,
            verbose=0, mode='min'),
        keras.callbacks.
            ModelCheckpoint
            (model_path,monitor='val_loss',
            save_best_only=True,
            mode='min', verbose=0)])
```

（9）经过训练的模型在测试数据集上的准确率为 98%，在验证数据集上的准确率为 98.9%。精度为 0.96，召回率为 1.0，F1 得分为 0.98。这是一个不错的结果！下图显示了训练模型的这些结果。

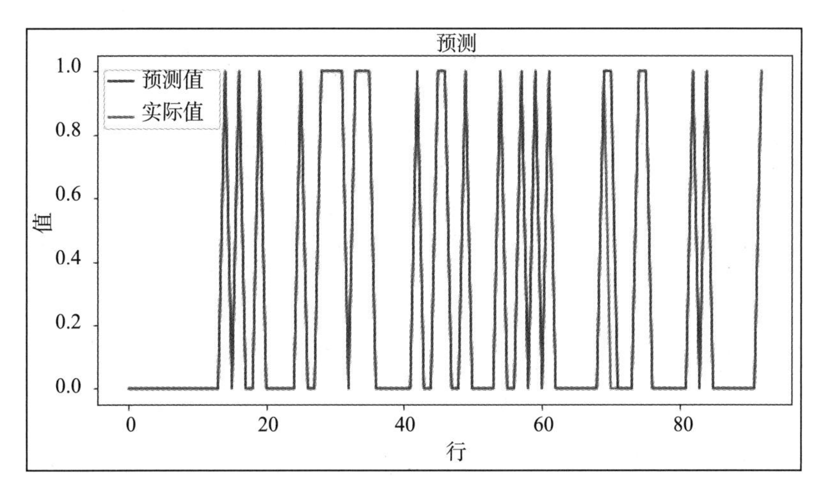

可以用同样的数据来预测飞机引擎的剩余使用寿命，即预测引擎的失效时间。这是一个回归问题，可以使用 LSTM 模型来执行回归任务。最初的步骤和之前一样，但从第五步开始，将会有一些变化。虽然生成的输入数据序列将与之前的相同，但是目标不再是二进制标签，相反，将使用 RUL 作为回归模型的目标。

（1）使用相同的 gen_labels() 函数创建目标值。还使用 gen_sequence() 函数创建验证集：

```
# generate labels
label_gen = [gen_labels(train_df[train_df['id']==id],
        sequence_length, ['RUL'])
        for id in train_df['id'].unique()]
label_array = np.concatenate(label_gen).astype(np.float32)

# val is a list of 192 - 50 = 142 bi-dimensional array
# (50 rows x 25 columns)
val=list(gen_sequence(train_df[train_df['id']==1],
        sequence_length, sequence_cols))
```

（2）创建一个 LSTM 模型。在训练期间使用 r2 作为度量，因此，使用 Keras 自定义度量特征和自己的度量函数：

```
def r2_keras(y_true, y_pred):
     """Coefficient of Determination
     """
     SS_res = K.sum(K.square( y_true - y_pred ))
     SS_tot = K.sum(K.square( y_true - K.mean(y_true) ) )
     return ( 1 - SS_res/(SS_tot + K.epsilon()) )

# Next, we build a deep network.
# The first layer is an LSTM layer with 100 units followed by
# another LSTM layer with 50 units.
# Dropout is also applied after each LSTM layer to control
# overfitting.
# Final layer is a Dense output layer with single unit and linear
# activation since this is a regression problem.
nb_features = seq_array.shape[2]
```

```
nb_out = label_array.shape[1]


model = Sequential()
model.add(LSTM(
     input_shape=(sequence_length, nb_features),
     units=100,
     return_sequences=True))
model.add(Dropout(0.2))
model.add(LSTM(
     units=50,
     return_sequences=False))
model.add(Dropout(0.2))
model.add(Dense(units=nb_out))
model.add(Activation("linear"))
model.compile(loss='mean_squared_error',
optimizer='rmsprop',metrics=['mae',r2_keras])


print(model.summary())
```

```
Layer (type)                 Output Shape              Param #
=================================================================
lstm_3 (LSTM)                (None, 50, 100)           50400
_________________________________________________________________
dropout_3 (Dropout)          (None, 50, 100)           0
_________________________________________________________________
lstm_4 (LSTM)                (None, 50)                30200
_________________________________________________________________
dropout_4 (Dropout)          (None, 50)                0
_________________________________________________________________
dense_2 (Dense)              (None, 1)                 51
_________________________________________________________________
activation_2 (Activation)    (None, 1)                 0
=================================================================
Total params: 80,651
Trainable params: 80,651
Non-trainable params: 0
```

（3）在训练数据集上训练模型，如下所示：

```
# fit the network
history = model.fit(seq_array, label_array, epochs=100,
    batch_size=200, validation_split=0.05, verbose=2,
    callbacks = [keras.callbacks.EarlyStopping
    (monitor='val_loss', min_delta=0, patience=10,
    verbose=0, mode='min'),
    keras.callbacks.ModelCheckpoint
    (model_path,monitor='val_loss',
    save_best_only=True, mode='min',
    verbose=0)])
```

（4）训练后的模型在测试数据集上的 r2 值为 0.80，在验证数据集上的 r2 值为 0.72。可以通过超调模型参数来改进结果。下面，可以看到在训练期间模型在训练数据集和验证数据集上的损失。

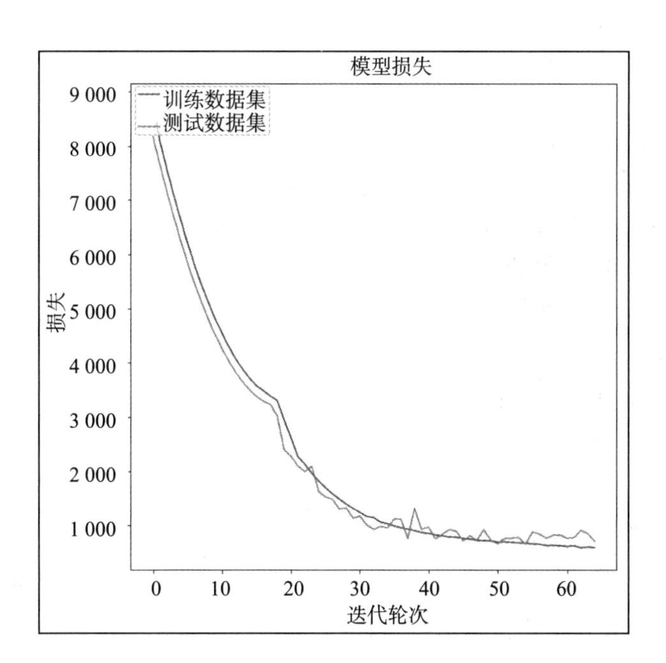

如要运行此代码，请确保系统安装了 Tensorflow 1.4 以下版本和 Keras 2.1.2。如果读者使用了更高版本的 Keras，那么首先使用 pip uninstall Keras 卸载它，然后使用 pip install Keras==2.1.2 重新安装。

包含二分类和回归模型的完整代码可以在本书的 GitHub 库中找到，文件名是 Chapter10/Predictive_Maintenance_using_LSTM。我们还可以创建一个模型来确定故障是否会在不同的时间窗口中发生，例如，在窗口 $(1,w_0)$ 中发生故障或在窗口 (w_{0+1}, w_1) 中发生故障等。这是一个多分类问题，需要对数据进行相应的预处理。读者可以在 Azure AI Gallery 中阅读关于这个预测性维护范本的更多信息：https://gallery.azure.ai/Experiment/Predictive-Maintenance-Step-2A-of-3-train-and-evaluate-regression-models-2。

10.2.2 预测性维护的优缺点

根据通用电气公司的一份调查报告（https://www.gemeasurement.com/sites/gemc.dev/files/ge_the_impact_of_digital_on_unplanned_downtime_0.pdf），停工对油气行业的业绩产生了负面影响。对所有行业也都是如此。因此，为了减少停机时间，提高效率，采用预测性维护非常重要。然而，建立预测性维护的成本相当高，但是一旦正确地建立了预测性维护系统，它将有助于提供以下几个可以带来成本效益的好处：

- 设备维护所需时间最小化。
- 因维护浪费的生产时间最小化。
- 最后，备件成本也降到了最低。

成功的预测性维护将会积极地重塑整个公司。

10.3　工业用电负荷预测

电力目前是工业部门最重要的能源载体。与燃料不同，由于储存电能既困难又昂贵，因此需要在电能的产生和需求之间建立精确的匹配。因此，电力负荷预测是非常重要的。根据时间范围（预测范围），电力负荷预测可分为以下三类：

- **短期负荷预测**。预测时间为一小时至几周。
- **中期负荷预测**。预测时间为几周到几个月。
- **长期负荷预测**。预测时间为几个月到几年。

根据需要和应用，可能必须规划一个或所有上述负荷预测类别。近年来，在短期负荷预测（STLF）领域出现了大量的研究工作。STLF 可以通过提供预测未来负载的准确方法来辅助行业，即帮助企业进行精确规划，降低运营成本，从而增加利润并提供更可靠的电力供应。STLF 根据历史数据（通过智能仪表获取）预测未来的能源需求，并预测企业有无条件。

负荷预测问题是一个回归问题，它可以建模为时间序列问题，也可以建模为静态模型。将负荷预测建模为时间序列数据是最流行的选择。对于时间序列建模，我们可以使用标准的 ML 时间序列模型，如 ARIMA，也可以使用深度学习模型，如递归神经网络和 LSTM。

综合评述电力负荷预测中使用的各种策略和模型的论文如下：

Fallah, S., Deo, R., Shojafar, M., Conti, M., and Shamshirband, S. (2018). *Computational Intelligence Approaches for Energy Load forecasting in SmartEnergy Management Grids: State of the Art, Future Challenges, and Research Directions.* Energies, 11(3), 596.

10.3.1　使用 LSTM 实现 STLF

这里给出了利用 LSTM 实现 STLF 的代码。训练和测试数据取自 UCI ML 网站（https://archive.ics.uci.edu/ml/datasets/Individual+household+electric+power+consumption#）。用于 STLF 的代码是由 GitHub 上的内容（见 https://github.com/demmojo/lstm-electric-load-forecast）改编而来的。

（1）导入必要的模块并设置随机种子，如下所示：

```
import time
from keras.layers import LSTM
from keras.layers import Activation, Dense, Dropout
from keras.models import Sequential, load_model
from numpy.random import seed

from tensorflow import set_random_seed
set_random_seed(2) # seed random numbers for Tensorflow backend
```

```
seed(1234) # seed random numbers for Keras
import numpy as np
import csv
import matplotlib.pyplot as plt

%matplotlib inline
```

（2）定义实用函数，用于加载数据并将其转换为适合 LSTM 输入的序列：

```
def load_data(dataset_path, sequence_length=60, prediction_steps=5,
ratio_of_data=1.0):
    # 2075259 is the total number of measurements
    # from Dec 2006 to Nov 2010
    max_values = ratio_of_data * 2075259

    # Load data from file
    with open(dataset_path) as file:
        data_file = csv.reader(file, delimiter=";")
        power_consumption = []
        number_of_values = 0
        for line in data_file:
            try:
                power_consumption.append(float(line[2]))
                number_of_values += 1
            except ValueError:
                pass

            # limit data to be considered by

        # model according to max_values
        if number_of_values >= max_values:
            break

print('Loaded data from csv.')
windowed_data = []
# Format data into rolling window sequences
# for e.g: index=0 => 123, index=1 => 234 etc.
for index in range(len(power_consumption) - sequence_length):
        windowed_data.append(
        power_consumption[
        index: index + sequence_length])

# shape (number of samples, sequence length)
windowed_data = np.array(windowed_data)

# Center data
data_mean = windowed_data.mean()
windowed_data -= data_mean
print('Center data so mean is zero
        (subtract each data point by mean of value: ',
        data_mean, ')')
print('Data : ', windowed_data.shape)

# Split data into training and testing sets
train_set_ratio = 0.9
row = int(round(train_set_ratio * windowed_data.shape[0]))
train = windowed_data[:row, :]
```

```
    # remove last prediction_steps from train set
    x_train = train[:, :-prediction_steps]
    # take last prediction_steps from train set
    y_train = train[:, -prediction_steps:]
    x_test = windowed_data[row:, :-prediction_steps]

    # take last prediction_steps from test set
    y_test = windowed_data[row:, -prediction_steps:]

    x_train = np.reshape(x_train,
            (x_train.shape[0], x_train.shape[1], 1))
    x_test = np.reshape(x_test,
            (x_test.shape[0], x_test.shape[1], 1))

    return [x_train, y_train, x_test, y_test, data_mean]
```

（3）建立 LSTM 模型，所建立的模型包含两个 LSTM 和一个全连接层：

```
def build_model(prediction_steps):
    model = Sequential()
    layers = [1, 75, 100, prediction_steps]
    model.add(LSTM(layers[1],
        input_shape=(None, layers[0]),
        return_sequences=True)) # add first layer
    model.add(Dropout(0.2)) # add dropout for first layer
    model.add(LSTM(layers[2],
        return_sequences=False)) # add second layer
    model.add(Dropout(0.2)) # add dropout for second layer
    model.add(Dense(layers[3])) # add output layer
    model.add(Activation('linear')) # output layer
    start = time.time()
    model.compile(loss="mse", optimizer="rmsprop")
    print('Compilation Time : ', time.time() - start)
    return model
```

（4）训练模型，如下面的代码所示：

```
def run_lstm(model, sequence_length, prediction_steps):
    data = None
    global_start_time = time.time()
    epochs = 1
    ratio_of_data = 1 # ratio of data to use from 2+ million data
points
    path_to_dataset = 'data/household_power_consumption.txt'

    if data is None:
        print('Loading data... ')
        x_train, y_train, x_test, y_test, result_mean =
load_data(path_to_dataset, sequence_length,
prediction_steps, ratio_of_data)
    else:
        x_train, y_train, x_test, y_test = data

    print('\nData Loaded. Compiling...\n')
    model.fit(x_train, y_train, batch_size=128, epochs=epochs,
validation_split=0.05)
```

```
    predicted = model.predict(x_test)
    # predicted = np.reshape(predicted, (predicted.size,))
    model.save('LSTM_power_consumption_model.h5') # save LSTM model

    plot_predictions(result_mean, prediction_steps, predicted,
y_test, global_start_time)
    return None


sequence_length = 10 # number of past minutes of data for model to
consider
prediction_steps = 5 # number of future minutes of data for model
to predict
model = build_model(prediction_steps)
run_lstm(model, sequence_length, prediction_steps)
```

（5）从下图可以看出，所建立的模型能做出很好的预测。

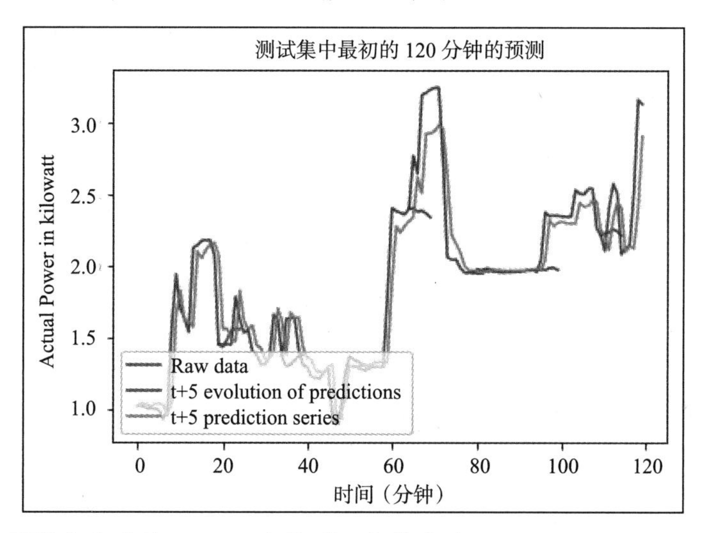

完整的代码可以在本书的 GitHub 上找到，文件名为 Chapter10/Electrical_load_Forecasting.ipynb。

10.4　小结

在本章，我们看到人工智能强化物联网对工业产生了重大影响。从制造业、物流业、农业、采矿业到创造新产品和服务，人工智能已经涉及方方面面。人工智能驱动的工业物联网有望能够更好地改变和瓦解当前的业务流程和模型。

下一章将展示人工智能和物联网如何帮助塑造更好的城市。

第 11 章 · CHAPTER 11

人工智能用于智慧城市物联网

本章介绍智慧城市，将使用案例研究来演示本书介绍的概念如何应用于开发智慧城市的各种组成部分。阅读本章，读者将了解以下内容：

- ❑ 什么是智慧城市。
- ❑ 智慧城市的基本要素。
- ❑ 建设智慧城市的挑战。
- ❑ 编写代码从旧金山的犯罪数据中侦察犯罪。

11.1 为什么需要智慧城市

根据联合国数据（https://population.un.org/wup/DataQuery/），到 2050 年年底，世界人口将达到 97 亿。据估计，其中近 70% 将是城市人口，许多城市的居民将超过 1000 万。这是一个重要的数字，随着这个数字的增长，我们不仅面临着新的机遇，而且还面临着许多独特的挑战。

最困难的挑战是，使所有居民都能获得资源和能源，同时避免环境恶化。目前，城市消耗了世界 75% 的资源和能源，产生了 80% 的温室气体。虽然有开发绿色能源的趋势，但是我们都知道地球的资源（如食物和水）是有限的。另一个关键挑战是行政和管理：随着人口的增长，将需要采取相应的策略来预防卫生问题、缓解交通拥堵和打击犯罪。

许多以上问题都可以通过使用支持人工智能的物联网来解决。利用科技进步为城市居民提供新的体验，使他们的日常生活更加舒适和安全是可能的。这就产生了智慧城市的概念。

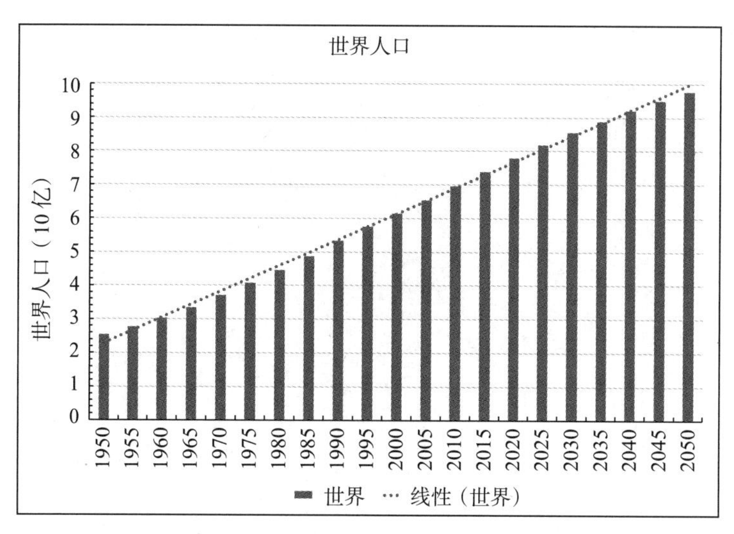

根据 techopedia（https://www.techopedia.com/definition/31494/smart-city），智慧城市是利用信息和通信技术（ICT）来提升城市服务（如能源和交通）质量和性能的，从而降低资源消耗、浪费和总成本。Deakin 和 AI Waer 列出了定义智能城市的四个因素：

- 在城市基础设施建设中广泛应用电子和数字技术。
- 运用 ICT 改造生活和工作的环境。
- 在政府系统中嵌入 ICT。
- 实施将人员和 ICT 结合在一起的实践和政策，以促进创新并增强它们可提供的知识。

因此，智慧城市不仅是一个拥有信息通信技术的城市，而且还以对居民产生积极影响的方式运用技术。

Deakin 和 AI Waer 的以下论文定义了一个智慧城市，并聚焦于所需的转型：

Deakin, M., and Al Waer, H. (2011). *From intelligent to smart cities.Intelligent Buildings International, 3(3), 140-152.*

人工智能与物联网一起，有可能解决城市人口过多带来的主要挑战，它们可以帮助解决交通管理、医疗保健、能源危机和许多其他问题。物联网数据和人工智能技术可以改善居住在智慧城市中的人和企业的生活。

11.2　智慧城市的组成部分

智慧城市中有大量人工智能驱动的物联网技术的例子，从维护更健康的环境到增强公共交通和安全。在下图中，读者可以看到智慧城市的一些示例。

在本节，我们将概述最常见的例子，其中的一些在全球的智慧城市中已得到实施。

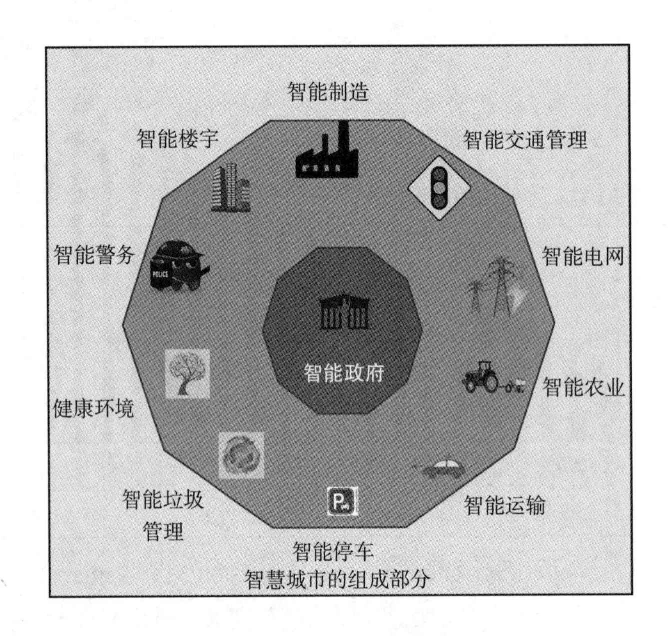

智慧城市的组成部分

11.2.1 智能交通管理

人工智能和物联网可以实现智能交通解决方案，以确保智慧城市的居民尽可能安全地、高效地从一个位置到达另一个位置。

洛杉矶，世界上最拥堵的城市之一，已经实施了一个智能交通解决方案来控制交通流量。它已经安装了路面传感器和闭路电视摄像机，可以向一个中央交通管理系统发送实时的交通流量更新。该解决方案分析传感器和摄像头的数据反馈，并将拥堵和交通信号故障通知用户。2018 年 7 月，该市进一步在每个十字路口安装先进的交通控制器（ATC）柜，通过车辆对基础设施（V2I）通信和 5G 连接，可以与具有交通灯信息提示功能的汽车通信，比如奥迪 A4 或 Q7。你可以从网站 https://dpw.lacounty.gov/TNL/ITS/ 上了解更多关于洛杉矶智能交通系统的信息。

嵌入传感器的自动驾驶车辆可以提供车辆的位置和速度，直接与智能交通信号灯通信，防止拥堵。此外，使用历史数据，这类车可以预测未来的交通流量，防止任何可能的拥塞。

11.2.2 智能停车

任何一个住在城市里的人肯定都遇到过寻找停车位的困难，尤其是在节假日。智能停车系统可以缓解这种困境。通过将路面传感器嵌入停车位的地面，智能停车解决方案可以确定停车位是空闲的还是被占用的，并创建一个实时的停车地图。

阿德莱德市于 2018 年 2 月安装了智能停车系统，还推出了一款移动应用程序 Park Adelaide，可为用户提供准确、实时的停车信息。该应用程序可以为用户提供远程定位、支付甚至延长停车时间的功能，它还会指示可用停车位、有关停车控制的信息，以及停车时间即将到期的警报。阿德莱德市的智能停车系统旨在改善交通流量，减少交通拥堵，减少碳排放。该智能停车系统的详细信息可以在阿德莱德市的网站（https://www.cityofadelaide.com.au/city-business/why-adelaide/adelaide-smart-city/smart-parking）上找到。

旧金山市交通局（SAFTA）实施了一个智能停车系统 SFpark（http://sfpark.org/）。其使用无线传感器来检测计量空间中的实时停车位占用情况。SFpark 于 2013 年被推出，帮助减少了平日温室气体排放量 25%，降低了交通量，减少了司机寻找车位的时间 50%。SAFTA 报告这一系统的另一个好处是，让人们更容易支付停车费，从而使由停车计费器损坏造成的损失减少了，因此与停车相关的收入增加了约 190 万美元。

在伦敦，威斯敏斯特市（https//iotuk.org/smart-parking/#1463069773359-c0d6f90f-4dca）在 2014 年与 Machina Research(https://machinaresearch.com/login/?next=/forecasts/usecase/）合作建立了智能停车系统。早些时候，司机不得不平均等待 12 分钟，从而导致拥堵和污染，但自智能停车系统安装以来，没有必要等待，司机可以使用手机找到可用的停车位。这不仅减少了拥堵和污染，还增加了创收。

11.2.3　智能垃圾管理

垃圾收集及其适当的管理和处置是一项必不可少的城市服务。随着城市人口的增加，必须采用更好的明智的垃圾管理方法。智慧城市应全面解决垃圾管理问题。采用 AI 智能回收和垃圾管理可以提供一个可持续的垃圾管理系统。在 2011 年，芬兰的公司 ZenRobotics（https://zenrobotics.com/）演示了如何利用计算机视觉和人工智能（机器人），从移动的传送带上对回收材料进行分类和挑选。从那时起，我们已经取得了长足进展，许多公司都可提供智能垃圾管理解决方案，城市和楼宇正在采用它们。领导者和社区建设者越来越多地意识到部署智慧城市基础设施的潜在好处。

巴塞罗那的垃圾管理系统（http://ajuntament.barcelona.cat/ecologiaurbana/en/services/the-city-works/maintenance-of-public-areas/waste-management-and-cleaning-services/household-waste-collection）是一个非常好的研究案例。该系统在垃圾桶上安装传感器和设备，以向当地政府发送警报通知，然后在垃圾车即将装满垃圾时立即派出垃圾车。巴塞罗那在每个地方都设有专门的垃圾箱来存放纸张、塑料、玻璃和垃圾食品。当地政府也已经建立了一个与地下真空管相连的容器网络，以将垃圾吸出并留在处理单元，这样就不需要垃圾车来收集垃圾了。

另一个很好的案例研究是 SmartBin 提供的丹麦垃圾管理系统（https://www.smartbin.com/tdc-denmark-cisco-showcase-the-future-of-smart-city-waste-collection/）。SmartBin 与丹麦最大的电信服务公司 TDC 和思科合作，为各种集装箱安装了传感器，这些传感器与城市数字平台集成在一起。此外，灯柱和交通灯也被安装了传感器，然后传感数据被发送到市政厅的控制台。从这些传感器获得的实时数据有助于清洁服务更有效地规划垃圾收集路线，垃圾车只需要被派去需要清空的地方。

阿拉伯联合酋长国沙迦安装了 10 个装有 Wi-Fi 装置的太阳能 Bigbelly 垃圾箱，该国计划在不久的将来部署数百个这样的智能垃圾箱，以实现可持续发展目标。

11.2.4 智能警务

不幸的是，犯罪无处不在。每个城市都有一支警察队伍，他们试图抓住罪犯，降低犯罪率。智慧城市也需要警务——智能警务，执法机构采用有效、高效、经济的基于证据的数据驱动策略。智能警务的概念出现在 2009 年的某个地方，主要是受有限的预算驱动的。Herman Goldstein（威斯康星大学，1979 年）提出了推动智能警务的基本理念。他认为，警方不应将犯罪事件视为孤立的事件，而应将其视为具有历史和未来的问题公开系统。

在美国，司法援助局（BJA）资助了许多智能警务行动（SPI），根据调查结果，这些行动已大大减少了暴力犯罪。SPI 侧重于警察 – 研究伙伴关系，在这种关系中，研究伙伴提供持续的数据收集和分析，监视数据，参与解决方案开发，并评估其影响。这些行动可帮助警察查明以下情况：

- 犯罪热点。
- 惯犯。

新加坡也启动了“智慧国家”计划，几乎在城市的每个角落都安装了摄像头和传感器网络，利用从这些设备获得的信息来识别哪些人在禁烟区吸烟，或者在高层建筑内闲逛。这些摄像头使当地政府能够监控人群密度、公共场所的清洁程度，甚至可以追踪所有登记车辆的确切行驶轨迹。摄像头的数据被输入一个名为 Virtual Singapore 的在线平台，该平台可以实时提供有关这座城市如何运作的信息。

11.2.5 智能照明

路灯是必要的，但是它们会消耗很多能源。智能照明系统有助于提高路灯的能效。此外，还可以在灯柱上安装额外的传感器，或将灯柱作为 Wi-Fi 网络热点。

CitySense（https://www.tvilight.com/citysense/）是一款获奖的路灯运动传感器，集成了无线照明控制，可以帮助在任何城市安装智能照明。CitySense 专用于恶劣的外部环境，提供随需应变的自适应照明。这种灯可以根据行人、自行车或汽车的存在来调整亮度。它使用一个实时网状网络来触发周围的灯光，并在人类居住者周围创建一个安全的光圈。它有智能过滤器，可以过滤掉小动物或移动的树木造成的干扰。该系统可以自动检测任何灯的故障，并触发维护呼叫。荷兰的梵高村（Van Gogh Village）就采用了 CitySense 作为其智能街道照明系统。

值得一提的是巴塞罗那的照明总体规划倡议。据它报道，路灯的耗电量显著下降。2014年前后，该市大部分灯柱上都安装了 LED 和物联网传感器。当街道空无一人时，传感器会自动调暗灯光，这有助于降低能源消耗。此外，这些灯柱还可以作为 Wi-Fi 网络热点，并配有传感器来监测空气质量。

11.2.6　智能治理

智慧城市的主要目的是，为居民提供舒适便捷的生活。因此，智慧城市的基础设施建设离不开智能治理。智能治理是指，包括政府和公民在内的不同利益相关方更好地合作，智能地利用信息和通信技术来改进决策。智能治理可以被视为明智、开放和参与型政府的基础。这需要重塑政府、公民和其他社会参与者的角色，并探索构建新的治理模型的新技术，包括新的关系、新的流程和新的政府结构。智能治理将能够使用数据、证据和其他资源来改进决策，并能够交付满足公民需求的结果。这将加强决策过程，提高公共服务的质量。

11.3　适应智慧城市的物联网和必要步骤

建设智慧城市不是一天的事情，也不是一个人或一个组织的工作，它需要许多战略伙伴、领导人甚至公民的合作。这种合作的动力超出了本书的讨论范围，但是，由于这本书是写给 AI 爱好者和工程师的，因此让我们来探讨一下 AI 社区可以做什么，哪些领域可以为我们提供就业或创业机会。任何物联网平台都必须具备以下条件：

- 用于收集数据的智能设备（传感器、摄像机、执行器等）网络。
- 现场（云）网关，可以从低功耗物联网设备收集、存储数据，并将其安全地转发到云。
- 流数据处理器，用于聚合大量数据流，并将它们分发到数据湖和控制应用程序。
- 一个存储所有原始数据的数据湖，即使是那些看起来没有价值的数据。
- 一个可以对所收集的数据进行清洗和构建的数据仓库。
- 用于分析和可视化传感器数据的工具。
- 基于长期数据分析自动化城市服务的 AI 算法和技术，并找到提高控制应用程序性能的方法。
- 控制向物联网执行器发送命令的应用程序。
- 用于连接智能物品和公民的用户应用程序。

除此之外，还会有安全和隐私方面的问题，服务提供商必须确保这些智能服务不会对公民的健康构成任何威胁。这些服务本身应该易于使用，以便公民能够采用它们。

正如你所看到的，这提供了一系列的工作机会，特别是针对人工智能工程师。需要处理由物联网生成的数据，要真正从中受益，我们需要超越监控和基本分析。将需要用 AI 工具来识别传感器数据中的模式和隐藏的相关性。使用ML/AI工具分析传感器历史数据可以帮助识别趋势并基于趋势创建预测模型。然后，控制应用程序可以使用这些模型向物联网设备的执行器发送命令。

构建智慧城市的过程将是一个迭代的过程，每次迭代都会增加更多的处理和分析。下面考虑智能交通灯的情况，看看如何迭代地改进它。

与传统的交通灯相比，智能交通灯可根据交通状况来调整信号灯的时间。我们可以利用历史交通数据训练模型，揭示交通模式，调整信号时间，最大限度地提高平均车速，从而避免拥堵。这种孤立的智能交通灯很好，但还不够。假设一个地区有交通堵塞，那么如果路上的司机被告知要避开那条路，那就太好了。现在，我们可以添加一个额外的处理系统：它利用交通灯传感器数据识别拥堵情况，并利用车辆或司机的智能手机上的GPS，通知拥堵区域附近的司机避开那条路线。

下一步，交通灯上可以添加更多的传感器，比如可以监测空气质量的传感器，然后对模型进行训练，确保在达到空气质量临界值之前生成警报。

11.3.1 拥有开放数据的城市

在过去的十年里，世界上许多城市都建立了开放的数据门户网站。这些开放的数据门户网站不仅可以让公民保持知情，而且对人工智能程序员来说是福音，因为数据驱动人工智能。下面让我们看看一些有趣的数据门户及其提供的数据。

下面这篇发表在*Forbes*杂志上的文章列出了美国90个具有开放数据的城市：https://www.forbes.com/sites/metabrown/2018/04/29/city-gov ernments-making-public-data-easier-to-get-90-municipal-open-data-portals/#4542e6f95a0d.

1. 亚特兰大大都会快速交通管理局的数据

亚特兰大大都会快速交通管理局（MARTA）发布实时公共交通数据，旨在为开发人员提供开发定制Web和移动应用程序的机会。MARTA平台为开发人员提供了访问数据并使用数据开发应用程序的资源（见https://www.itsmarta.com/app-developer-resources.aspx）。

通用交通数据规范（GTFS）格式是所提供数据的格式。GTFS是公共交通时刻表和地理信息的标准格式。它由一系列文本文件组成，每个文件都对公交信息的特定部分建模，如站点、路线、行程和类似的行程数据。

MARTA还通过RESTful API提供数据。要访问该API，需要安装用于访问MARTA实时API的Python库MARTA-Python。可以使用pip安装Python库：

```
pip install tox
```

在使用API之前，需要注册API密钥（见https://www.itsmarta.com/developer-reg-rtt.aspx）。

API 密钥将存储在 MARTA_API_KEY 环境变量中。要设置 MARTA_API_KEY，可以使用以下命令。

在 Windows 上，使用以下命令：

```
set MARTA_API_KEY=<your_api_key_here>
```

在 Linux/MAC 上，使用以下命令：

```
export MARTA_API_KEY=<your_api_key_here>
```

它提供了两个主要的包装函数 get_bus() 和 get_train()，这两个函数都使用关键字参数来过滤结果：

```
from marta.api import get_buses, get_trains

# To obtain list of all buses
all_buses = get_buses()

# To obtain a list of buses by route
buses_route = get_buses(route=1)

# To obtain list of all trains
trains = get_trains()

# To obtain list of trains specified by line
trains_red = get_trains(line='red')

# To obtain list of trains by station
trains_station = get_trains(station='Midtown Station')

# To obtain list of trains by destination
trains_doraville = get_trains(station='Doraville')

# To obtain list of trains by line, station, and destination
trains_all = get_trains(line='blue',
            station='Five Points Station',
            destination='Indian Creek')
```

函数 get_bus( ) 和 get_trains( ) 分别返回 Bus 和 Train 字典对象。

2. 芝加哥物联网数据

AoT（Array of Things）项目于 2016 年启动，包括在灯柱上安装传感器盒网络。传感器收集大量关于环境和城市活动的实时数据，生成的数据可以通过批量下载和 API 提供给开发人员和爱好者。

传感器部署在多个地理区域，每个部署区域都被命名为项目，其中最大的部署在芝加哥，在名为 Chicago 的项目下。

所部署的物理设备称为**节点**，每个节点由其唯一的序列号 VSN 标识。这些节点连接在一起组成一个网络。节点包含**传感器**，这些传感器观察环境的各个方面，如温度、湿度、光照强度和颗粒物。传感器记录的信息称为**观测**。

观测数据具有冗余性，可以通过 API 以原始形式获得。节点与观测值、传感器与观测值之间存在一到多关系。项目、节点和传感器之间存在多对多关系。可以从芝加哥市开放数据门户访问 AoT 项目的完整数据和详细信息，见 https://data.cityofchicago.org/。

11.3.2 利用旧金山的犯罪数据来侦查犯罪

旧金山市还有一个开放数据门户网站（https://datasf.org/opendata/），在线提供来自不同部门的数据。在本节，我们使用大约 12 年间（从 2003 年 1 月到 2015 年 5 月）的旧金山市所有社区犯罪的数据集，训练模型以预测发生的犯罪类别。犯罪类型有 39 种，因此这是一个多分类问题。

下面将使用 Apache 的 PySpark，并使用其易于使用的文本处理功能来处理此数据集。所以第一步是创建一个 Spark 会话。

（1）导入必要的模块并创建一个 Spark 会话：

```
from pyspark.ml.classification import LogisticRegression as LR
from pyspark.ml.feature import RegexTokenizer as RT
from pyspark.ml.feature import StopWordsRemover as SWR
from pyspark.ml.feature import CountVectorizer
from pyspark.ml.feature import OneHotEncoder, StringIndexer,
VectorAssembler
from pyspark.ml import Pipeline
from pyspark.sql.functions import col
from pyspark.sql import SparkSession

spark = SparkSession.builder \
        .appName("Crime Category Prediction") \
        .config("spark.executor.memory", "70g") \
        .config("spark.driver.memory", "50g") \
        .config("spark.memory.offHeap.enabled",True) \
        .config("spark.memory.offHeap.size","16g") \
        .getOrCreate()
```

（2）加载 csv 文件中的数据集：

```
data = spark.read.format("csv"). \
        options(header="true", inferschema="true"). \
        load("sf_crime_dataset.csv")

data.columns
```

```
Out[3]: ['Dates',
         'Category',
         'Descript',
         'DayOfWeek',
         'PdDistrict',
         'Resolution',
         'Address',
         'X',
         'Y']
```

（3）数据包含 9 列：[date，Category，Descrippt，DayOfWeek，PdDistrict，Resolution，Address，X，Y]。训练集和测试集只需要 Category 和 Descrippt 字段：

```
drop_data = ['Dates', 'DayOfWeek', 'PdDistrict', 'Resolution',
'Address', 'X', 'Y']
data = data.select([column for column in data.columns if column not
in drop_data])

data.show(5)
```

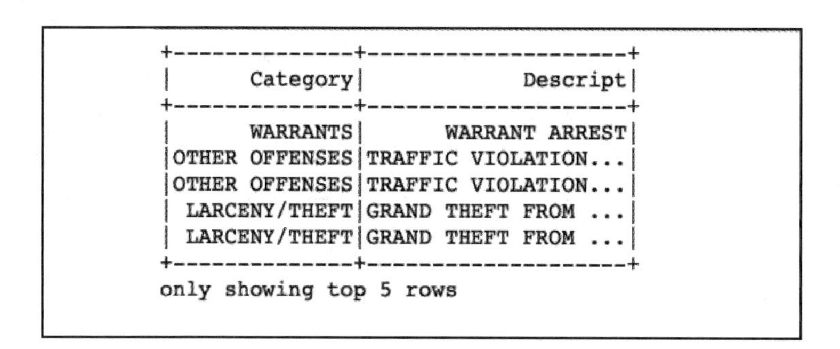

```
+--------------+--------------------+
|      Category|            Descript|
+--------------+--------------------+
|      WARRANTS|      WARRANT ARREST|
|OTHER OFFENSES|TRAFFIC VIOLATION...|
|OTHER OFFENSES|TRAFFIC VIOLATION...|
| LARCENY/THEFT|GRAND THEFT FROM ...|
| LARCENY/THEFT|GRAND THEFT FROM ...|
+--------------+--------------------+
only showing top 5 rows
```

（4）现在我们拥有的数据集是文本数据，因此需要执行文本处理。文本处理的三个重要步骤是：标记数据、删除停用词，并将单词向量化为向量。我们将使用 RegexTokenizer，它采用正则表达式将句子标记为单词列表，因为标点符号或特殊字符不会添加任何含义，所以我们只保留包含字母数字内容的单词。有些词，比如 the，在文本中很常见，但不会给上下文增添任何意义，所以可以使用内置的 StopWordsRemover 类删除这些单词（也称为**停用词**）。这里使用标准的停用词 ["http"，"https"，"amp"，"rt"，"t"，"c"，"the"]。最后使用 CountVectorizer 将单词转换为数字向量（特征）。这些数字特征将用作训练模型的输入。数据的输出是 Category 列，但它也是 36 个不同类别的文本，所以，我们需要把它转换成一个热编码向量，可使用 PySpark 的 StringIndexer 来轻松实现。最后，我们将所有这些转换添加到数据管道中。

```
# regular expression tokenizer
re_Tokenizer = RT(inputCol="Descript",
            outputCol="words", pattern="\\W")
# stop words
stop_words = ["http","https","amp","rt","t","c","the"]
stop_words_remover = SWR(inputCol="words",
            outputCol="filtered").setStopWords(stop_words)

# bag of words count
count_vectors = CountVectorizer(inputCol="filtered",
         outputCol="features", vocabSize=10000, minDF=5)

#One hot encoding the label
label_string_Idx = StringIndexer(inputCol = "Category",
                outputCol = "label")
```

```
# Create the pipeline
pipeline = Pipeline(stages=[re_Tokenizer, stop_words_remover,
              count_vectors, label_string_Idx])

# Fit the pipeline to data.
pipeline_fit = pipeline.fit(data)
dataset = pipeline_fit.transform(data)

dataset.show(5)
```

```
+--------------+--------------------+--------------------+--------------------+--------------------+-----+
|      Category|            Descript|               words|            filtered|            features|label|
+--------------+--------------------+--------------------+--------------------+--------------------+-----+
|      WARRANTS|      WARRANT ARREST|   [warrant, arrest]|   [warrant, arrest]|(809,[17,32],[1.0...|  7.0|
|OTHER OFFENSES|TRAFFIC VIOLATION...|[traffic, violati...|[traffic, violati...|(809,[11,17,35],[...|  1.0|
|OTHER OFFENSES|TRAFFIC VIOLATION...|[traffic, violati...|[traffic, violati...|(809,[11,17,35],[...|  1.0|
| LARCENY/THEFT|GRAND THEFT FROM ...|[grand, theft, fr...|[grand, theft, fr...|(809,[0,2,3,4,6],...|  0.0|
| LARCENY/THEFT|GRAND THEFT FROM ...|[grand, theft, fr...|[grand, theft, fr...|(809,[0,2,3,4,6],...|  0.0|
+--------------+--------------------+--------------------+--------------------+--------------------+-----+
only showing top 5 rows
```

（5）现在，数据已经准备好了，我们将其分为训练集和测试集：

```
# Split the data randomly into training and test data sets.
(trainingData, testData) = dataset.randomSplit([0.7, 0.3], seed =
100)
print("Training Dataset Size: " + str(trainingData.count()))
print("Test Dataset Size: " + str(testData.count()))
```

（6）让我们为它拟合一个简单的逻辑回归模型。在测试数据集上，它提供了 97% 的准确率。这是非常棒的结果！

```
# Build the model
logistic_regrssor = LR(maxIter=20,
                 regParam=0.3, elasticNetParam=0)
# Train model with Training Data
model = logistic_regrssor.fit(trainingData)

# Make predictions on Test Data
predictions = model.transform(testData)

# evaluate the model on test data set
evaluator =
MulticlassClassificationEvaluator(predictionCol="prediction")
evaluator.evaluate(predictions)
```

（7）完整的代码可以在本书的 GitHub 库中 Jupyter 笔记本里找到，文件名是 Chapter11/SF_crime_category_detection.ipynb。

11.4 挑战和收益

人工智能正在改变城市运营、提供和维护公共设施的方式，从照明和交通，到互联互通和医疗服务。然而，如果选择的技术不能有效地协同工作或与其他城市服务集成，这种技术的采用可能会受到阻碍。因此，考虑改进的解决方案是很重要的。

另一件需要注意的重要事情是协作。要让城市真正受益于智慧城市所提供的潜力，就需要改变思维方式。政府应该对多个部门制订更长时间的计划。每个技术人员、地方政府、企业、环保人士和公众都必须共同努力，使城市能够成功地转型为智慧城市。

虽然预算可能是一个大问题，但全球不同城市成功实施智慧城市组件的结果表明，通过适当的实施，智慧城市更经济。智慧城市转型不仅可以创造就业机会，还可以帮助拯救环境，减少能源消耗，创造更多收入。巴塞罗那就是一个很好的例子，其通过实施物联网系统，估计创造了 4.7 万个就业岗位，节约了 4250 万欧元的水费，并通过智能停车系统每年额外收益了 3650 万欧元。我们可以很容易地看到，城市可以从利用人工智能驱动的物联网解决方案的技术进步中受益匪浅。

11.5　小结

人工智能驱动的物联网解决方案可以帮助连接城市，管理多个基础设施和公共服务。本章涵盖了智慧城市的不同使用案例，从智能照明和道路交通到互联的公共交通，以及垃圾管理。从成功的案例研究中，我们也了解到，智慧城市可以降低能源成本，优化自然资源的利用，使城市更安全，使环境更健康。本章列出了一些开放的城市数据门户网站以及其中可用的信息。然后使用本书介绍的工具对 12 年间旧金山犯罪报告中的数据进行分类。最后，本章还讨论了建设智慧城市的一些挑战和益处。

第 12 章 · CHAPTER 12

组合应用

既然我们已经理解并实现了不同的人工智能 / 机器学习算法，现在是时候将它们组合在一起，了解对于每一种算法，哪种类型的数据最适合，同时，了解不同类型数据所需的基本预处理。到本章结束时，读者将了解以下内容：

- 可以提供给模型的不同类型的数据。
- 如何处理时间序列数据。
- 文本数据的预处理。
- 对图像数据进行的不同转换。
- 如何处理视频文件。
- 如何处理语音数据。
- 云计算选项。

12.1　处理不同类型的数据

数据有各种形状、大小和形式：推文、每日股票价格、每分钟心跳信号、摄像机照片、CCTV 录像、录音等。它们中的每一个都包含信息，当它们得到正确处理并与正确的模型一起使用时，我们可以分析数据并获得有关基础模式的高级信息。本节将介绍每种类型的数据在被提供给模型之前所需的基本预处理以及数据使用的模型。

12.1.1 时间序列建模

时间是许多有趣的人类行为的基础，因此，人工智能物联网系统知道如何处理与时间相关的数据是很重要的。时间可以被显式地表示，例如，在时间戳也是数据的一部分的情况下定期捕获数据；时间也可以被隐式地表示，例如，在语音或书面文本中。允许我们在依赖时间的数据中捕获固有模式的方法称为**时间序列建模**。

定期捕获的数据是时间序列数据，例如，股票价格数据是时间序列数据。让我们看看苹果的股价数据，这些数据可以从纳斯达克网站下载（https://www.nasdaq.com/symbol/aapl/historical）。或者，读者可以使用 pandas_datareader 模块通过指定数据源直接下载数据。要在工作环境中安装 pandas_datareader，请使用以下命令。

```
pip install pandas_datareader
```

（1）以下代码下载了 2010 年 1 月 1 日至 2015 年 12 月 31 日雅虎财经上苹果公司的股票价格：

```
import datetime
from pandas_datareader import DataReader
%matplotlib inline


Apple = DataReader("AAPL", "yahoo",
        start=datetime.datetime(2010, 1, 1),
        end=datetime.datetime(2015,12,31))
Apple.head()
```

（2）下载的 DataFrame 提供每个工作日的 High、Low、Open、Close、Volume 和 Adj Close 值：

Out[2]:

Date	High	Low	Open	Close	Volume	Adj Close
2009-12-31	30.478571	30.080000	30.447144	30.104286	88102700.0	20.159719
2010-01-04	30.642857	30.340000	30.490000	30.572857	123432400.0	20.473503
2010-01-05	30.798571	30.464285	30.657143	30.625713	150476200.0	20.508902
2010-01-06	30.747143	30.107143	30.625713	30.138571	138040000.0	20.182680
2010-01-07	30.285715	29.864286	30.250000	30.082857	119282800.0	20.145369

（3）现在来绘制其图形，如下：

```
close = Apple['Adj Close']
plt.figure(figsize= (10,10))
close.plot()
plt.ylabel("Apple stocj close price")
plt.show()
```

为了能够对时间序列数据建模，我们需要识别一些事项：趋势、季节性和平稳性。

（4）**趋势**意味着，平均而言，测量值是否会随着时间的推移而减少（或增加）。最常见的发现趋势的方法是绘制移动平均线，如下：

```
moving_average = close.rolling(window=20).mean()

plt.figure(figsize= (10,10))
close.plot(label='Adj Close')
moving_average.plot(label='Moving Average Window 20')
plt.legend(loc='best')
plt.show()
```

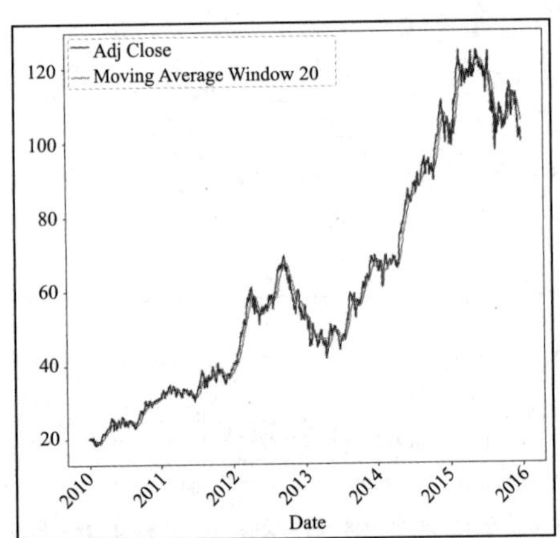

（5）可以看到，在大小为 20 的窗口下，上升和下降的趋势。对于时间序列建模，需要去除数据中的线性分量。去除线性分量可以通过从原始信号中减去趋势（移动平均值）来实现。另一种流行的方法是使用一阶差分法，即取连续数据点之间的差：

```
fod = close.diff()
plt.figure(figsize= (10,10))
fod.plot(label='First order difference')
fod.rolling(window=40).mean().\
        plot(label='Rolling Average')
plt.legend(loc='best')
plt.show()
```

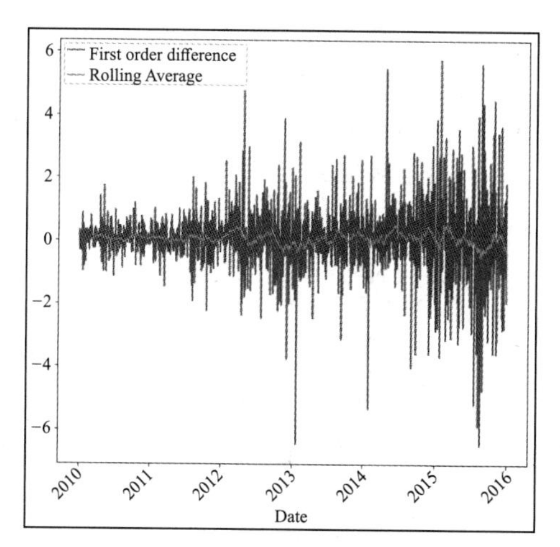

（6）**季节性**是指，存在与时间相关的经常重复的高点和低点模式（例如，正弦序列）。最简单的方法是在数据中找到自相关。一旦发现季节性，就可以根据与季节长度对应的时间差，对数据进行差分来删除季节性：

```
# Autocorrelation
plt.figure(figsize= (10,10))
fod.plot(label='First order difference')
fod.rolling(window=40).mean().\
        plot(label='Rolling Average')
fod.rolling(window=40).corr(fod.shift(5)).\
        plot(label='Auto correlation')
plt.legend(loc='best')
plt.show()
```

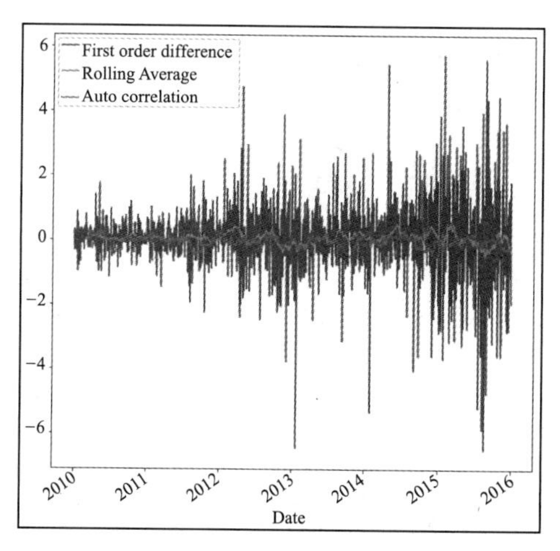

（7）最后一点是确保序列是**平稳**的，也就是说，序列的均值不再是时间的函数。数据的平稳性是时间序列建模的关键，可通过删除数据中存在的任何趋势或季节性来实现平稳性。一旦数据是平稳的，我们就可以使用回归模型对其进行建模。

传统上，时间序列数据的建模采用自回归和基于移动平均的模型，如 ARMA 和 ARIMA。

要了解更多关于时间序列建模的知识，可以参考以下书籍：

- Pandit, S. M., and Wu, S. M. (1983). *Time Series and System Analysis with Applications*(Vol. 3). New York: Wiley.
- Brockwell, P. J., Davis, R. A., and Calder, M. V. (2002). *Introduction to Time Series and Forecasting*(Vol. 2). New York:Springer.

对于任何时间序列数据，无论是使用传统的时间序列建模还是深度学习模型，平稳性都是一个重要的属性。这是因为，如果一个序列具有平稳性（即使是弱平稳性），那么意味着数据在时间上具有相同的分布，因此可以在时间上进行估计。如果读者计划使用深度学习模型，如 RNN 或 LSTM，那么在确定时间序列的平稳性之后，还需要对数据进行归一化，并使用滑动窗口变换将序列转换为可以进行回归的输入 – 输出对。使用 scikit-learn 库和 NumPy 可以很容易地实现。

（1）让我们对 close DataFrame 进行归一化。归一化确保数据在 0 和 1 之间。注意，下面的图与前面步骤 3 中的 close DataFrame 图相同，但是，y 轴比例现在不同了：

```
# Normalization
from sklearn.preprocessing import MinMaxScaler
def normalize(data):
    x = data.values.reshape(-1,1)
    pre_process = MinMaxScaler()
    x_normalized = pre_process.fit_transform(x)
    return x_normalized

x_norm = normalize(close)

plt.figure(figsize= (10,10))
pd.DataFrame(x_norm, index = close.index).plot(label="Normalized
Stock prices")
plt.legend(loc='best')
plt.show()
```

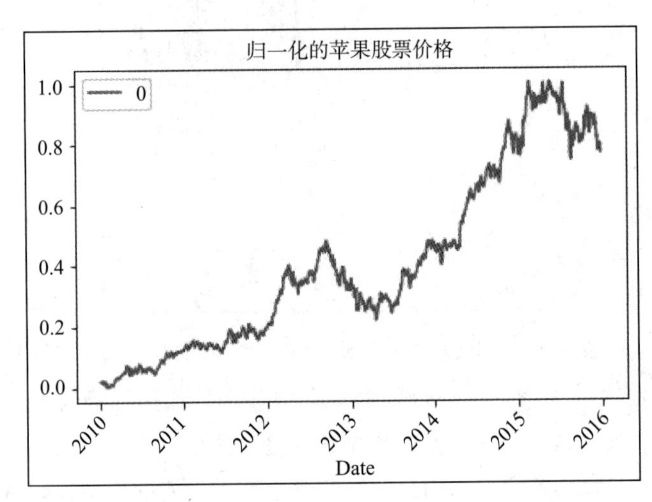

（2）定义一个 window_transform() 函数，它把数据序列转换为输入 – 输出对序列。例如，若想构造一个 RNN，它将前五个值作为输出并预测第六个值，那么选择 window_size = 5：

```
# Create window from the normalized data
def window_transform(series, window_size):
    X = []
    y = []

    # Generate a sequence input/output pairs from series
    # x= <s1,s2,s3,s4,s5,... s_n> y = s_n+1 and so on
    for i in range(len(series) - window_size):
    X.append(series[i:i+window_size])
    y.append(series[i+window_size])

    # reshape each
    X = np.asarray(X)
    X.shape = (np.shape(X)[0:2])
    y = np.asarray(y)
    y.shape = (len(y),1)

    return X,y

window_size = 7
X,y = window_transform(x_norm,window_size = window_size)
```

本节的完整代码请参考本书的 GitHub 库，文件名为 Chapter-12/time_series_data_preprocessing.ipynb。

12.1.2 文本数据预处理

语言在我们的日常生活中扮演着非常重要的角色。对我们来说，阅读书面文字是很自然的，但是计算机呢？它们能读懂吗？我们能让深度学习模型基于旧模式生成新的文本吗？例如，如果我说：“Yesterday, I had____at Starbucks。”我们大多数人都能猜到空格是 Coffee，但我们的深度学习模型能猜到吗？答案是肯定的，我们可以训练深度学习模型来猜测下一个单词（或字符）。然而，深度学习模型是在计算机上运行的，计算机只能理解二进制，即 0 和 1。因此，我们需要一种处理文本数据的方法，以便将其转换成便于计算机处理的形式。此外，虽然 cat、CAT、Cat 有不同的 ASCII 表示，但它们的意思是相同的，我们很容易明白，但是要让模型接受它们，则需要对文本数据进行预处理。本节将列出文本数据的必要预处理步骤，读者将学习如何使用 Python 进行预处理。

（1）本节将考虑 *Foundation* 中的一小段文字，该书的作者是 Isaac Asimov。第一步是读文本：

```
f = open('foundation.txt')
text = f.read()
print(text)
```

（2）文本处理的下一步是清理数据，我们只保留相关文本的那部分内容。在大多数情况下，标点符号不会为文本添加任何其他含义，因此可以安全地删除它：

```
# clean data
import re
# remove Punctuation
text = re.sub(r"[^a-zA-Z0-9]", " ", text)
print(text)
```

（3）在清理完数据之后，需要对文本进行归一化。在文本处理中，归一化文本意味着将所有文本转换为相同的大小写，即全大写或全小写。通常，小写字母是首选，因此这里将文本转换为小写字母：

```
# Normalize text
# Convert to lowercase
text = text.lower()
print(text)
```

（4）归一化文本之后，下一步是标记文本。我们可以用单词标记或句子标记对文本进行标记。为此，读者可以使用 split 函数或功能强大的 NLTK 模块。如果系统中没有安装 NLTK，可以使用 pip install nltk 来安装它。在下面，我们使用 NLTK 的单词标记器来完成这项任务：

```
import os
import nltk
nltk.download('punkt')
from nltk.tokenize import word_tokenize

# Split text into words using NLTK
words_nltk = word_tokenize(text)
print(words_nltk)
```

（5）根据读者拥有的文本类型和正在进行的工作，需要删除停用词。停用词是出现在大多数文本示例中的单词，因此，不会添加任何信息到文本的上下文或含义中。例如，the、a、an。读者可以声明自己的停用词或使用 NLTK 提供的停用词。在这里，我们从文本中删除英语中的停用词：

```
from nltk.corpus import stopwords
nltk.download('stopwords')
#Remove stop words
words = [w for w in words \
         if w not in stopwords.words("english")]
```

（6）读者可以对文本数据执行的另一项操作是词干提取和词形还原。它们用于将单词转换成规范形式：

```
from nltk.stem.porter import PorterStemmer

# Reduce words to their stems
```

```
stemmed = [PorterStemmer().stem(w) for w in words]
print(stemmed)

from nltk.stem.wordnet import WordNetLemmatizer

# Reduce words to their root form
lemmed = [WordNetLemmatizer().lemmatize(w) for w in words]
print(lemmed)
```

完整代码见本书 GitHub 库中的文件 Chapter12/text_processing.ipynb。

12.1.3　图像的数据增强

Python 有 OpenCV，它为图像提供了很好的支持。OpenCV 可以从 Conda 通道和 PyPi 下载安装。使用 OpenCV imread() 函数读取图像后，图像就被表示为一个数组。如果图像是彩色的，则通道按 BGR 顺序存储。数组的每个元素表示对应像素值的强度（值位于 0 到 255 之间）。

假设你训练了一个模型来识别一个球：你给它展示一个网球，它把网球识别为一个球。如果给它展示的下一张球的图像是经过缩放的，那么模型还能认出它吗？一个模型在训练所用数据集上的表现几乎一样，因此，如果模型在训练时见过缩放的图像，那么它可以很轻松地将缩放的球图像识别为一个球。确保这些图像在数据集中可用的一种方法是隐式地包含这些变量图像，但是，由于图像表示为数组，因此我们可以执行数学转换来缩放、翻转、旋转，甚至更改强度。对现有训练图像执行这些转换生成新图像的过程称为**数据增强**。使用数据增强的另一个好处是，可以增加训练数据集的大小。（数据增强配合数据生成器使用时，我们可以得到无限多的图像。）

大多数深度学习库都有标准的用来执行数据扩充的 API。在 Keras 中（https://keras.io/preprocessing/image/），有 ImageDataGenerator，在 TensorFlow-TfLearn 中有 imageAugmentation。TensorFlow 还具有执行图像转换和变换的操作系统（https://www.tensorflow.org/api_guides/python/image）。在这里，我们将看到如何使用 OpenCV 强大的库来进行数据增强并创建我们自己的数据生成器。

（1）导入必要的模块——OpenCV 用于读取和处理图像，NumPy 用于矩阵操作，Matplotlib 用于可视化图像，从 scikit-learn 导入的 shuffle 用于随机打乱数据，Glob 用于在目录中查找文件：

```
import cv2 # for image reading and processsing
import numpy as np
from glob import glob
import matplotlib.pyplot as plt
from sklearn.utils import shuffle
%matplotlib inline
```

（2）阅读必要的文件。在本例中，我们从谷歌图像搜索中下载了美国前总统贝拉克·奥巴马的一些图像：

```
img_files = np.array(glob("Obama/*"))
```

（3）创建一个函数，它可以随机地在图像中引入以下任意一种扭曲：在 0 ~ 50° 范围内随机旋转，随机改变强度，将图像随机地水平和垂直移动最多 50 个像素，或者随机地翻转图像：

```
def distort_image(img, rot = 50, shift_px = 40):
    """
    Function to introduce random distortion: brightness, flip,
    rotation, and shift
    """
    rows, cols,_ = img.shape
    choice = np.random.randint(5)
    #print(choice)
    if choice == 0: # Randomly rotate 0-50 degreee
        rot *= np.random.random()
        M = cv2.getRotationMatrix2D((cols/2,rows/2), rot, 1)
        dst = cv2.warpAffine(img,M,(cols,rows))
    elif choice == 1: # Randomly change the intensity
        hsv = cv2.cvtColor(img, cv2.COLOR_RGB2HSV)
        ratio = 1.0 + 0.4 * (np.random.rand() - 0.5)
        hsv[:, :, 2] = hsv[:, :, 2] * ratio
        dst = cv2.cvtColor(hsv, cv2.COLOR_HSV2RGB)
    elif choice == 2: # Randomly shift the image in horizontal and
vertical direction
        x_shift,y_shift = np.random.randint(-shift_px,shift_px,2)
        M = np.float32([[1,0,x_shift],[0,1,y_shift]])
        dst = cv2.warpAffine(img,M,(cols,rows))
    elif choice == 3: # Randomly flip the image
        dst = np.fliplr(img)
    else:
        dst = img

    return dst
```

（4）使用上述函数可从数据集中随机选择图像。

（5）使用 Python yield 创建一个数据生成器来生成任意数量的图像：

```
# data generator
def data_generator(samples, batch_size=32, validation_flag =
False):
    """
    Function to generate data after, it reads the image files,
    performs random distortions and finally
    returns a batch of training or validation data
    """
    num_samples = len(samples)
    while True: # Loop forever so the generator never terminates
 shuffle(samples)
        for offset in range(0, num_samples, batch_size):
            batch_samples = samples[offset:offset+batch_size]
            images = []
```

```
            for batch_sample in batch_samples:
                if validation_flag: # The validation data consists
only of center image and without distortions
                    image = cv2.imread(batch_sample)
                    images.append(image)
                    continue
                else: # In training dataset we introduce
distortions to augment it and improve performance
                    image = cv2.imread(batch_sample)
                    # Randomly augment the training dataset to
reduce overfitting
                    image = distort_image(image)
                    images.append(image)

        # Convert the data into numpy arrays
        X_train = np.array(images)

        yield X_train

train_generator = data_generator(img_files,  batch_size=32)
```

本书 GitHub 库中的 Chapter12/data_augmentation.ipynb 文件里包含了本节完整代码。

12.1.4　视频文件处理

视频只不过是静止图像（帧）的集合，因此，如果我们可以从视频中提取图像，那么就可以将我们信任的 CNN 应用到图像上。唯一需要做的是将视频转换为帧列表。

（1）首先导入必需的模块。需要用 OpenCV 来读取视频并将其转换为帧，还需要处理基本数学运算的 math 模块和可视化框架 Matplotlib：

```
import cv2 # for capturing videos
import math # for mathematical operations
import matplotlib.pyplot as plt # for plotting the images
%matplotlib inline
```

（2）使用 OpenCV 函数读取视频文件，并使用属性标识符 5 获得它的帧速率（https://docs.opencv.org/2.4/modules/highgui/doc/reading_and_writing_images_and_video.html#videocapture-get）：

```
videoFile = "video.avi" # Video file with complete path
cap = cv2.VideoCapture(videoFile) # capturing the video from the
given path
frameRate = cap.get(5) #frame rate
```

（3）使用 read() 函数逐个遍历视频的所有帧图像。虽然一次只读取一帧图像，但是每秒钟只保存第一帧。这样可以覆盖整个视频，同时减小数据大小：

```
count = 0
while(cap.isOpened()):
    frameId = cap.get(1) #current frame number
```

```
        ret, frame = cap.read()
        if (ret != True):
            break
        if (frameId % math.floor(frameRate) == 0):
            filename ="frame%d.jpg" % count
            count += 1
            cv2.imwrite(filename, frame)

cap.release()
print ("Finished!")
```

（4）对保存的第五帧图像可视化：

```
img = plt.imread('frame5.jpg') # reading image using its name
plt.imshow(img)
```

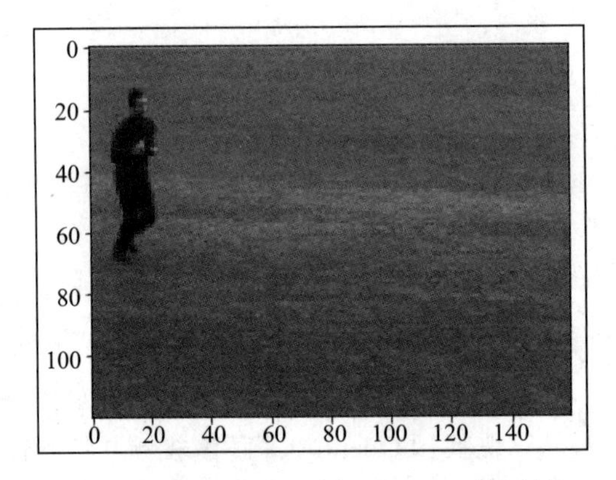

此代码的视频文件取自 Ivan Laptev 和 Barbara Caputo 的网站 http://www.nada.kth.se/cvap/actions/。本节完整代码可在本书 GitHub 库中获取，文件名为 Chapter12/Video_to_frames.ipynb。

利用 CNN 对视频进行分类的最佳论文之一是 Andrej Karpathy 等人提出的 "Large-scale Video Classification with Convolutional Neural Networks"，读者可以访问 https://www.cv-foundation.org/openaccess/content_cvpr_2014/html/Karpathy_Large-scale_Video_Classification_2014_CVPR_paper.html 获取。

12.1.5 音频文件作为输入数据

另一种有趣的数据类型是音频文件。将语音转换为文本或对音频分类的模型把音频文件作为输入。如果想处理音频文件，那么将需要使用 librosa 模块。处理音频文件的方法有很多，可以将其转换成一个时间序列，并使用递归网络来处理。另一种获得良好结果的方法是，将音频文件当作一维或二维模式来使用，并训练 CNN 对它们进行分类。采用这种方法的一些优秀论文如下：

- Hershey, S., Chaudhuri, S., Ellis, D. P., Gemmeke, J. F., Jansen, A., Moore, R. C., and Slaney, M. (2017, March). *CNN architectures for large-scale audio classification*. In Acoustics, Speech, and Signal Processing (ICASSP), 2017 IEEE International Conference on (pp. 131-135). IEEE.
- Palaz, D., Magimai-Doss, M., and Collobert, R. (2015). *Analysis of CNN-based speech recognition system using raw speech as input*. In Sixteenth Annual Conference of the International Speech Communication Association.
- Zhang, H., McLoughlin, I., and Song, Y. (2015, April). *Robust sound event recognition using convolutional neural networks*. In Acoustics, Speech, and Signal Processing (ICASSP), 2015 IEEE International Conference on (pp. 559-563). IEEE.
- Costa, Y. M., Oliveira, L. S., and Silla Jr, C. N. (2017). *An evaluation of convolutional neural networks for music classification using spectrograms*. Applied soft computing, 52, 28–38.

下面将使用 librosa 模块读取音频文件，并将其转换为一维声音模式和二维谱图。可以使用以下命令在 Anaconda 环境中安装 librosa：

```
pip install librosa
```

（1）导入 NumPy、Matplotlib 和 librosa。下面以 librosa 数据集中的音频文件为例：

```
import librosa
import numpy as np
import matplotlib.pyplot as plt
%matplotlib inline
# Get the file path to the included audio example
filename = librosa.util.example_audio_file()
```

（2）librosa load 函数以时间序列的形式返回音频数据，时间序列表示为一维 NumPy 浮点数组。我们可以把它们当作时间序列，甚至是 CNN 的一维模式：

```
input_length=16000*4
def audio_norm(data):
    # Function to Normalize
    max_data = np.max(data)
    min_data = np.min(data)
    data = (data-min_data)/(max_data-min_data)
    return data

def load_audio_file(file_path,
            input_length=input_length):
    # Function to load an audio file and
    # return a 1D numpy array
    data, sr = librosa.load(file_path, sr=None)

    max_offset = abs(len(data)-input_length)
```

```
    offset = np.random.randint(max_offset)
    if len(data)>input_length:
        data = data[offset:(input_length+offset)]
    else:
        data = np.pad(data, (offset,
            input_size - len(data) - offset),
            "constant")

    data = audio_norm(data)
    return data
```

（3）在下面的图中，可以看到归一化后的一维音频波形：

```
data_base = load_audio_file(filename)
fig = plt.figure(figsize=(14, 8))
plt.title('Raw wave ')
plt.ylabel('Amplitude')
plt.plot(np.linspace(0, 1, input_length), data_base)
plt.show()
```

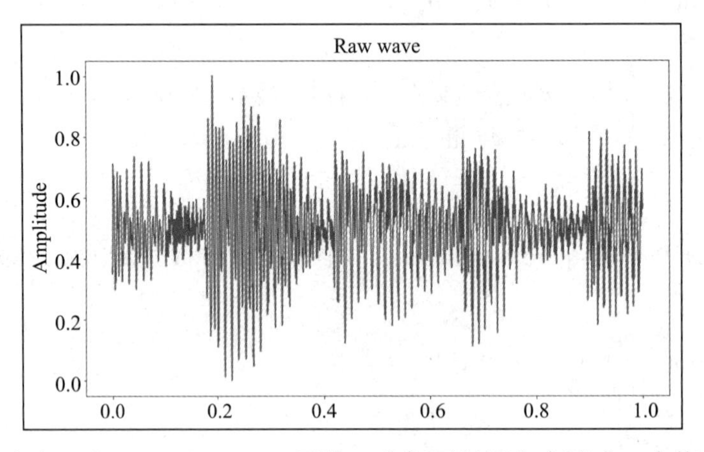

（4）librosa 也有一个 melspectrogram 函数，我们可以用它来形成一个梅尔谱图，它可以作为 CNN 的二维图像：

```
def preprocess_audio_mel_T(audio, sample_rate=16000,
        window_size=20, #log_specgram
        step_size=10, eps=1e-10):

    mel_spec = librosa.feature.melspectrogram(y=audio,
            sr=sample_rate, n_mels= 256)
    mel_db = (librosa.power_to_db(mel_spec,
         ref=np.max) + 40)/40
    return mel_db.T


def load_audio_file2(file_path,
            input_length=input_length):
    #Function to load the audio file
    data, sr = librosa.load(file_path, sr=None)
```

```
    max_offset = abs(len(data)-input_length)
    offset = np.random.randint(max_offset)
    if len(data)>input_length:
        data = data[offset:(input_length+offset)]
    else:
    data = np.pad(data, (offset,
        input_size - len(data) - offset),
        "constant")

data = preprocess_audio_mel_T(data, sr)
return data
```

（5）这是同一音频信号的梅尔谱图：

```
data_base = load_audio_file2(filename)
print(data_base.shape)
fig = plt.figure(figsize=(14, 8))
plt.imshow(data_base)
```

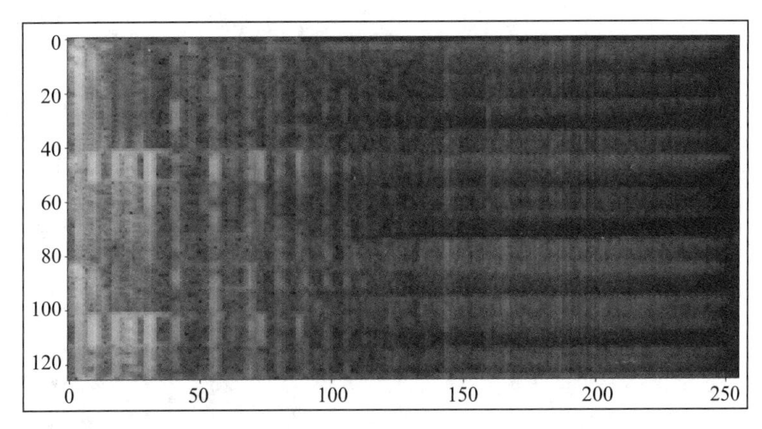

读者可以在本书的 GitHub 库的 Chapter12/audio_processing.ipynb 文件中找到示例代码文件。

12.2 云计算

将人工智能算法应用于 IoT 生成的数据需要用到计算资源。随着大量云平台以具有竞争力的价格提供服务，云计算提供了一种经济高效的解决方案。在当前可用的众多云平台中，我们将讨论占据大部分市场份额的三个主要的云平台：AWS（Amazon Web Service）、谷歌云平台（GCP）和微软 Azure。

12.2.1 AWS

Amazon 几乎提供了云下的所有功能，从云数据库到云计算资源，甚至是云分析。它甚至为建立一个安全的数据湖提供了空间。它的物联网核心允许用户将设备连接到云。它还提供了一个单独的仪表板，可用于控制用户签约的服务。它的服务按小时收费。它提供这些服务已经将近 15 年了。亚马逊还在不断升级服务，以提供更好的用户体验。用户可以从它的站点 https://aws.amazon.com/ 了解更多关于 AWS 的信息。

AWS 允许新用户在一年内免费使用它的许多服务。

12.2.2 谷歌云平台

谷歌云平台（https://cloud.google.com/）也提供各种各样的服务。它提供云计算、数据分析、数据存储，甚至云人工智能产品，为用户提供预先训练的模型和服务，以帮助生成用户自己的定制模型。这个平台允许用户按每分钟付费。它还提供企业级安全服务。Google 云端控制台是访问和控制所有 GCP 服务的一站式服务。GCP 第一年提供价值 300 美元信用额度的免费试用服务。

12.2.3 微软 Azure

微软 Azure 也提供各种各样的云服务。微软云服务最好的部分（https://azure.microsoft.com/en-in/）是它的易用性，用户可以使用可用的 Microsoft 工具轻松集成它。它声称价格是 AWS 的 1/5。与 AWS 和 GCP 一样，Azure 也提供为期一年的免费试用服务，价值 200 美元的信用额度。

读者可以使用这些云服务来开发、测试和部署应用程序。

12.3 小结

本章的重点是为读者提供处理不同类型的数据的工具，以及如何为深度学习模型做好数据准备。我们从时间序列数据开始，接着详细介绍了如何对文本数据进行预处理。本章也介绍了如何进行数据增强，这是一种用于图像分类和对象检测的重要技术。接下来继续处理视频，展示了如何从视频中形成图像帧。然后，介绍了如何处理音频文件，即处理一个音频文件形成一个时间序列和梅尔谱图。最后转向介绍云平台，讨论了三大云服务提供商提供的功能和服务。

推荐阅读

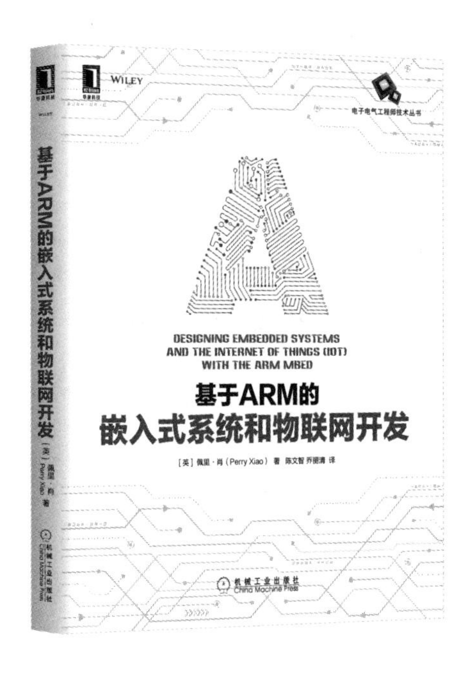

基于ARM的嵌入式系统和物联网开发

作者：[英] 佩里·肖（Perry Xiao）著 译者：陈文智 乔丽清 ISBN：978-7-111-64323-4 定价：79.00元

本书重点介绍利用Arm® Mpea平台开发嵌入式系统和物联网，其中NXP LPC1768和K64 F具有快速微控制器、各种数字和模拟I/O、各种串行通信接口和易于使用的基于网络的编译器等强大特性，是嵌入开发工程师最受欢迎的工具之一。包含大量的原创开发技术和案例，是开发项目的实用指南。

推荐阅读

可穿戴传感器：应用、设计与实现

作者：[澳] 苏巴斯·钱德拉·穆科霍达耶（Subhas Chandra Mukhopadhyay） 译者：杨延华 邓成

ISBN：978-7-111-65360-8 定价：89.00元

本书阐述可穿戴传感器原理、设计、制造和实施。主要内容包括穿戴式柔性传感器的制备与表征，穿戴式传感器的物理特性、设计和应用穿戴式医疗传感器信号调理智能电路，以及基于Python的传感器数据采集、数据提取和数据分析的基于GUI的软件开发。

本书特色：

对可穿戴传感器系统进行全面技术讲解，涉及传感器、信号调节、数据传输、数据处理和显示等模块。

覆盖可穿戴传感器的功能、设计与制造等基础知识。

从信号处理角度介绍与数据传输、数据联网、数据安全和隐私等相关的高级知识。

从系统角度出发，介绍可穿戴传感系统的智能接口、专用软件开发、无线人体传感器网络、特定参数的监测应用等内容。

讨论越来越流行的非侵入式传感器及其局限性。